江苏可食药用植物图鉴

JIANGSU
KESHI YAOYONGZHIWU
TUJIAN

我们身边的中草药

2023年
江苏省中医药文化项目

主编

邹立思

海峡出版发行集团 | 福建科学技术出版社
THE STRAITS PUBLISHING & DISTRIBUTING GROUP | FUJIAN SCIENCE & TECHNOLOGY PUBLISHING HOUSE

图书在版编目（CIP）数据

江苏可食药用植物图鉴 / 邹立思主编. -- 福州：福建科学技术出版社, 2025. 7. -- ISBN 978-7-5335-7279-2

Ⅰ. Q949.91-64; Q949.95-64

中国国家版本馆CIP数据核字第2024FW8245号

审图号： GS（2019）3333号

出 版 人 郭 武
责任编辑 沈贤娟
装帧设计 刘 丽
责任校对 林锦春

江苏可食药用植物图鉴

主　　编 邹立思
出版发行 福建科学技术出版社
社　　址 福州市东水路76号（邮编350001）
网　　址 www.fjstp.com
经　　销 福建新华发行（集团）有限责任公司
印　　刷 福州德安彩色印刷有限公司
开　　本 787毫米×1092毫米 1/16
印　　张 28.75
字　　数 583千字
版　　次 2025年7月第1版
印　　次 2025年7月第1次印刷
书　　号 ISBN 978-7-5335-7279-2
定　　价 198.00元

主编简介

邹立思

高级实验师，南京中医药大学药用植物园负责人，从事中药栽培、鉴定及品质评价研究工作，在常用中药栽培与鉴定、产品开发、药用植物园规划建设方面有丰富的实践经验。主持或参与国家级及省部级项目 15 项，第一作者或通讯作者发表中文核心及 SCI 学术论文 20 余篇，主编出版“十四五”时期国家重点出版物出版专项规划项目《中国植物药清源图鉴 · 种子和幼苗卷》，副主编出版《江苏中药志》，参编规划教材 2 部，申请并授权发明专利 1 项。曾获栖霞区优秀科技工作者，江苏省优秀青年志愿者，国家中医药管理局“中药资源管理人才研修班”优秀学员等荣誉。此外任南京中医药大学本草博物协会会长，创办“思辨本草”公众号，发表原创文章 40 余篇，发布科普视频 20 余个，获省级以上科普奖项 2 个。

前　言

FOREWORD

植物资源在人类生产生活中占据着极其重要的地位，人们通过对植物的认识和可持续利用，实现了其直接或间接的价值。药食两用植物资源是人类在长期生产和生活实践中逐渐发现的一类兼具药食两用特点的植物资源，它是中医药和饮食康养文化的重要组成部分，也是独具特色的健康资源和经济资源，更是健康中国建设和大健康产业发展的重要物质基础。《国民营养计划 2017—2030》《关于深入推进医养结合的若干意见》《健康中国行动（2019—2030 年）》《“十四五”中医药发展规划》等一系列政策文件均明确提出要丰富中医药健康产品供给。在此战略背景下，药食两用植物资源受到了前所未有的关注，逐渐成为健康中国建设的重要组成部分。

江苏省地处我国东部沿海的中心，京杭大运河、淮河、长江从境内穿过，境内有东北和西南低山丘陵、沿海滩涂、江河湖泊水网和平原等多种生境类型，从北到南形成暖温带、北亚热带、中亚热带气候类型，由此，植物资源也形成了显著的南北过渡、差异及递变规律。2013—2015 年出版的《江苏植物志》共记载江苏药用植物 1580 种（不含栽培种类）；江苏省第四次全国中药资源普查对全省中药资源进行了全面普查和总结，基本摸清了江苏植物类中药资源的本底情况。此外，江苏民间开发利用和保护植物资源的历史十分悠久，尤其在药食两用植物资源方面，形成了独具地方特色的应用传统。

为了深入促进江苏省大健康产业的可持续发展，挖掘高水平的药食两用植物资源，满足人民群众日益增长的健康需求，我们依托江苏省第四次全国中药资源普查成果，并结合自身已有的相关工作基础，组织编写了《江苏可食药用植物图鉴》一书。

该书基于江苏省现有分布或种植的药用植物，综合归纳国家颁布的药食同源、新食品原料名单及江苏省各地方习惯食用的药用植物品种，收录常见可食药用植物 208 种。书中以图文并茂的方式，系统总结每种植物的植物名（学名、中文名、习用名、释名）、生活型、花果期、生境或特性、分布、识别要点、采收加工、食用方法、性味功用、现代研究、适宜人群、使用注意、附方等内容，并配上高清植物图、新鲜或干燥食材或药材图等。全书力求图片清晰美观，文字通俗简练，是一部实用性强的药食两用植物的科普读物，可供食品餐饮从业人员、基层中医药从业人员、高等院校中药相关专业师生、医药企事业单位人员及对可食药用植物感兴趣的读者参考。

该书是全国中药资源普查江苏省普查工作的延展，旨在普及和宣传可食药用植物知识，填补江苏省尚无以可食药用植物为专题的图谱类著作的空白。该书在江苏省中医药管理局的指导下完成，并获得 2023 年江苏省中医药文化项目“我们身边的中草药——基于江苏中药资源普查成果的科普作品创作”项目资助；该书亦是编者基于南京中医药大学药用植物园及科技园思辨本草工作室的工作成果编撰而成的阶段性总结。因编者水平所限，书中难免有存疑和疏漏之处，敬请读者批评指正。

编 者

2024 年 10 月于南京

编写说明

INTRODUCTION

1. 物种收录：本书以江苏省中药资源普查名录为基础，参考 2013—2015 年出版的《江苏植物志》（修订版），国家卫生健康委员会及国家市场监管总局历年来发布的药食同源目录、新食品原料名单、普通食品名单、香辛料和调味品名单、《按照传统既是食品又是中药材的物质目录》等资料，并结合江苏省居民的食用习惯，共收载江苏省有分布或栽培的可食药用植物 208 种。

2. 物种分类：本书根据药用植物的可食部位分为根及根茎类、全草类、叶类、花类、果实种子类以及藻、菌、地衣类等 6 个大类，每个大类再根据植物的分类系统进行排序，其中被子植物采用克朗奎斯特系统。同属内不同药用植物作为同一种药材（如蒲公英、山楂）使用时，则将其排列在一起。

3. 植物中文名：参考《江苏植物志》，有争议的品种综合参考《中国植物志》（*Flora Reipublicae Popularis Sinicae*，*FRPS*）。

4. 植物学名：参考《江苏植物志》，有争议的品种综合参考 *FRPS*。

5. 科属及生活型：综合参考《江苏植物志》、*FRPS* 及其他各地方植物志。

6. 花果期：参考《江苏植物志》，并结合植物在江苏省内实际物候规律进行调整。

7. 生境、分布：参考《江苏植物志》，结合第四次全国中药资源普查江苏省普查工作结果，介绍该品种在江苏省的生境及最新分布情况。栽培品种则基本是将“生境”栏目调整为“特性”，介绍适宜的栽培环境及土壤。分布地区名称参考江苏省最新行政区划名称。

8. 释名：参考《中华本草》《中华探名典》《本草释名考订》等资料对植物中文名、别名、俗名的得名缘由或含义进行论述。

9. 识别要点：参考《江苏植物志》，结合实际调查成果，主要按照根、茎、叶序、叶、花序、花、果实、种子的顺序，重点描述药用植物的关键鉴别特征。

10. 采收加工：介绍食用与药用部位的采收时间、采收及加工方法。若食用与药用的采收部位相同但采收时间不一致时，则分开论述。排列顺序依次为常见食用部位、其他食用部位、药用部位。食用部位的确定参考蔬菜、瓜果栽培加工资料并结合实际食用情况，药用部位的确定参考《中华本草》及相关中药材标准。

11. 食用方法：介绍食用部位的加工制作方式，如生食，制作主食、菜肴、香辛料、饮品，榨油，制茶，制曲等与食用相关的用途。排列顺序依次为常见食用部位、其他食用部位。内容参考各类公开发行的书籍与文章，并结合江苏省当地居民饮食习惯进行论述。

12. 性味功用：主要参考《中华人民共和国药典》2020 年版、各地方中药材标准、《中华本草》等资料，介绍入药部位、药材名、性味、功效、主治。兼具食用价值的药用部位优先介绍，针对药用部位较多品种，仅详细介绍药典及地方标准收录的常用药用部位，其他药用部位简写。适宜人群、使用注意、附方等栏目保留原则同上。

13. 现代研究：参考公开发行的书籍与文章，介绍食用与药用部位的营养成分、主要化学成分、药理作用等。

14. 适宜人群：参考公开发行的书籍与文章，结合编者的临床经验，介绍食用与药用部位的适宜人群。

15. 使用注意：参考公开发行的书籍与文章，结合编者的临床经验，介绍每个品种的使用禁忌、副作用等。

16. 附方：参考公开发行的书籍与文章，结合编者的临床经验，选取针对主治病症的食疗方或经典方。尊重典籍原貌，保留旧制。

17. 图片：包括植物特征、食用部位及药用部位的图片。植物特征图的拍摄包括全株、花果、种子及局部关键特征部位；食用部位图以鲜品为主，若无鲜品则拍摄干品。为便于读者快速、直观地掌握关键形态特征，编者全面采用高清拍摄技术，并在图片上标注植物的关键识别特征。

18. 本书采用法定计量单位，以国际通用单位符号表示。长度单位以 cm（厘米）、mm（毫米）表示，质量单位以 g（克）、kg（千克）表示，体积单位以 ml（毫升）、L（升）表示。为了便于阅读，时间单位仍采用小时、分钟表示。

目　录

CONTENTS

六、藻、菌、地衣类—— 419

一、根及根茎类

鱼腥草

Houttuynia cordata Thunb.

·科　名　三白草科 Saururaceae　　·属　名　蕺菜属 *Houttuynia*

·生活型　多年生草本　　·花果期　花期 5~7 月，果期 7~10 月

·生　境　沟边、溪边及潮湿的疏林下

·分　布　南京（江宁、溧水）、无锡（宜兴）、苏州（吴江）、南通、连云港、扬州、镇江（句容）等地

植株

花序

果序

根状茎（折耳根）

【释　　名】多年生草本，因其全株有特异臭气，似鱼腥气，故名“鱼腥草”；始载于《名医别录》，原名“蕺”，因其能作菜食用，故又名“蕺菜”；叶形似耳，南方多采挖其根状茎食用，呼为“侧耳根”，因方言以音用字，讹为“折耳根”。

【识别要点】植株有腥臭气味。根状茎白色；茎下部伏地，生根，上部直立。叶片心形，全缘，叶背淡绿色或带紫红色，基出脉 5~7，脉上有毛；托叶膜质，线形，下部与叶柄合生成鞘状。穗状花序在枝顶端与叶对生；基部有白色花瓣状苞片 4；花小，无花被；雄蕊 3，花丝下部与子房合生；心皮 3，下部合生，花柱分离。蒴果近球形，顶端开裂。

【采收加工】根状茎、全草：全年均可采收，鲜用。嫩叶：早春萌发后随时可采，鲜用。地上部分：夏季茎叶茂盛、花穗多时采割，除去杂质，晒干。

【食用方法】根状茎、嫩叶可凉拌、炒食、做汤、佐料，也可腌渍后食用，或作为花草茶、凉茶原料，还可提取抗氧化剂，用作食品添加剂。

【性味功用】**新鲜全草或干燥地上部分（鱼腥草）**：辛，微寒。清热解毒，排脓消痈，利尿通淋；用于肺痈吐脓，痰热喘咳，热痢，热淋，痈肿疮毒。

【现代研究】鱼腥草全株富含蛋白质、脂肪、糖类、胡萝卜素、维生素、氨基酸及铁、锰、锌等微量元素，含槲皮素、异槲皮苷、蕺菜碱、癸酰乙醛（鱼腥草素）、月桂醛、D- 柠檬烯、β- 蒎烯、三白草内酰胺、油酸、马兜铃酸、多糖类等成分。其中，鱼腥草素能显著抑制某些化脓性细菌的活性；所含黄酮类化合物（如槲皮素）对炎症的早期反应，如因局部血管的扩张引起的渗出、水肿等均表现出显著的抑制作用。

【适宜人群】一般人群均可食用鱼腥草根状茎、嫩叶，尤其适宜肺热咳嗽者食用。

【使用注意】虚寒证慎服鱼腥草。

【附　　方】**（1）治肺痈吐浓痰：**鱼腥草鲜草洗净，炒作菜吃，或用鱼腥草 30g（鲜草 60g），桔梗 12g，甘草 6g，水煎服。（《食物中药与便方》）

（2）治痨咳，盗汗：折耳根叶 63g，猪肚 1 个，将折耳根叶放在猪肚内，炖烂，汤肉齐服，分 3 次服，每日 1 剂，连服 3 剂。（《贵州民间方药集》）

（3）治扁桃体炎：鲜蕺菜、鲜筋骨草各 15g，柚子（种子）适量，共捣烂绞汁，调蜜服。（《福建药物志》）

（4）治痢疾：鱼腥草 18g，山楂炭 6g，水煎，加蜜糖服。（《岭南草药志》）

莲

Nelumbo nucifera Gaertn.

·科　名	睡莲科 Nymphaeaceae	·属　名	莲属 *Nelumbo*
·生活型	多年生水生草本	·花果期	花期 6~8 月，果期 8~10 月
·生　境	水泽、池塘、湖沼或水田	·分　布	全省各地均有栽培

植株

花

花蕾

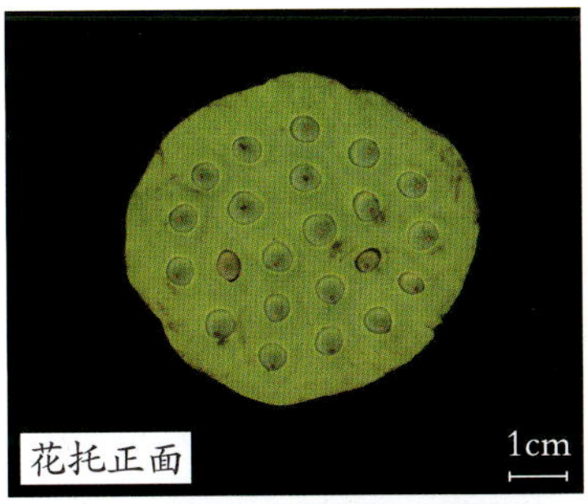

花托正面

花托侧面

花托纵剖面

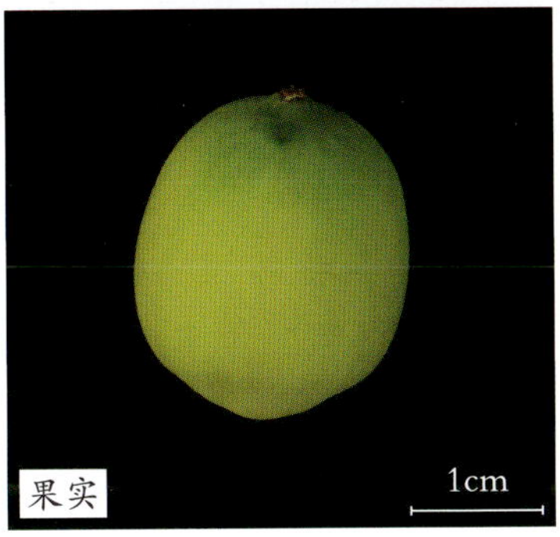

果实

种子

去种皮种子

去种皮成熟种子（莲子）

幼叶及胚根（莲子心）

带种皮成熟种子（莲子）

叶切丝（荷叶）

【释　　名】李时珍曰"莲者连也，花实相连而出也"，《说文解字》徐灏《段注笺》曰"莲之言连，其房如蜂窠相连属也"，故得名"莲"；段玉裁《说文解字注》曰"盖大叶骇人，故谓之荷"，又因本品花大而美丽，故又名"荷花"；大叶扶摇而起，渠渠宽大，从"艹"，故亦称"芙蕖"。

【识别要点】根状茎粗大，节部缢缩；植株折断后有丝状导管相连，可见空气道。叶挺水或浮水，幼时内卷，后圆，质厚且柔韧，边缘微波状，叶面具蜡质白粉，叶背的叶脉从中央辐射出，数回叉状分枝；叶盾状着生。花单生，花葶长于叶柄；萼状花被片早落，瓣状花被片多数，常粉红色，呈舟状弧弯；雄蕊多数。坚果椭圆形，成熟后坚硬，埋藏于倒圆锥形的果托内。种皮红棕色或白色。

【采收加工】根茎：秋冬及春初采挖，鲜用。种子、幼叶及胚根：秋季果实成熟时采收，采割莲房，取出果实，除去果皮，取出幼叶及胚根，分别干燥。叶：夏、秋季采收，晒至七八成干时，除去叶柄，折成半圆形或折扇形，干燥。

【食用方法】根茎可作蔬菜炒食、煮食、蒸食，或提制淀粉后冲调饮用；种子可生食，也可煮粥，种子、根茎还可用于加工罐头、饮料、果酱、糕点等食品；叶、幼叶及胚根可代茶饮，叶还可作为包蒸食物的原材料。

【性味功用】**根茎（莲藕）**：甘，寒。清热生津，凉血，散瘀，止血；用于热病烦渴，吐衄，下血。**成熟种子（莲子）**：甘、涩，平。补脾止泻，止带，益肾固精，养心安神；用于脾虚泄泻，肾虚遗精、滑泄，带下，心神不宁，心悸失眠。**幼叶及胚根（莲子心）**：苦，寒。清心安神，交通心肾，涩精止血；用于热入心包，神昏谵语，心肾不交，失眠遗精，血热吐血。**叶（荷叶）**：苦，平。清暑化湿，升发清阳，凉血止血；用于暑热烦渴，暑湿泄泻，脾虚泄泻，血热吐衄，便血崩漏。**花托（莲房）**、**雄蕊（莲须）**、**老熟的果实（石莲子）**、**种皮（莲衣）**、**花蕾（莲花）**、**叶柄或花柄（荷梗）**、**叶基部（荷叶蒂）**、**根茎的节部（藕节）**亦可入药。

【现代研究】莲的根茎富含淀粉、蛋白质、糖类、纤维素、脂肪酸、维生素、矿物质等，含没食子酸、儿茶酚等多酚类成分及槲皮素、腺苷、荷叶碱、肉豆蔻酸、羽扇豆醇等成分。种子富含糖类、蛋白质、脂肪、维生素、氨基酸及钙、磷、铁等矿物质，含生物碱、黄酮、有机酸、甾醇、挥发油、多糖等成分。幼叶及胚根含莲心碱、甲基莲心碱、荷叶碱等生物碱类成分及木犀草素、槲皮素等黄酮类成分。其中，幼叶及胚根的生物碱类和黄酮类成分具有抗氧化、降血糖、抗肿瘤、抗炎等多种生物活性；藕节多酚具有很强的清除DPPH自由基和羟自由基的能力、β-胡萝卜素漂白能力以及总还原能力。

【适宜人群】莲藕、莲子、莲子心、荷叶适宜一般人群于夏季食用，尤其适宜糖尿病、肿瘤、高血压、热病烦渴、吐血、便血、高脂血症、虚烦失眠、遗精等患者食用。

【使用注意】脾胃虚寒者不宜食用莲子心。气血虚者慎服荷叶。小便不利者慎服莲须。

【附　　方】**（1）治脾虚便溏，睡眠不实、心悸怔忡，妇女腰酸带多、体质虚弱：**莲子（去心）、芡实（去壳）各 60g，鲜荷叶（手掌大）1 块，以适量糯米煮粥，亦可加砂糖适量服。（《食物中药与便方》）

（2）治劳心咯血、吐血：莲子心 7 个，糯米 21 粒，上为末，酒调服。（《续易简方论》）

（3）治梦遗滑精：荷叶 30g，研末，每服 3g，每日早晚各 1 次，热米汤送服，轻者一二料，重者三料愈。（《食物中药与便方》）

（4）治血友病，鼻衄，齿衄，咯血：鲜藕 1000g，鲜梨 500g，生荸荠 500g，生甘蔗 500g，鲜生地 250g，同榨汁，每服 1 小杯，每日 3~4 次。（《食物中药与便方》）

萝　卜

Raphanus sativus L.

·科　名	十字花科 Cruciferae	·属　名	萝卜属 *Raphanus*
·生活型	一年生或二年生草本	·花果期	花期 4~5 月，果期 5~6 月
·特　性	喜温和凉爽、温差大的气候，适宜沙壤土	·分　布	全省各地有栽培

植株

花

果实

成熟种子（莱菔子）

【释　　名】本品的肉质根跟古代一种盛饭的容器“卢”形状相似，故称其为“芦”，后演变为“芦菔”“莱菔”“萝卜”等，现正式名称多为“萝卜”。

【识别要点】根肉质，形状、大小和颜色多变化。茎多分枝，稍有白粉。基生叶大头状羽状分裂，顶端裂片卵形，侧生裂片长圆形，向基部渐缩小，有钝齿，生粗糙毛，少有不裂；茎生叶长圆形至披针形，边缘有锯齿或缺刻。总状花序顶生或腋生，花淡紫红色或白色，有紫色脉纹。长角果肉质，圆柱形，在种子间收缩，熟时变成海绵状横隔，顶端成喙。种子圆形，红褐色。

【采收加工】根：秋、冬季采挖，除去茎叶，洗净，鲜用。基生叶：冬季或早春采收，洗净，鲜用或晒干。种子：5~8 月果实充分成熟时采收，晒干，取出种子，除去杂质。

【食用方法】根可生食，也可炒食、煮汤、做馅、腌渍，部分品种可作水果；基生叶可直接炒食、腌渍，或晒干制成干菜；成熟种子可榨油食用。

【性味功用】**鲜根（莱菔）**：辛、甘，凉；熟者，甘，平。消食，下气，化痰，止血，解渴，利尿；用于消化不良，食积胀满，吞酸，反胃，吐食，痢疾，便秘，痰热咳嗽，咽喉不利，咳血，吐血，衄血，便血，消渴，淋浊；外用于疔疮肿疡，损伤瘀肿，烫伤及冻疮。**成熟种子（莱菔子）**：辛、甘，平。消食除胀，降气化痰；用于食积气滞，脘腹胀满，大便秘结，积滞泻痢，咳嗽多痰，气逆喘满。**基生叶（莱菔叶）**：辛、苦，平。消食理气，利咽，消肿；用于食积气滞，脘腹痞满，呃逆，吐酸，泄泻，痢疾，咳痰，音哑，咽喉肿痛，妇女乳房肿痛，乳汁不通；外用于损伤瘀肿。**开花结实后的老根（地骷髅）**亦可入药。

【现代研究】萝卜的根富含蛋白质、脂肪、糖类、B族维生素、维生素C及钙、磷、铁、钼、锌和多种酶与纤维等，含木质素和芥子油等成分。其中，木质素能提高体内的巨噬细胞活力；多种酶能阻断或完全消除有致癌作用的亚硝胺；淀粉酶能分解食物中的淀粉和糖原，促进消化，解除胸闷，抑制胃酸过多，促进新陈代谢；芥子油和膳食纤维可促进胃肠蠕动；丰富的维生素C及钼、锌微量元素有助于增强人体的免疫功能，提高抗癌能力。

【适宜人群】萝卜适宜一般人群食用，尤其适宜急慢性支气管炎、咳嗽痰多、消化不良、便秘、高血压、癌症、肺出血、吐血、便血、鼻出血及饮酒过量者食用。

【使用注意】脾胃虚寒者不宜生食萝卜，不宜与人参、西洋参、地黄、何首乌同服，虚喘之人慎服。气虚者慎服莱菔叶。无食积痰滞及中气虚弱者慎服莱菔子。

【附　　方】**（1）治翻胃吐食：**萝卜捶碎，蜜煎，细细嚼咽。（《普济方》）

（2）治急慢性支气管炎咳嗽：萝卜（红皮辣萝卜更好，洗净，不去皮）切成薄片，放于碗中，上面放饴糖2~3匙，搁置一夜，即有溶成的萝卜糖水，频频饮服。（《食物中药与便方》）

（3）治妇人奶结，红肿疼痛，乳汁不通：红萝卜杆叶不拘多少，捣汁一杯，新鲜更好，煨热，点水酒或烧酒服。（《滇南本草》）

（4）治小儿腹胀：萝卜子（炒）、紫苏梗、干葛、陈皮各等分，入甘草少许，煎服。食少加白术。（《万氏家抄方》）

野　葛

Pueraria lobata (Willd.) Ohwi

·科　名　豆科 Leguminosae

·属　名　葛属 *Pueraria*

·生活型　粗壮藤本

·花果期　花期8~9月，果期9~10月

·生　境　丘陵山区的山坡或疏林中

·分　布　南京、无锡（宜兴）、苏州（昆山）、连云港（灌云）、淮安（盱眙）、镇江等地

【释　　名】本品为蔓生缠绕植物，野生状态下易阻遏行人通行。“葛”为形声字，声符兼表意，故名“野葛”“葛藤”，简称“葛”；其根可入药，故又名“葛根”；其茎皮纤维可织布制衣，细者曰“絺”，粗者曰“绤”，故又名“絺绤草”。

植株

花序

花

花萼、雄蕊

果实

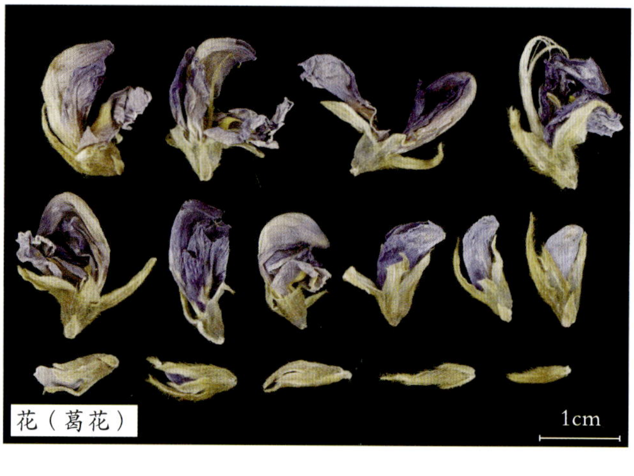

花（葛花）

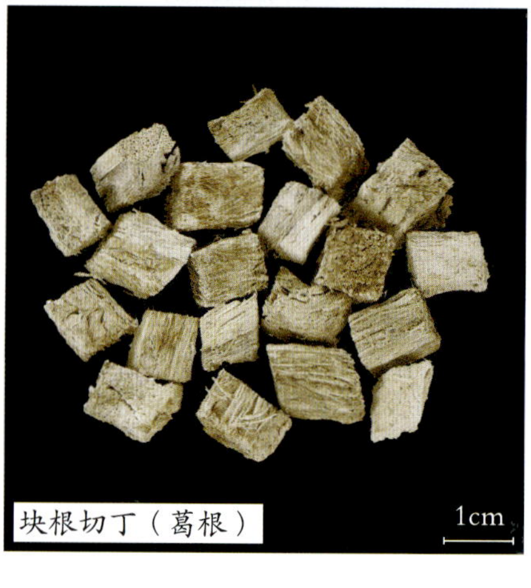

块根切丁（葛根）

【识别要点】全体被黄褐色长硬毛。块根肥厚。羽状复叶具 3 小叶；顶生小叶菱状卵形，边缘 3 浅裂，稀全缘；侧生小叶偏斜，边缘深裂；托叶背着。总状花序中上部有密集的花；花 2 或 3 朵簇生于节上；花萼钟状，萼齿比萼筒稍长，上面 2 齿合生，下面 1 齿较长；花冠顶端 2 裂，紫红色，长约 1.5cm，翼瓣的耳线形，龙骨瓣较翼瓣宽；雄蕊多单体；花柱无毛。荚果扁平，长椭圆形。种子多数。

【采收加工】块根：秋、冬季采挖，多趁鲜切成厚片或小块，鲜用或晒干。葛根粉：鲜葛根粉碎后经水磨、澄取并晒干的淀粉。花：立秋后未全开放时采收，去枝叶，晒干。

【食用方法】块根可酿酒、煮粥；葛根粉可直接冲调饮用；花可泡茶饮用。

【性味功用】**块根（葛根）：**甘、辛，凉。解肌退热，生津止渴，升阳止泻，透疹，通经活络；用于外感发热，头项强痛，麻疹不透，温病口渴，消渴，泄泻，热痢，眩晕头痛，中风偏瘫，胸痹心痛。**花（葛花）：**甘，凉。解酒醒脾，止血；用于饮酒过度，头痛头昏，烦渴，呕逆吐酸，脘腹胀满，不思饮食，吐血，肠风下血。**块根经水磨而澄取的淀粉（葛根粉）、叶（葛叶）、种子（葛谷）、藤茎（葛蔓）**亦可入药。

【现代研究】野葛块根富含淀粉、氨基酸、钙、硒、铁、铜、磷、钾等，含葛根素等异黄酮类及三萜类、生物碱类、蒽醌类、脂肪酸类、挥发油类、酚类、苷类等成分。其中，异黄酮作为天然的植物雌激素，与女性体内的雌激素相似，可以模拟、干扰、双向调节内分泌，滋润皮肤、恢复皮肤弹性；皂角苷、异黄酮可分别在免疫系统和内分泌系统发挥协调作用，可以改善由酒精引起的新陈代谢异常，从而解酒醒酒；葛根素能明显降低血糖，还具有提高免疫、增强心肌收缩力、保护心肌细胞、降低血压、抗血小板聚集等作用，可用于辅助治疗冠心病、心绞痛、心肌梗死、视网膜动静脉阻塞、突发性耳聋。

【适宜人群】葛根适宜高血压、高脂血症、高血糖及偏头痛等心脑血管疾病患者，更年期妇女，易上火人群，长期饮酒者食用。小便不畅者可适当多食葛粉。

【使用注意】孕妇及脾胃虚寒者、夏季易汗表虚者、虚阳上亢者不宜食用葛根。

【附　　方】**（1）治胸中烦热或渴，心躁：**葛粉四两，粟米半斤，以水浸粟米经宿，来日漉出，与葛粉同拌令匀，煮粥食之。（《太平圣惠方》）

（2）治伤寒及时气温病及头痛、壮热、脉大，始得一日：葛根四两，水一斗，煎取三升，乃纳豉一升，煎水升半，一服，捣生葛根汁，服一二升亦为佳。（《肘后备急方》）

（3）治暑天痢疾：干葛、乌梅、甘草三味，浓煎汤一碗，服之。（《沈氏经验方》）

（4）防酒醉，醉则不损人：葛花并小豆花子，末为散，服三二匕。又，时进葛根饮、枇杷叶饮。（《肘后备急方》）

细柱五加

Acanthopanax gracilistylus W. W. Smith

·科　名　五加科 Araliaceae　　·属　名　五加属 *Acanthopanax*

·生活型　灌木　　·花果期　花期5月，果熟期10月

·生　境　山坡林中及路旁灌丛中

·分　布　南京（浦口、江宁）、无锡（宜兴）、常州（溧阳）、苏州（常熟）、连云港、扬州（仪征）、镇江（句容）等地

植株

果枝

花序

果序

根皮（五加皮）

【释　　名】叶为掌状复叶，小叶多5，稀为3或4，五叶交加，故名“五加”；本品花柱细长，故又名“细柱五加”；根皮入药，故又名“五加皮”。

【识别要点】有时蔓生状。枝无刺或在叶柄基部有刺；掌状复叶在长枝上互生，短枝上簇生；小叶5，稀3或4，顶生小叶较大，倒卵圆形至倒卵状披针形，顶端渐尖或钝，边缘有锯齿。伞形花序多单生于叶腋或短枝的顶端；花萼全缘或有5小齿；花瓣5，黄绿色；雄蕊5；子房2（3）室，花柱2（3），分离至基部。果实浆果状，近圆球状，紫色至黑色，外果皮肉质，内果皮硬骨质。种子2。

【采收加工】根皮：夏、秋季采挖，洗净，剥取根皮，晒干。嫩叶：春季萌发后随时可采，鲜用。

【食用方法】根皮可泡酒，亦可制作食品香料；嫩叶可作蔬菜炒食。

【性味功用】**根皮（五加皮）**：辛、苦、微甘，温。祛风湿，补肝肾，强筋骨，利水消肿；用于风寒湿痹，腰膝疼痛，筋骨痿软，小儿行迟，体虚羸弱，跌打损伤，水肿，脚气病。**叶（五加叶）、果实（五加果）**亦可入药。

【现代研究】细柱五加根皮富含蛋白质、脂肪酸、维生素、树脂等，含4-甲氧基水杨醛、异贝壳杉烯酸、五加酸、右旋芝麻素、刺五加苷B_1、β-谷甾醇、5-羟甲基-糠醛、多糖等成分。五加皮有抗炎、镇痛、镇静、抗应激作用，能促进核酸的合成、降低血糖，有性激素样作用，并能抗肿瘤、抗溃疡，有一定的抗排异作用。

【适宜人群】五加皮适宜风寒湿痹，腰痛、阳痿，水肿、脚气，疮疽肿毒、跌打损伤患者食用。

【使用注意】阴虚火旺者慎服五加皮。

【附　　方】**（1）治风湿筋肉关节痛：**五加根 30g，薜荔藤 30g，猪蹄 1 只，加水同炖汤，去渣，用甜酒兑服。（《江西民间草药验方》）

（2）治老人腰痛脚弱，小儿佝偻病：五加皮 120g，鹿角霜 60g，烧酒适量（约 500ml），泡 10 天，去渣过滤，加赤砂糖适量，每日 2~3 次，适量饮服。（《食物中药与便方》）

（3）治慢性肾炎，糖尿病：五加皮嫩叶约 30g（鲜品），车前草等量，水煎服。（《食物中药与便方》）

胡萝卜

Daucus carota L. var. *sativa* Hoffm.

·科　名	伞形科 Umbelliferae	·属　名	胡萝卜属 *Daucus*
·生活型	二年生草本	·花果期	花期 5~6 月，果期 6~7 月
·特　性	喜冷凉的气候和阳光充足的环境，以中性土壤栽培为宜		
·分　布	全省各地有栽培		

植株

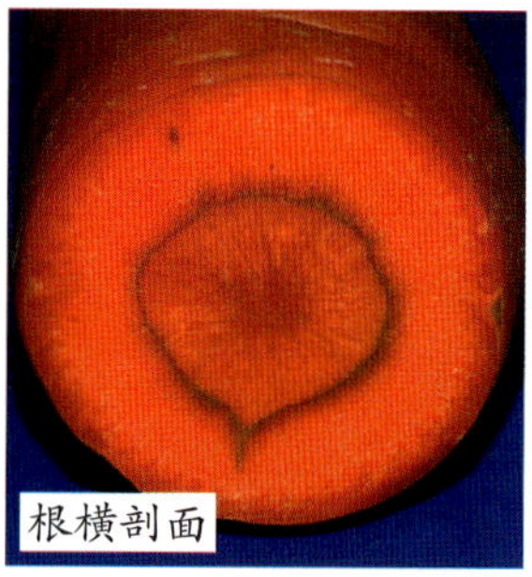
根横剖面

根纵剖面

花序

果序

基生叶

花

根（胡萝卜）

【释　　名】《本草纲目》记载其“元时始自胡地来，气味微似萝卜”，故名“胡萝卜”。

【识别要点】根粗壮，肉质，长圆锥形，红色或黄色。茎单生，有倒生糙硬毛。基生叶长圆状，二或三回羽状多裂，末回裂片窄小，条形至披针形，顶端有小凸头，叶柄有鞘；茎生叶近无柄。伞梗有倒糙硬毛；总苞片叶状，羽状分裂，裂片细长；伞幅多数，果时外缘伞幅向内弯曲；花序中央花紫色，不孕，外缘花瓣辐状，2深裂，多白色。果实长圆球状，主棱5，有刚毛，次棱呈窄翅状，有刺。

【采收加工】根：充分膨大、基部圆、叶色变淡呈黄绿色时及时采挖，或冬季采挖，除去茎叶、须根，洗净，鲜用。

【食用方法】根可生食，亦可腌渍、炒食、蒸食，或制成蜜饯。

【性味功用】**根（胡萝卜）**：甘、辛，平。健脾和中，滋肝明目，化痰止咳，清热解毒；用于脾虚食少，体虚乏力，脘腹疼痛，泄痢，视物昏花，咳喘，百日咳，咽喉肿痛，麻疹，水痘，疖肿，烫火伤，夜盲症，干眼症，高血压，痔疮，脱肛。**基生叶（胡萝卜叶）**、**果实（胡萝卜子）**亦可入药。

【现代研究】胡萝卜根富含蛋白质、脂肪、糖类、氨基酸、胡萝卜素、类胡萝卜素、花青素、纤维素、B 族维生素、维生素 A、维生素 C 及钙、磷、铜、铁等矿物质，含挥发油、伞形花内脂等成分。其中，胡萝卜素有补肝明目的作用，可治疗夜盲症，还有造血功能，可以改善贫血；维生素 A 是骨骼正常发育的必需物质；植物纤维能增加胃肠蠕动，促进新陈代谢，润肠通便。

【适宜人群】胡萝卜适宜一般人群食用。

【使用注意】胡萝卜宜熟食。

【附　　方】**（1）治夜盲症**：羊肝 500g，切片，入沸水煮 2~3 分钟，捞出；胡萝卜 1~2 个，捣汁，拌肝片，加调味品，随意食用。（《青海常用中草药手册》）

（2）治麻疹：红萝卜 125g，芫荽 90g，荸荠 60g，加多量水，久熬成 2 碗，1 天内分服。（《岭南采药录》）

明党参

Changium smyrnioides Wolff

·科　名　伞形科 Umbelliferae　　·属　名　明党参属 *Changium*

·生活型　多年生草本　　·花果期　花期 4~5 月，果期 6~8 月

·生　境　向阳山坡草丛、林缘、竹林边

·分　布　南京、无锡（宜兴）、苏州、镇江（句容）等地

植株

花序

花解剖（上雌花，下雄花）

根（明党参）

【释　　名】本品根形似党参，因以沸水煮过而致淀粉糊化，表面角质明亮、具蜡样光泽，故名“明党参”；未经汤煮者，药材断面粉性而似沙参，故又名“粉沙参”；根似萝卜，但生于山坡林下，故又名“山萝卜”。

【识别要点】根圆球状、纺锤状或圆柱状。茎为序状茎，幼嫩时有白色粉霜。基生叶具长柄，一回羽片广卵圆形，有小柄；二回羽片卵圆形至长圆状卵圆形，有小柄；三回羽片广卵圆形，无小柄，3裂或羽状缺刻，小裂片长圆状披针形；茎上部叶缩小成鳞片状或叶鞘状。伞幅 6~10；小伞形花序有花 10~15 朵；侧生伞形花序的花多数不孕，花瓣白色。果实卵球状至长卵球状，果棱不明显。

【采收加工】根：4~5 月采挖，除去须根，洗净，置沸水中煮至无白心，取出，刮去外皮，漂洗，干燥。

【食用方法】根可做药膳。

【性味功用】**根（明党参）**：甘、微苦，微寒。润肺化痰，养阴和胃，平肝，解毒；用于肺热咳嗽，呕吐反胃，食少口干，目赤眩晕，疔毒疮疡。

【现代研究】明党参根富含葡萄糖、氨基酸及钙、铁、锌等矿物质，含 6，9- 十八碳二炔酸甲酯、硬脂酸、亚油酸、珊瑚菜内酯、β- 谷甾醇、豆甾醇及挥发油类、多糖类等成分。其中，明党参多糖具有调节免疫、抗疲劳和耐缺氧作用，是其发挥滋补强壮作用的主要成分；珊瑚菜内酯具有调节脂肪代谢、镇静催眠等药理活性；明党参挥发油具有良好的祛痰作用。

【适宜人群】明党参根适合免疫力低下、食欲不振、肺热咳嗽及疔疮肿毒者服用。

【使用注意】脾虚泄泻、梦遗滑精、阴虚火旺、内热烦渴者及孕妇慎服明党参。

【附　　方】**（1）治风湿痹痛：**明党参切成片，泡白酒，适量饮服。（《食物中药与便方》）

（2）治脱力劳伤，贫血头晕：明党参 30g（切细），鸡蛋 2 个，打碎搅和，饭锅上蒸熟食。（《食物中药与便方》）

（3）治疔疮肿毒：明党参 9g，蒲公英、紫花地丁各 15g，水煎服。（《安徽中草药》）

白芷 *Angelica dahurica* (Fisch. ex Hoffm.) Benth. et Hook. f. ex Franch. et Sav.

·科　名　伞形科 Umbelliferae　　·属　名　当归属 *Angelica*

·生活型　多年生草本　　·花果期　花期 6~7 月，果期 7~9 月

·特　性　喜温暖湿润的气候，耐寒，宜选阳光充足的环境，以土层深厚、疏松肥沃、排水良好的沙壤土栽培

·分　布　南京、无锡（宜兴）、盐城（大丰）、镇江等地有栽培

【释　　名】古名“虈”，《说文解字》云：“虈，楚谓之蓠，晋谓之虈，齐谓之茝。”茝，从“𦣝”，𦣝，同“颐”，泛指面颊，《神农本草经》谓本品功能“润泽，可作面脂”，故有“𦣝”之名，从“艹”，作“茝”字，段玉裁《说

植株

花枝

叶缘

花序

成熟果实

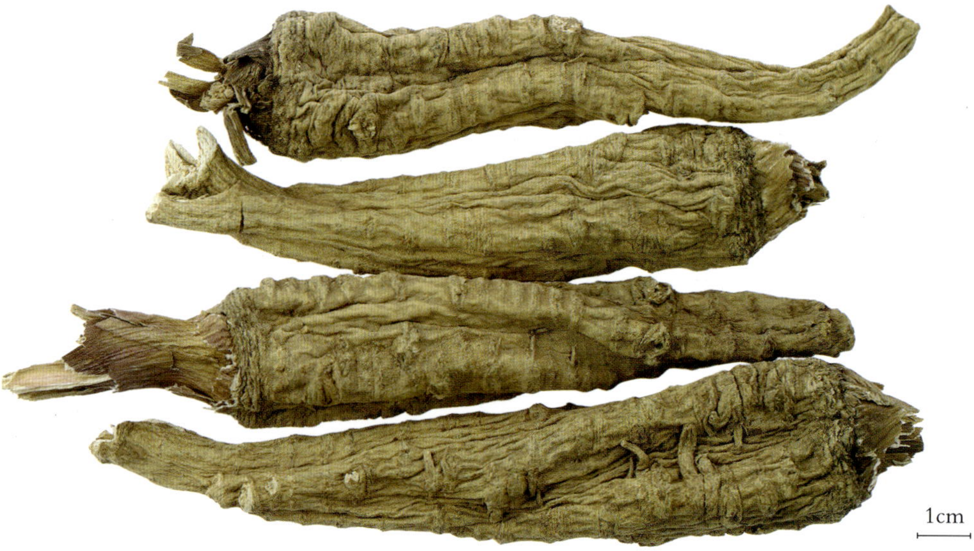

根（白芷）

文解字注》曰："茝、芷同字，茝声、止声同在一部也。"本品根断面色白，故名"白芷"；本品为著名的香草，故又名"香白芷"。

【识别要点】茎粗，常呈紫红色。基生叶一回羽状分裂，茎生叶二或三回三出式羽状分裂，一回羽片的小叶柄直伸，末回裂片无柄，边缘有不规则的白色软骨质粗重锯齿，基部沿叶轴下延成翅状；茎上部的叶鞘显著膨大成囊状。复伞形花序；花萼无；花瓣黄绿色。双悬果背腹扁压，椭圆形或近圆形，分生果背部果棱粗圆钝形，侧棱宽翅状；棱槽油管 1，合生面油管 2。

【采收加工】根：夏、秋间叶黄时采挖，除去须根和泥沙，晒干或低温干燥；嫩茎：春季萌发后采摘，鲜用。

【食用方法】根可用于煮粥、泡茶，或制作调味品、饮料等；嫩茎剥皮可作菜肴炒食。

【性味功用】**根（白芷）**：辛，温。解表散寒，祛风止痛，宣通鼻窍，燥湿止带，消肿排脓；用于感冒头痛，眉棱骨痛，牙痛，鼻塞流涕，鼻鼽，鼻渊，带下，疮疡肿痛。**叶（白芷叶）**亦可入药。

【现代研究】白芷根富含蛋白质、脂肪、糖类、膳食纤维、维生素、8 种氨基酸及钙、磷、铁、锌等矿物质元素，含氧化前胡素、白芷多糖、谷甾醇、棕榈酸及柠檬烯、松油烯等挥发油类，欧前胡素、异欧前胡素等香豆素类成分。其中，欧前胡素具有较好的改善痛风性关节炎作用；挥发油和香豆素成分具有镇痛作用；香豆素类成分具有分解脂肪的作用，同时还能抑制甘油三酯的合成。

【适宜人群】白芷适宜风寒感冒、头面痛、鼻塞、鼻渊、久泻、带下、痈疽疮疡、瘙痒疥癣、毒蛇咬伤者食用。

【使用注意】血虚有热、阴虚阳亢头痛者禁服白芷。

【附　　方】**（1）治风寒感冒：**白芷 10g，川芎 15g，加适量水，中火煎煮 15 分钟，用洁净纱布过滤，取汁即成，代茶，频频饮用。（《中华药膳》）

（2）治鼻流清涕不止：白芷为细末，以葱白捣烂为丸，小豆大，每服 20 丸，茶水送下。（《证治准绳》）

（3）治毒蛇伤：香白芷为末，麦门冬水调饮，仓卒时，新汲水亦得。（《洪氏集验方》）

牛皮消

Cynanchum auriculatum Royle ex Wight

·科　名　萝藦科 Asclepiadaceae

·属　名　鹅绒藤属 *Cynanchum*

·生活型　蔓生草本

·花果期　花期 8~9 月，果期 10~11 月

·生　境　沟边湿地、路旁灌丛

·分　布　南京、无锡、常州（溧阳）、连云港、盐城（射阳）、镇江等地

植株

花序

花

果实

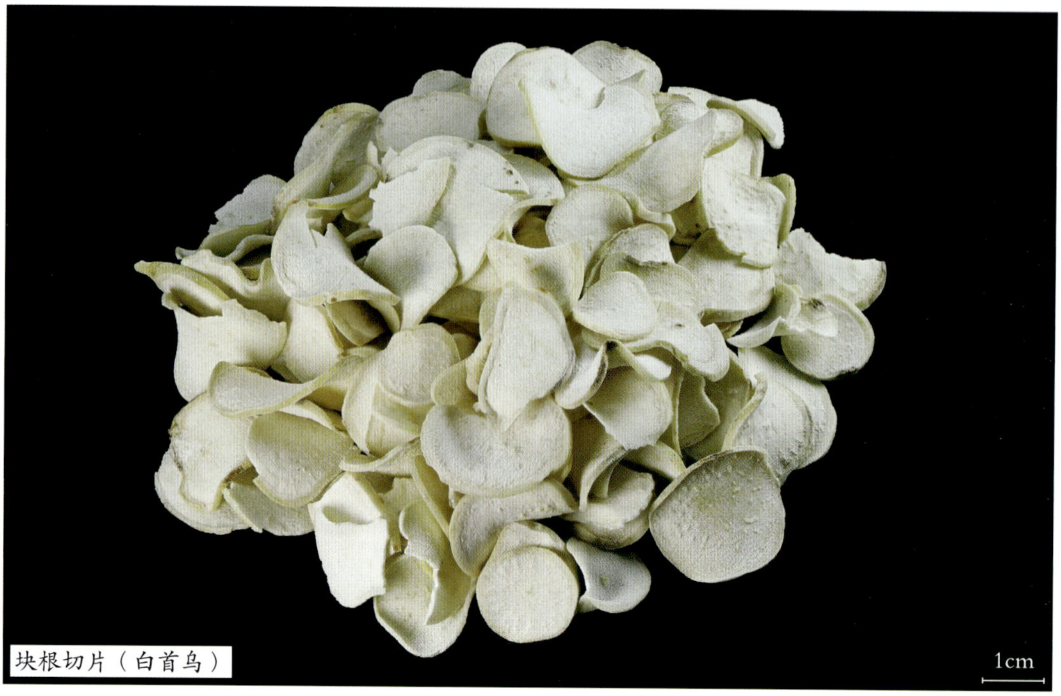

块根切片（白首乌）

【释　　名】同属植物鹅绒藤的藤茎浆能治寻常赘疣，可使厚硬如牛皮的赘疣肿块消退，本品虽无此功效，但两者植物形态相似，易混淆，故名“牛皮消”；本品叶基部心形，两边垂片形状似耳，故又名“耳叶牛皮消”；本品块根外观形、色均似何首乌，横切面为白色，故又名“白首乌”。

【识别要点】植株有乳汁。根肥大，呈块状。茎缠绕。叶对生，心形或卵状心形。伞房状聚伞花序腋生；花萼 5 裂，裂片狭长圆形；花冠辐状，5 裂，白色，裂片反折，内面有疏柔毛；副花冠浅杯状，外轮顶端有披针形裂片，每裂片内侧中部（内轮）有三角形的舌状鳞片。蓇葖果双生或仅 1 个发育，长角状。种子顶端有白色绢质种毛。

【采收加工】块根：春初或秋季茎叶枯黄后采挖，洗净泥土，除去残茎和须根，鲜用或趁鲜切片晒干。

【食用方法】块根可蒸食、泡茶，亦可开发首乌粉丝、首乌保健酒、首乌饴糖、首乌豆乳粉等多种保健食品。

【性味功用】**块根（白首乌）**：甘、微苦，平。补肝肾，强筋骨，益精血，健脾消食，解毒疗疮；用于腰膝酸痛，阳痿遗精，头晕耳鸣，心悸失眠，食欲不振，小儿疳积，产后乳汁稀少，疮痈肿痛，毒蛇咬伤等。

【现代研究】牛皮消块根富含淀粉、蛋白质、磷脂、氨基酸、维生素及锌、镁、钙、铁等矿物质，含白首乌二苯酮及 C_{21} 甾体类、多糖类成分等。其中，C_{21} 甾体类成分具有抗肿瘤、保肝、保护心肌、调节血脂、免疫调节、抗自由基损伤等作用；白首乌二苯酮抗氧化性强，还具有神经保护活性。

【适宜人群】白首乌适宜体质虚弱及免疫力低下者服用。

【使用注意】白首乌内服不宜过量。

【附　　方】**（1）治小儿脾胃虚弱，消化不良，食积，腹泻：**隔山撬（牛皮消）、糯米草、鸡屎藤各等分，研末备用，每次 9g，加米粉 18g，蒸熟食。（《四川中药志》1982 年）

（2）治腰腿疼痛，关节不利：白首乌 15g，牛膝 6g，菟丝子 9g，补骨脂 6g，枸杞子 9g，水煎服。（《山西中草药》）

阳　芋

Solanum tuberosum L.

·科　名　茄科 Solanaceae	·属　名　茄属 *Solanum*
·生活型　多年生草本	·花果期　花期 6~9 月，果期 9~11 月
·特　性　喜冷凉干燥的气候，适宜以疏松肥沃的沙质土栽培	·分　布　全省各地有栽培

植株

花

块茎（马铃薯）

【释　　名】本品原产于南美洲，形似山芋（番薯），“洋”同“阳”，故名“阳芋”，通称“洋芋”；因其地下块茎似球形，故又名“土豆”；因块茎状如马铃（即马粪），故又名“马铃薯”。

【识别要点】全株无毛或被疏柔毛。块茎扁球状或椭圆状，外皮常为浅褐色。奇数羽状复叶；小叶 5~9 对，常大小相间，卵形或椭圆形，先端急尖。伞房花序顶生；花萼钟状，5 或 6 裂，不达基部，裂片披针形；花冠辐状，冠筒短，裂片 5，三角形；雄蕊 5，正常发育，花药孔裂，长为花丝的 5 倍，贴合；子房无毛，柱头头状。浆果球状。种子黄色。

【采收加工】块茎：大部分茎叶逐渐枯黄、匍匐茎干缩且易与块茎脱离、块茎表皮形成了较厚的木栓层、块茎不再快速增长时及时采挖，洗净，鲜用或晒干。

【食用方法】块茎可煮、煎、炒、烹、炸、烧、炖食用，亦可供制糖、饮料，或制作年糕、面包、馒头、面条、米线、脆饼等主食产品及开发多种深加工产品。

【性味功用】**块茎（马铃薯）**：甘，平。和胃健中，解毒消肿；用于胃痛，痄腮，痈肿，湿疹，烫伤。

【现代研究】阳芋块茎富含淀粉、蛋白质、脂肪、糖类、粗纤维素、胡萝卜素、维生素及钙、镁、磷、钾等矿物质，含茄碱等生物碱成分等。

【适宜人群】马铃薯适宜一般人群食用，尤其适宜脾胃虚弱、大便秘结者食用。

【使用注意】马铃薯含一些有毒的生物碱，主要是茄碱和毛壳霉碱，一般经过 170℃的高温烹调，有毒物质就会分解。马铃薯发芽后可产生有毒生物碱茄碱，故发芽多的块茎或皮肉变黑绿者不能食用。

【附　　方】**治习惯性便秘、胃及十二指肠溃疡疼痛：**新鲜（未发芽）马铃薯洗净（不去皮），切碎，捣烂，用纱布包挤汁，每日早晨空腹服 1~2 匙，酌加蜂蜜适量，连服 2~3 周。服药期间，禁忌刺激性食物。（《食物中药与便方》）

番　薯

Ipomoea batatas (L.) Lam.

·科　名　旋花科 Convolvulaceae　　·属　名　番薯属 *Ipomoea*

·生活型　一年生草本　　·花果期　花期 7~9 月，果期 9~11 月

·特　性　喜温暖多光，耐旱，耐碱，适宜以肥沃、排水良好的沙壤土栽培

·分　布　全省各地有栽培

植株

花

1cm

块根（番薯）

1cm

嫩茎叶（番薯藤）

【释　　名】薯类作物，明朝万历年间，福建华侨陈振龙自吕宋引入，故名“番薯”；块根味道甘美，故又名“甘薯”；有红皮、白皮2种，故又名“红薯”“白薯”；块根形似瓜而生于地下，故又名“地瓜”。

【识别要点】地下部分具圆状、椭圆状或纺锤状的块根。茎平卧或上升，茎节易生不定根。叶常为宽卵形，基部心形或近于平截。聚伞花序腋生，有花1、3或7；萼片长圆形或椭圆形，顶端骤然成芒尖状；花冠钟状或漏斗状，花冠瓣中带常有2条脉；雄蕊内藏，花粉粒有刺；花柱1，内藏，不伸出花冠外，柱头头状。蒴果卵球状或扁圆球状，有假隔膜分为4室。种子1~4粒，通常2粒。

【采收加工】块根：茎色变深、叶色变黄、块根膨大缓慢或近于停止时采挖，洗净，鲜用或切片晒干，亦可窖藏。嫩茎叶：萌发后随时可采，鲜用。

【食用方法】块根可生食，也可蒸食、煮食、烤食、酿酒等，或用于制作淀粉及开发多种主食产品；嫩茎叶可凉拌、炒食、氽烫、做馅等，亦可制饮料、糕点等。

【性味功用】**块根（番薯）**：甘，平。补中和血，益气生津，宽肠胃，通便；用于脾虚水肿，便泄，疮疡肿毒，大便秘结。**茎叶（番薯藤）**亦可入药。

【现代研究】番薯块根富含淀粉、蛋白质、膳食纤维、胡萝卜素、维生素和硒等多种微量元素，含亚油酸等成分。其中，膳食纤维有助于刺激肠道、加快肠道蠕动，对便秘有一定效果。

【适宜人群】番薯适宜便秘、脾胃亏虚者食用。

【使用注意】湿阻中焦、气滞食积者慎服番薯。

【附　　方】**（1）治酒湿入脾，因而飧泄者：**番薯煨熟食。（《金薯传习录》）

（2）治疟疾（不论间日疟、三日疟）：番薯250g，常山12g，同煮熟，去常山，于疟发前喝汤吃番薯。孕妇及体虚者忌服。（《食物中药与便方》）

（3）治夜盲症：番薯（选用红黄种更好）嫩叶60~90g，羊肝120g，同煮食，连服2~3次见效。（《食物中药与便方》）

硬毛地笋

Lycopus lucidus Turcz. var. *hirtus* Regel

·科　名　唇形科 Labiatae	·属　名　地笋属 *Lycopus*
·生活型　多年生草本	·花果期　花期8~9月，果期9~10月
·生　境　河边、塘边及潮湿区域	·分　布　全省各地

植株

花序

叶背叶脉

花

根茎（地笋）

【释　　名】地下根茎形态如笋、地瓜等，可作菜肴食用，叶脉和叶面均密被硬毛，故名“硬毛地笋”“毛叶地瓜儿苗”；植物形态与佩兰相近，生于水泽旁，故又名“泽兰”；本品茎直立，四棱形，节上多呈紫红色，故又名“红梗草”。

【识别要点】茎直立，常呈紫红色，通常不分枝，截面四棱形，节上密集硬毛。叶片披针形或长圆状披针形，叶面、叶背脉上有毛，边缘有锐齿。轮伞花序无梗，多花密集；花小，无梗；花萼有 5 齿，齿端针状，喉部无毛；花冠白色，外面在冠檐上具腺点，内面在喉部具白色短柔毛，冠檐不明显二唇形，上唇近圆形，下唇 3 裂，中裂片较大。小坚果彼此分离，顶端平截，合生面有金黄色腺点。

【采收加工】根茎：10 月至翌年 1 月采挖，洗净，鲜用。幼苗：春、夏季随时采摘，鲜用。

【食用方法】根茎可炖菜食用，亦可腌制成泡菜等，或开发为多种保健食品和天然饮料；幼苗可炒食、凉拌等。

【性味功用】**根茎（地笋）**：甘、辛，平。化瘀止血，益气利水；用于衄血，吐血，产后腹痛，黄疸，水肿，带下，气虚乏力。**地上部分（泽兰）**：苦、辛，微温。活血化瘀，行水消肿，解毒消痈；用于闭经，痛经，产后瘀滞腹痛，癥瘕，身面浮肿，跌打损伤，痈肿疮毒。

【现代研究】硬毛地笋根茎富含淀粉、蛋白质、矿物质等，含泽兰糖、葡萄糖、半乳糖、蔗糖、水苏糖等成分。嫩苗富含蛋白质、脂肪、糖类、膳食纤维、胡萝卜素、硫胺素、核黄素、烟酸、维生素及钙、磷、铁等矿物质。地上部分含原儿茶醛、原儿茶酸、芹菜苷、木犀草素、迷迭香酸、齐墩果酸、熊果酸、硬脂酸及多糖类成分等。其中，迷迭香酸具有抗氧化活性；泽兰叶中的多糖具有提高机体免疫力的作用。

【适宜人群】硬毛地笋根茎、幼苗适宜月经不调、产后腹痛、水肿、跌扑损伤、疮痈肿毒、瘀血等患者食用。

【使用注意】无血瘀或血虚者慎服泽兰。

【附　　方】**（1）治黄疸**：泽兰根、赤小豆各 60g，水煎代茶饮。（《沙漠地区药用植物》）

（2）治吐血，鼻衄：地笋鲜根 30~60g，捣烂绞汁服。（《食物中药与便方》）

（3）治产妇心腹痛：地笋 15g，水煎去渣，每日 2 次分服。（《食物中药与便方》）

羊　乳

Codonopsis lanceolata (Sieb. et Zucc.) Trautv.

·科　名　桔梗科 Campanulaceae	·属　名　党参属 *Codonopsis*
·生活型　多年生缠绕藤本	·花果期　花期 8~10 月，果期 11 月
·生　境　山坡灌木林下较阴湿处或阔叶林内	
·分　布　南京、无锡（崇安、宜兴）、常州（溧阳）、镇江（句容）等地	

【释　　名】植物根茎多白色汁液，似羊乳汁，故名“羊乳”；《本草纲目拾遗》言其“根皮有绉旋纹，与海螺相似，而生于山”，故又名“山海螺”；其根形如参，叶多 4 片簇生，故又名“四叶参”。

植株

根剖面

花侧面

花内部

果实

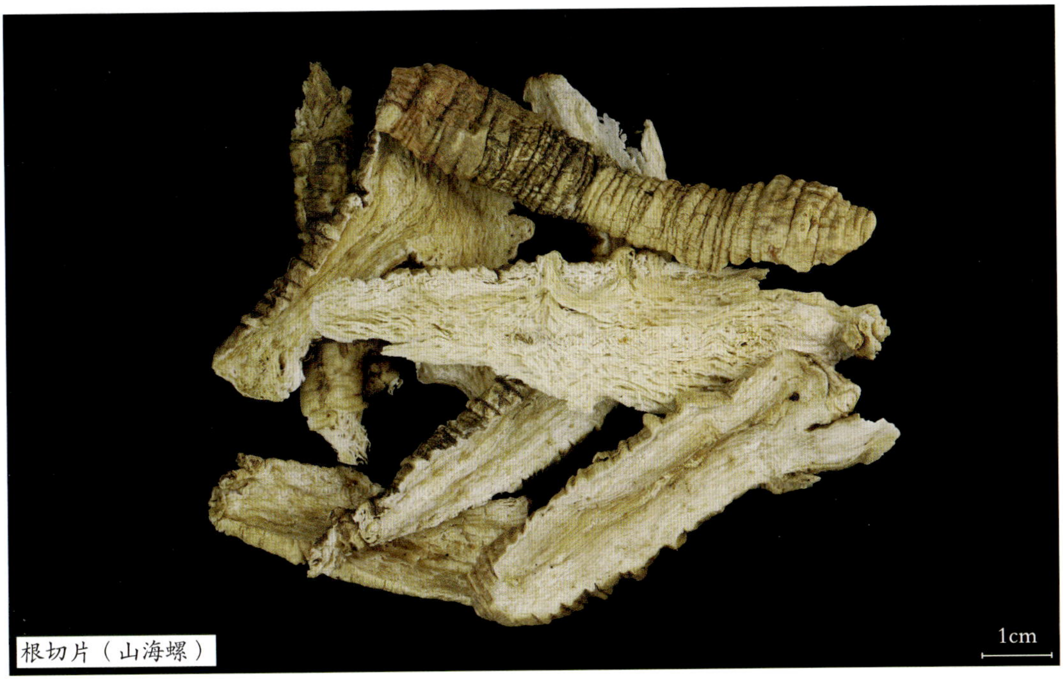

根切片（山海螺）

【识别要点】全株无毛，有乳汁。根倒卵状纺锤形，有环纹。茎略带紫色。叶二形，主茎叶片细小，互生，小枝顶端叶宽大，常 2~4 簇生，近对生或轮生状；叶柄短。花常单生；花萼裂片 5；花冠钟状，外面乳白色，内面深紫色，有网状脉纹；花盘肉质，黄绿色；雄蕊分离，花丝基部微扩大，着生于花盘边缘；子房半下位，柱头 3 裂。蒴果下部半球状，上部有喙，成熟时顶端 3 瓣裂，花萼宿存。

【采收加工】根：5 月下旬或 9 月中下旬采挖，洗净，鲜用或切片晒干。嫩茎叶：春季萌发后随时可采，鲜用。

【食用方法】根除去外层老皮后可生食，亦可炒食、煮食、盐渍、凉拌、腌制等；嫩茎叶可炒食、凉拌、做汤。

【性味功用】**根（山海螺）**：甘、辛，平。益气养阴，解毒消肿，排脓，通乳；用于神疲乏力，头晕头痛，肺痈，乳痈，肠痈，疮疖肿毒，喉蛾，瘰疬，产后乳少，带下，毒蛇咬伤。

【现代研究】羊乳根富含氨基酸、多糖、维生素、胡萝卜素及铜、锌、铁等矿物质，含齐墩果酸、刺囊酸、羊乳皂苷 A、羊乳皂苷 B、α- 菠甾醇、豆甾醇、甲基丁香苷、黑麦草碱、鸢尾苷、芹菜素、苯甲醇、党参炔苷、多糖类成分等。其中，党参炔苷抑制黄嘌呤氧化酶（XOD）的活性作用，能够减少高尿酸血症和痛风的发生；刺囊酸有较好的抗炎作用；多糖是羊乳发挥免疫增强作用的重要物质基础。

【适宜人群】山海螺适宜病后体虚、产后乳少、疮疡肿痛者食用。

【使用注意】外感初起，无汗者慎用山海螺；山海螺反藜芦。

【附　　方】**（1）治身体虚弱，头晕头痛：**奶党（山海螺）60g，水煎取汁，用汁煮鸡蛋 2 个，食蛋服汤。（《湖北中草药志》）

（2）治阴虚头痛，妇人白带：羊乳 45g，猪瘦肉 120g，炖汤，以汤煎药服。（《江西民间草药》）

（3）通乳：山海螺 60g，通草、木通各 9g，煮肉食。（《湖南药物志》）

桔　梗

Platycodon grandiflorum (Jacq.) A. DC.

·科　名	桔梗科 Campanulaceae	·属　名	桔梗属 *Platycodon*
·生活型	多年生草本	·花果期	花期 7~9 月，果期 9~10 月
·生　境	山坡草地		
·分　布	南京（浦口、六合）、无锡（江阴、宜兴）、常州（溧阳）、苏州（常熟）、淮安（盱眙）、扬州（仪征）、镇江（丹徒、丹阳、句容）		

植株

花（蓝紫色）

花（白色）

果实横剖面

果实纵剖面

成熟果实侧面观

成熟果实顶面观

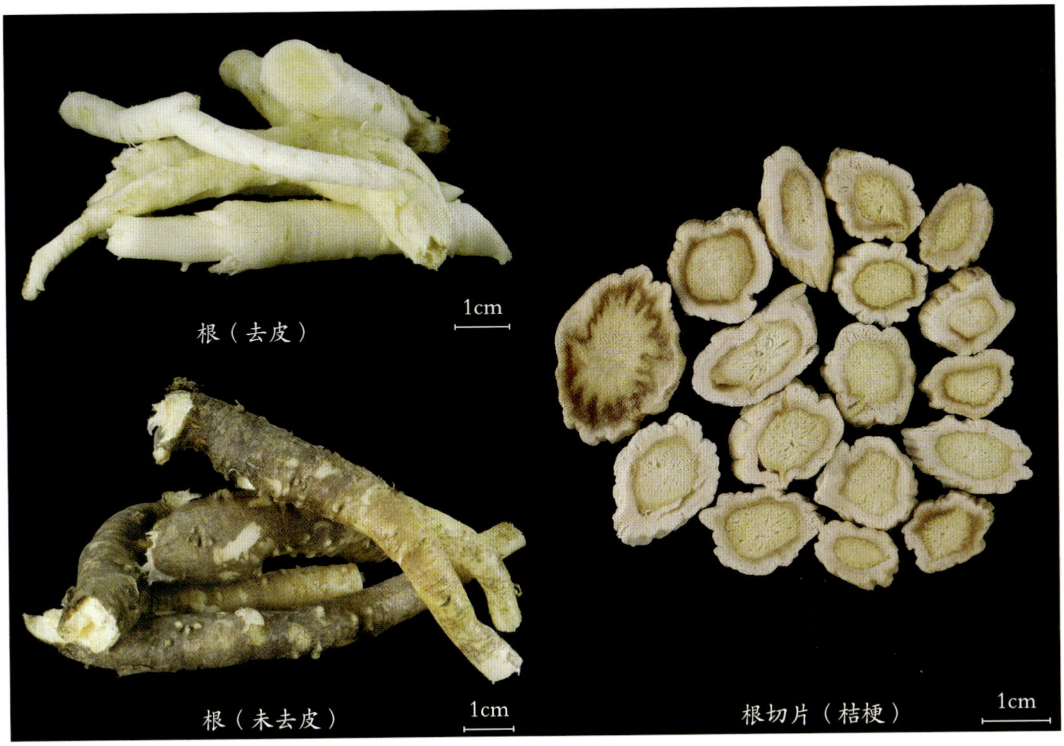

根（去皮）　根（未去皮）　根切片（桔梗）

【释　　名】本品为多年生草本，主根长纺锤形，少分枝，“桔”和“梗”都有笔直、挺立的意思，故名“桔梗”；与荠苨为近缘植物，形态相近，两者常混称，荠苨根味甜，称为“甜桔梗”，本品与之区分，故又名“苦桔梗”。

【识别要点】植株具白色乳汁，常无毛。根圆锥形，肉质。叶全部轮生、部分轮生或对生至全部互生。花单生或数朵生于枝顶，呈假总状；花萼和子房贴生，筒部半球状或圆球状倒圆锥形，被白粉，5 裂，萼齿三角状披针形；花冠广钟状，蓝紫色，辐射对称，裂片 5，三角形；雄蕊 5，花丝基部膨大而彼此近相连；子房半下位，5 室，胚珠多数，柱头 5 裂。蒴果圆卵形，顶端 5 裂。

【采收加工】肉质根：秋季地上部分枯萎后或春季地下萌芽前挖取 1~2 年生、幼嫩者，鲜用，或栽培 2~3 年采挖，洗净泥土，趁鲜用碗片或竹片刮去外皮，放清水中浸 2~3 小时，捞起，晒干，或去芦切片后晒干。嫩茎叶：春、夏季随时采摘，鲜用。

【食用方法】肉质根可生食，也可炒食、凉拌、腌制，或供酿酒、制作蜜饯、开发保健饮料等；嫩茎叶可炒食、凉拌、做汤等。

【性味功用】根（桔梗）：苦、辛，平。宣肺，利咽，祛痰，排脓；用于咳嗽痰多，胸闷不畅，咽痛音哑，肺痈吐脓，痢疾腹痛，小便癃闭。

【现代研究】桔梗肉质根富含糖类、维生素、氨基酸以及多种微量元素，含桔梗酸、扁桃酸、菊糖、亚油酸、软脂酸、菠菜甾醇、β- 谷甾醇、没食子酸类、鞣花酸及黄酮类、皂苷类、多糖类成分等。其中，桔梗皂苷 D 能降低白色念珠菌对口腔黏膜的感染；皂苷类成分和桔梗多糖有抗肿瘤作用；桔梗总皂苷和桔梗皂苷 D 都具有较好的清除自由基能力。

【适宜人群】桔梗适宜咳痰不爽、咽喉肿痛、肺痈者食用。

【使用注意】阴虚久咳及咳血者慎服桔梗，胃溃疡者慎服。

【附　　方】**（1）治风热咳嗽痰多，咽喉肿痛：** 桔梗 9g，桑叶 15g，菊花 12g，杏仁 6g，甘草 9g，水煎服。（《青岛中草药手册》）

（2）治齿龈肿痛： 桔梗、薏苡仁等分，为末服。（《永类钤方》）

（3）治肺痈吐血： 桔梗 9g，冬瓜仁 12g，薏苡仁 15g，芦根 30g，金银花 30g，水煎服。（《青岛中草药手册》）

沙　参

Adenophora stricta Miq.

·科　名　桔梗科 Campanulaceae　　·属　名　沙参属 *Adenophora*

·生活型　多年生草本　　·花果期　花期 8~10 月，果期 11~12 月

·生　境　山坡草丛中

·分　布　南京（浦口）、无锡（宜兴）、常州（溧阳）、镇江（句容）等地

植株

花序

花

果序

【释　　名】本品适宜生长于沙质土地，其根形状与人参相似，故名“沙参”；本品基生叶心形似杏叶，故又名“杏叶沙参”；根据产地分布，伞形科植物珊瑚菜入药称为“北沙参”，为与其相区分，本品又名“南沙参”；本品体轻质松泡，断面多裂隙，故又名“泡参”。

【识别要点】植株有白色乳汁。根圆锥状。茎不分枝。茎生叶互生，卵形、狭卵形至条状披针形，基部宽楔形或楔形，边缘有不整齐锯齿，无柄或近无柄。聚伞花序排成假总状，狭长，下部分枝；花萼钟状，密被短硬毛，裂片 5，狭披针形；花冠紫蓝色，钟状，5 浅裂，常有短硬毛；雄蕊 5，分离；花盘宽圆筒状；子房 3~5 室，花柱与花冠近等长。蒴果近球状，有毛，不规则孔裂或撕裂。

【采收加工】肉质根：早春萌发前或秋冬地上茎叶枯萎时挖取幼嫩者，鲜用，或栽培 2~3 年采挖，除去茎叶及须根，洗净泥土，趁新鲜时刮去外皮，晒干。嫩茎叶：春、夏季随时采摘，鲜用。

【食用方法】肉质根可炒食、腌制，亦可与鸡、肉一起炖食；嫩茎叶可凉拌、做汤等。

【性味功用】**根（南沙参）**：甘，微苦，微寒。养阴清肺，益胃生津，化痰，益气；用于肺热燥咳，阴虚劳嗽，干咳痰黏，胃阴不足，食少呕吐，气阴不足，烦热口干，大便干结。

【现代研究】沙参肉质根富含膳食纤维、胡萝卜素、糖类、烟酸、维生素 A、维生素 C 及钙、磷等矿物质，含 β– 谷甾醇、胡萝卜苷、羽扇烯酮、白花前胡素 A 及多糖类、生物碱类、黄酮类成分等。其所含多糖成分具有免疫调节、延缓衰老、提高记忆、抗肝损伤及清除自由基等作用；南沙参乙醇提取物和乙酸乙酯提取物具有镇咳祛痰作用。

【适宜人群】南沙参适宜慢性支气管炎、肺结核患者及咽干音哑、大便干结者食用。

【使用注意】风寒咳嗽慎服南沙参。不宜与藜芦同用。

【附　　方】**（1）治虚火牙痛：**杏叶沙参根15~60g，煮鸡蛋服。（《湖南药物志》）

（2）治赤白带下，皆因七情内伤，或下元虚冷：米饮调沙参末服。（《证治要诀类方》）

（3）治产后无乳：杏叶沙参根12g，煮猪肉食。（《湖南药物志》）

牛　蒡

Arctium lappa L.

·科　名　菊科 Compositae　　·属　名　牛蒡属 *Arctium*

·生活型　二年生草本　　·花果期　花期6~7月，果期8~9月

·特　性　喜温暖气候，耐热，耐寒，以土层深厚、排水良好、疏松肥沃的沙壤土栽培为宜

·分　布　徐州、南通、扬州（宝应、高邮）等地有栽培

植株

花序侧面观

花序顶面观

根（牛蒡根）

成熟果实（牛蒡子）

【释　　名】《本草原始》云“其根叶可饲牛”，牛喜食其叶，故在其一侧，“旁”意为在一侧，从“艹”，故名“牛蒡”；牛食其叶后可力气大增，种子（瘦果）供药用，故又名“大力子”“牛蒡子”。

【识别要点】具粗大的肉质直根。茎直立，植株常被稀疏的短糙毛及长蛛丝状毛，具棕黄色腺点。叶背具树脂腺点，叶面常密被毛，有小腺毛。头状花序顶生；总苞片多层，外层三角状或披针状钻形，中、内层披针状或线状钻形，近等长，顶端有软骨质钩刺；小花紫红色。瘦果两侧压扁；冠毛多层，冠毛糙毛状，分散脱落。

【采收加工】根：9~10 月挖取幼嫩者，鲜用；或秋季采挖生长期 2 年以上者，洗净，晒干。嫩茎叶：5~6 月采摘，鲜用。成熟果实：秋季采收果序，晒干，打下果实，除去杂质，再晒干。

【食用方法】肉质根、嫩茎叶可凉拌、炒食、做汤、蘸酱、腌制，茎叶还可煮汁酿酒，肉质根还可炖食、油炸、制成果脯。

【性味功用】**根（牛蒡根）**：苦、微甘，凉。散风热，消毒肿；用于风热感冒，头痛，咳嗽，热毒面肿，咽喉肿痛，齿龈肿痛，风湿痹痛，癥瘕积聚，痈疖恶疮，痔疮脱肛。**成熟果实（牛蒡子）**：辛、苦，寒。疏散风热，宣肺透疹，解毒利咽；用于风热感冒，咳嗽痰多，麻疹，风疹，咽喉肿痛，痄腮，丹毒，痈肿疮毒。**茎叶（牛蒡茎叶）**亦可入药。

【现代研究】牛蒡肉质根富含膳食纤维、蛋白质、氨基酸、钙、磷、铁等，含有菊糖、亚麻酸甲酯、亚油酸、咖啡酸、绿原酸、槲皮素、山柰酚、橙皮苷、牛蒡苦素等成分。果实含牛蒡苷、牛蒡苷元、木酚素、*S*- 胡薄荷酮、*R*- 胡薄荷酮、亚油酸、β- 桉叶醇、α- 香树脂醇等成分。其中，牛蒡苷元为抗肿瘤的有效活性成分，且在体内外均具有抗流感病毒活性；木酚素能够抑制血小板活化因子与血小板的结合，临床上可作为血小板活化因子拮抗药；亚油酸具有降血脂的作用，并对自主神经具有调节作用。

【适宜人群】一般人均可食用牛蒡根，尤其适合咽喉肿痛、皮疹瘙痒患者食用。

【使用注意】脾虚便溏者、孕妇不宜服用牛蒡根及牛蒡子。

【附　　方】**（1）治小儿麻疹透发不快：**牛蒡根适量，煮汤饮服。（《食物中药与便方》）

（2）治咽喉肿痛（咽峡炎、扁桃体炎）：牛蒡子 6g，桔梗、甘草各 3g，水煎去渣，频频含咽。（《食物中药与便方》）

（3）治急性乳腺炎：牛蒡子叶 9g（鲜品 30g），水煎当茶。（《全国中草药新医疗法展览会资料选编》）

菊　芋

Helianthus tuberosus L.

·科　名　菊科 Compositae	·属　名　向日葵属 *Helianthus*
·生活型　多年生草本	·花果期　花期 8~9 月，果期 9~10 月
·特　性　喜温暖干燥的气候，喜光，耐旱，对土壤要求不严	
·分　布　徐州（丰县）、盐城（东台）、宿迁（沭阳）等地有栽培	

植株

花序

块茎（菊芋）

【释　　名】本品为菊科植物，块茎形如芋头，故名“菊芋”；自国外引种栽培，块茎可食，形状与生姜相近，故又名“洋姜”。

【识别要点】有块状的地下茎及纤维状根；茎直立，被白色短糙毛或刚毛。叶多数对生，有柄；上部叶互生；下部叶卵圆形或卵状椭圆形，边缘有粗锯齿，离基三出脉，叶面被白色短粗毛、叶背被柔毛，叶脉上有短硬毛。头状花序直径 2~5cm，单生于茎顶；总苞片草质，披针形；舌状花舌片黄色；管状花黄色；花药基部钝或微尖。瘦果小，楔形，上端有 2~4 个有毛的锥状扁芒。

【采收加工】块茎：秋季采挖，鲜用或晒干。茎叶：夏、秋季采收，鲜用或晒干。

【食用方法】块茎可凉拌、煮食、炒食、熬粥、做汤、榨汁、腌渍等，亦是制取淀粉和酒精的原料。

【性味功用】**块茎或茎叶（菊芋）**：甘、微苦，凉。清热凉血，消肿；用于热病，肠热出血，跌打损伤，骨折肿痛。

【现代研究】菊芋块茎富含淀粉、蔗糖、氨基酸等，含多酚氧化酶、旋覆花酶、柠檬烯、脂肪酸、β- 谷甾醇及菊糖、果聚糖等多糖类成分。其中，菊芋多糖可以降低血糖水平；果聚糖不仅可以调节血糖代谢、促进矿物质吸收、调节人体内菌群平衡，还可以增强机体免疫力。

【适宜人群】菊芋块茎适宜一般人群，糖尿病病人亦可食用。

【使用注意】因菊芋块茎含有大量淀粉，不易于消化吸收，多食可能导致腹胀腹泻，故不宜多食。

【附　　方】**（1）治热病唇焦舌绛，肠热泻下：**菊芋鲜块茎1只，生嚼服。（《浙江药用植物志》）

（2）治浮肿，小便不利：菊芋块根30g（鲜根90g），水煎服。（《食物中药与便方》）

慈　姑

Sagittaria trifolia L. var. *sinensis* (Sims) Makino

·科　名	泽泻科 Alismataceae	·属　名	慈姑属 *Sagittaria*
·生活型	多年生沼泽草本	·花果期	花期7~8月，果期9~10月
·生　境	沼泽或湖荡边缘	·分　布	全省各地有栽培

植株

花序

果实

球茎（慈姑）

【释　　名】《本草纲目》谓其“一根岁生十二子，如慈姑之乳诸子”，故名“慈姑”，或写为“茨菇”“茨菰”；本品为多年生水生或沼生草本，其叶片侧裂片开岔如燕尾，故又名“燕尾草”；球茎外形特征与地栗（荸荠）相近，但颜色呈青白或黄白，故又名“白地栗”。

【识别要点】植株高大，粗壮。根状茎球形或长圆形。叶有柄，叶片宽大肥厚，三角状箭形。圆锥花序高大；花单性，雄花多轮，生于上部，雌花数朵，生于下部；萼片 3，绿色；花瓣 3，白色，基部常紫色；心皮多数，密集成球形。瘦果斜倒卵状，扁平，边缘有薄翅，顶端一侧向外弯曲成喙。种子褐色，具小突起。

【采收加工】球茎：秋季初霜后茎叶枯黄、地下部分充分成熟时至翌年春季发芽前随时采收，洗净，鲜用或晒干。

【食用方法】球茎可炒、烩、煮、焖、蒸或做汤，也可切片油炸、绞汁饮，或提取淀粉做饼。

【性味功用】**球茎（慈姑）：**甘、微苦、微辛，微寒。活血凉血，止咳通淋，解毒散结；用于产后血闷，胎衣不下，带下，崩漏，衄血，呕血，咳嗽痰血，淋浊，疮肿，目赤肿痛，角膜白斑，瘰疬，睾丸炎，骨膜炎，毒蛇咬伤。**地上部分（慈姑叶）、花（慈姑花）**亦可入药。

【现代研究】慈姑球茎富含脂肪、淀粉、蛋白质、粗纤维、氨基酸、胆碱、维生素 E 及钾、镁、钙、铁、铜、锰、锌等矿物质，含甜头碱、胰蛋白酶抑制物、桦木酸、β- 谷甾醇、亚油酸甲酯及二萜类成分等。其中，所含的部分二萜类化合物抗肿瘤效果显著。

【适宜人群】慈姑适宜一般人群食用，尤其适宜肿瘤、各种出血、疮痈肿毒、痰热咳嗽等患者食用。

【使用注意】慈姑不宜多食、生食，脾胃虚寒者及孕妇慎食。

【附　　方】**（1）治崩漏带下：** 慈姑 9g，生姜 6g，煎汁半碗，日服 2 次。（《吉林中草药》）

（2）治乳腺结核： 慈姑 30g，核桃仁 3 粒，共捣烂，日分 2 次，白酒送服。（《福建药物志》）

（3）治难产及胞衣不下： 鲜野慈姑或茎叶洗净，切碎，捣烂，绞汁 1 小杯，以温黄酒半杯和服。（《东北药用植物》）

芋

Colocasia esculenta (L.) Schott

·科　名　天南星科 Araceae　　·属　名　芋属 *Colocasia*

·生活型　多年生湿生草本　　·花果期　花期 8~9 月，果期 9~11 月

·特　性　喜温暖湿润的气候，忌高温干旱，适宜土层深厚、肥沃、保水力强的壤土或黏质壤土

·分　布　苏中、苏南地区有栽培

芋

块茎（芋头）

【释　　名】段玉裁《说文解字注》释“《口部》曰：‘吁，惊也。’《毛传》曰：‘吁，大也。’凡‘于’声字多训大。芋之为物，叶大根实，二者皆堪骇人，故谓之芋”，故名“芋”“芋头”；本品常生多数乳头状小球茎，“乃”古通“奶”字，从“艹”，故又名“芋艿”；本品球茎褐色，具纤毛，故又名“毛芋”。

【识别要点】块茎常卵形，常生多数小球茎，均富含淀粉。叶基生，2~5 片簇生；叶片盾形、长圆状卵形至近圆形，基部耳形；叶柄绿色或紫红色，长于叶，基部呈鞘状。花序柄常单生；肉穗花序短于佛焰苞，其中下部的雌花序长圆锥状，中部的中性花序细圆柱状，上部的雄花序圆柱状，顶端骤狭，有钻形附属物。浆果绿色。

【采收加工】块茎：8~10 月叶变黄衰败时采挖，去净须根及地上部分，洗净，鲜用或晒干。叶柄：8~9 月采收，除去叶片，洗净，鲜用或切段晒干。

【食用方法】块茎可蒸食、煮食、作配菜，也可代粮或制淀粉，或加工成芋丝、芋片、芋粉和罐头等；叶柄可剥皮煮食。

【性味功用】**块茎（芋头）**：甘、辛，平。健脾补虚，散结解毒；用于脾胃虚弱，纳少乏力，消渴，瘰疬，腹中癖块，肿毒，赘疣，鸡眼，疥癣，烫火伤。**叶柄（芋梗）**：辛，平。祛风，利湿，解毒，化瘀；用于荨麻疹，过敏性紫癜，腹泻，痢疾，小儿盗汗，黄水疮，无名肿毒，蛇头疔，蜂蜇伤。**叶（芋叶）**、**花序（芋头花）**亦可入药。

【现代研究】块茎富含脂肪、蛋白质、淀粉、氨基酸、维生素及铁、磷、钙等矿物质，含甾醇、多糖类、苷类成分等。叶柄富含蛋白质、脂肪、维生素及多种矿物质，含色素、黄酮类、生物碱类成分等。其中，芋头多糖通过与胆酸盐结合，减少血中胆固醇，减少脂肪在胃肠内的消化吸收，从而达到降脂效果。

【适宜人群】芋头适宜妇女乳腺增生者，各种癌症患者，慢性习惯性便秘、身体虚弱、胃痛、痢疾者食用。

【使用注意】芋头生食有毒，多食、久食令人虚劳无力。气滞胸闷、腹胀、两胁胀痛者慎食。食用时先刮去皮毛，因毛皮中含草酸钙结晶，触及皮肤，即感痛痒。

【附　　方】**（1）治便血日久：**芋头 12g，水煎服，白痢兑白糖，红痢兑红糖。（江西《草药手册》）

（2）治淋巴结结核：生芋艿头 3kg，研细，另用陈海蜇 300g（洗去盐），荸荠 300g，二味加水煮烂去渣，和入芋艿粉制成丸，如绿豆大，以温水送服，每服 3~6g，每日 2~3 次。（《食物中药与便方》）

（3）治盗汗：芋茎或花 21~30g，猪瘦肉 60g，同煮服。（江西《草药手册》）

荸　荠

Heleocharis dulcis (Burm. f.) Trin. ex Henschel

·科　名　莎草科 Cyperaceae	·属　名　荸荠属 *Heleocharis*
·生活型　多年生草本	·花果期　花期 5~7 月，果期 8~10 月
·生　境　河湖岸边、水田或田边	·分　布　全省各地

【释　　名】《本草纲目》曰：“凫喜食之，故《尔雅》名凫茈，后遂讹为凫茨，又讹为荸荠。”故名“荸荠”。地下茎膨大为球形，“马”意为大，“蹄”表示底下、地下，故又名“马蹄”。球茎形状、味道与栗相似，故又名“地栗”。《本草纲目》谓“其根如芋而色乌也”，故又名“乌芋”。

【识别要点】匍匐茎纤细，顶端生扁球状块茎。秆丛生，粗壮，表面有节，干后明显，有多数横隔膜。叶片缺失，叶鞘近膜质，鞘口斜截形。小穗单一，顶生，圆柱状，直径与秆相近，具多花；鳞片顶端钝圆，近革质；花两性，花被具刚毛；柱头 3。宿存花柱基三角形，基部环状加厚，不为海绵质。

【采收加工】球茎：10 月下旬至翌年 4 月陆续成熟，当荸荠的叶状茎干枯，地下部球茎的皮色变深时采收，用铁铲或耙顺行挖掘，洗净，风干或鲜用。

植株

叶鞘

花序

球茎（荸荠）

【食用方法】球茎可生食、煮食，也可榨汁、做汤、煮粥、蒸糕、炒菜、炖肉等。

【性味功用】**球茎（荸荠）**：甘，寒。清热生津，化痰，消积；用于温病口渴，咽喉肿痛，痰热咳嗽，目赤，消渴，痢疾，黄疸，热淋，食积，赘疣。**地上部分（通天草）**亦可入药。

【现代研究】荸荠球茎富含蛋白质、淀粉、脂肪、膳食纤维、胡萝卜素、维生素及磷、钾、镁等矿物质，含荸荠英、甾醇及多糖类、多酚类、黄酮类成分等。其中，荸荠英是抑菌的主要成分；粗纤维、淀粉、纤维素等能促进大肠蠕动，有润肠通便的功效。

【适宜人群】荸荠适宜一般人群，尤其适合小儿疳积、热病烦渴、痰热咳嗽以及高血压患者食用。

【使用注意】荸荠不宜生食、多食，脾胃虚寒、大便溏泄者慎食，孕妇不宜食用。

【附　　方】**（1）治咽喉肿痛**：荸荠绞汁冷服，每次 120g。（《泉州本草》）

（2）治黄疸湿热，小便不利：荸荠打碎，煎汤代茶，每次 120g。（《泉州本草》）

（3）治痔疮出血：鲜荸荠 500g，洗净，加红糖 90g 及水适量，煮沸 1 小时，取荸荠汤，1 次或分次服，以上为 1 天量，连服 3 天；或每日生吃荸荠 120g，分 1~2 次服。（《全国中草药汇编》）

芦　苇

Phragmites communis Trin.

·科　名	禾本科 Gramineae	·属　名	芦苇属 *Phragmites*
·生活型	多年生草本	·花果期	花期 7~8 月，果期 9~11 月
·生　境	海滩、池沼、河岸、道旁的湿润处	·分　布	全省各地

【释　　名】生于河流、池沼岸边浅水中，色暗绿近黑，植株高大，“卢”意为色黑，从“艹”写作“芦”，“苇”意为中空而高大，《淮南子》高诱注“未秀曰芦，已秀曰苇”，后世多合称，故名“芦苇”；其根状茎药用，故又名“芦根”。

【识别要点】秆直立，具 20 多节，节下常有白粉。叶片长披针形，无毛；叶舌极短，截平，边缘密生 1 圈短纤毛。圆锥花序大型，分枝多数；着生稠密下垂的小穗，小穗含 4 花；颖片具 3 脉；第一不孕外稃雄性，第二外稃棒状，具 3 脉，两侧密生等长于外稃的丝状柔毛，与无毛的小穗轴相连接处具明显关节；内稃两脊粗糙；雄蕊 3，花药黄色。颖果长圆球状。

植株

叶鞘

果穗

小穗

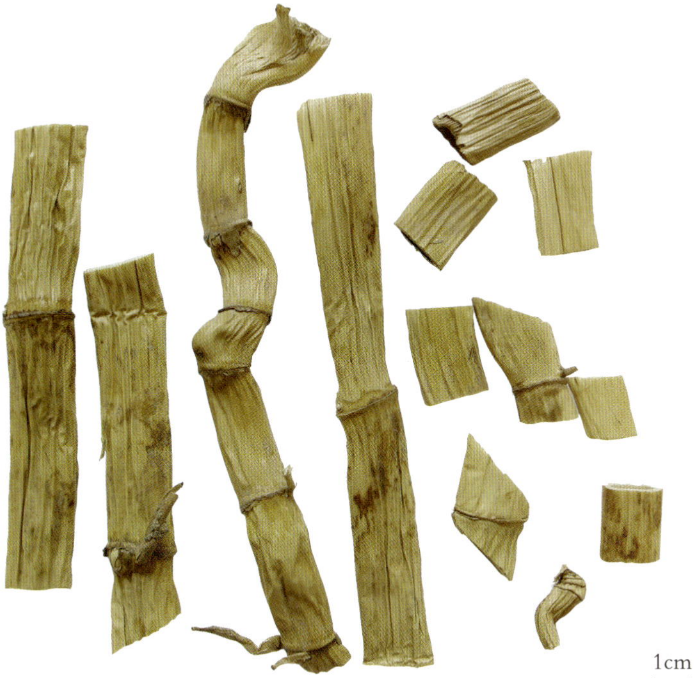

根茎切段（芦根）

【采收加工】根茎：全年均可采挖，除去芽、须根及膜状叶，鲜用或晒干。嫩苗：春、夏季采收，鲜用或晒干。嫩叶：春季端午前采摘，鲜用。

【食用方法】根茎可煮粥、泡茶，嫩根茎可生食；嫩苗可作蔬菜炒食；嫩叶可包粽子。

【性味功用】**根茎（芦根）**：甘，寒。清热泻火，生津止渴，除烦，止呕，利尿；用于热病烦渴，胃热呕哕，肺热咳嗽，肺痈吐脓，热淋涩痛。**嫩苗（芦笋）**：甘，寒。清热生津，利水通淋；用于热病口渴心烦，肺痈，肺痿，淋病，小便不利。**嫩茎（芦茎）**、**叶（芦叶）**、**箨叶（芦竹箨）**、**花（芦花）**亦可入药。

【现代研究】芦苇根茎富含蛋白质、脂肪、氨基酸、糖类、维生素及无机元素等，含甾酮、生育酚、龙胆酸、咖啡酸、阿魏酸、香草酸、薏苡素、天冬酰胺及多糖类成分等。其中，芦根多糖具有抗氧化活性及良好的体外抗肿瘤作用，且一定程度上对脂质代谢紊乱有改善作用。

【适宜人群】芦根适宜一般人群食用，尤其适宜热证导致的口渴、咳嗽、肺痈吐脓、呕哕者，小便热淋涩痛者食用。

【使用注意】凡体虚气弱、无热症及脾胃虚寒者慎服芦根。

【附　　方】**（1）治肺热出血**：芦笋（芦根）500g，捣取汁加糖服。（《东北药用植物》）

（2）治肺痈、肺脓肿：芦根 30g，薏米仁 12g，桃仁 10g，冬瓜子 12g，煎汤，每日 2 次分服。（《食物中药与便方》）

（3）治咽喉肿痛：鲜芦苇根，捣绞汁，调蜜服。（《泉州本草》）

白　茅

Imperata cylindrica (L.) Beauv. var. *major* (Nees) C. E. Hubb. ex Hubb et Vaughan

·科　名　禾本科 Gramineae	·属　名　白茅属 *Imperata*
·生活型　多年生草本	·花果期　花期 5~7 月，果期 8~9 月
·生　境　路旁、山坡、草地	·分　布　全省各地

【释　　名】本品为多年生草本，其叶线形或线状披针形，先端渐尖如矛，从“艹”写作“茅”，根状茎洁白，故名“白茅”。《周易·泰卦》王弼注：“茹，相牵引之貌也。”本品根状茎匍匐横走如相牵连状，故又名“茹根”。《本草纲目》曰：“白茅……其根甚长，白软如筋而有节，味甘。”故又名“地筋”“地节根”“甜草根”。

根茎切段（白茅根）

【识别要点】秆的节上有长柔毛，有时疏生毛或无毛。叶鞘聚集于秆基，老时常破碎成纤维状；基生叶片扁平，秆生叶窄线形，常内卷。圆锥花序顶生，圆柱状，分枝短缩，密集；小穗基部密生细长的丝状柔毛；外稃、内稃透明膜质。颖果椭圆球状。

【采收加工】根茎：春季苗未出土或秋后苗枯时采挖，除去地上部分和鳞片状的叶鞘后洗净，鲜用或晒干。嫩花序：4~5 月采摘，花蕾在近地面叶鞘中形成时割取叶鞘，从叶鞘中取出，鲜用或晒干。

【食用方法】根茎及嫩花序可生食、酿酒、炒食，根茎还可用于制作粥、汤、饮料。

【性味功用】**根茎（白茅根）**：甘，寒。凉血止血，清热生津，利尿通淋；用于血热出血，热病烦渴，胃热呕逆，肺热咳喘，小便淋漓涩痛，水肿，黄疸。**初生未开放花序（白茅针）**：甘，平。止血，解毒；用于衄血，尿血，大便下血，外伤出血，疮痈肿毒。**花穗（白茅花）**、**叶（茅草叶）**亦可入药。

【现代研究】白茅根茎富含糖类及钾、钙等矿物质，含芦竹素、白茅素、麦黄酮、白头翁素、薏苡素、草酸、苹果酸、谷甾醇、油菜甾醇、5-羟色胺及多糖类成分等。其中，白茅根多糖对正常人 T 淋巴细胞具有免疫调节作用；利尿作用可能与其富含钾盐有关。

【适宜人群】一般人群均可食用白茅根，尤其适合糖尿病、湿热黄疸、肺热咳嗽、咯血、尿血者。

【使用注意】脾胃虚寒、尿频者禁服白茅根。

【附　　方】**（1）治胃火上冲，牙龈出血**：鲜白茅根 60g，生石膏 60g，白糖 30g，水煎，冲白糖服。（《河南中草药手册》）

（2）治肾炎，水肿：鲜茅根 30g，西瓜皮 20g，赤豆 40g，玉蜀黍蕊 10g，水 600ml，煎至 200ml，一日 3 次分服。（《现代实用中药》）

（3）治小便出血：茅根一把，切，以水一大盏，煎至五分，去渣，温温频服。（《太平圣惠方》）

姜

Zingiber officinale Rosc.

·科　名　姜科 Zingiberaceae　　·属　名　姜属 *Zingiber*

·生活型　多年生草本　　·花果期　花期 8~10 月，果期 11~12 月

·特　性　喜温暖湿润的气候，不耐寒，适宜坡地和稍阴的地块

·分　布　全省各地有栽培

植株

芽头

花序

苞片

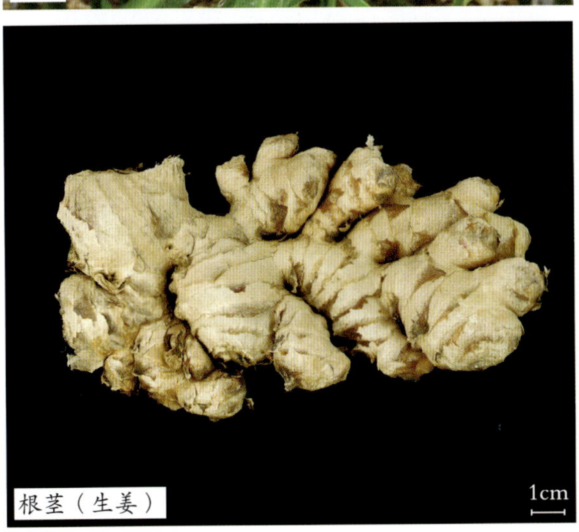

根茎（生姜）

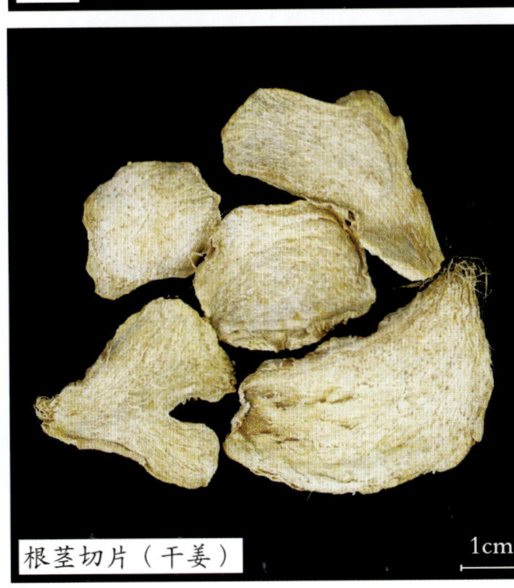

根茎切片（干姜）

【释　　名】《说文解字》云："薑，御湿之菜也。从艹，彊声。"《本草纲目》引王安石《字说》云："姜能疆御百邪，故谓之姜。""薑"同"薑"，后简化为"姜"，故名"姜"。本品新鲜根茎为常用调味品，故又名"生姜""菜姜"。

【识别要点】根状茎有短指状分枝，肉质，肥厚，扁圆形，有芳香及辛辣味。叶片两侧排列，披针形，基部狭窄；无叶柄。穗状花序球果状，由根状茎上抽出，被覆瓦状鳞片；花序梗直立，粗壮，长达 25cm；苞片淡绿色，卵形，顶端有小尖头；花冠黄绿色，长于苞片，裂片披针形；唇瓣（退化雄蕊）下弯，中央裂片有紫色和黄白色斑点，侧裂片小；雄蕊暗紫色，药隔附属体钻状。蒴果长圆状。

【采收加工】根茎：8 月初至 11 月陆续成熟，8 月初开始采收嫩姜，10 月中下旬至 11 月地上植株开始枯黄、根茎充分膨大老熟时采收老姜，除去须根和泥沙，鲜用、晒干或低温干燥。茎叶：夏、秋季采收，切碎，鲜用或晒干。

【食用方法】根茎作蔬菜食用，嫩根茎可用于炒、拌、爆等，老根茎可作调料或配料，亦用于糕饼糖果制作，如姜饼、姜糖等；茎、叶、根茎均可提取芳香油，用于加工食品、饮料。

【性味功用】**新鲜根茎（生姜）**：辛，温。散寒解表，温中止呕，化痰止咳，解鱼蟹毒；用于风寒感冒，恶寒发热，头痛鼻塞，胃寒呕吐，反胃，痰饮咳喘，泄泻，食鱼蟹、菌蕈等食物中毒。**干燥根茎（干姜）**：辛，热。温中散寒，回阳通脉，温肺化饮；用于脘腹冷痛，呕吐泄泻，寒饮喘咳，寒湿痹痛。**干燥根茎的炮制品（炮姜）**：辛，热。温中止痛，温经止血；用于虚寒性脘腹疼痛，呕吐，泻痢，吐血，便血，崩漏。**茎叶（姜叶）、根茎外皮（生姜皮）、干燥根茎经炒炭形成的炮制品（姜炭）**亦可入药。

【现代研究】姜新鲜根茎富含蛋白质、氨基酸、维生素及铁、锰、铜等矿物质，含姜烯、α- 柠檬醛、姜油酮、姜酚、二苯基庚烷及多糖类、黄酮类成分等。姜干燥根茎含 α- 姜烯、反 -β- 金合欢烯、姜酚、β- 谷甾醇、棕榈酸、胡萝卜苷、环丁二酸酐等成分。其中，姜酚具有改善心血管功能的作用，所含 8- 姜酚和 10- 姜酚对多种肿瘤细胞的活性均有较好的抑制作用；生姜多糖具有一定的抗氧化活性。

【适宜人群】生姜和干姜适宜感冒、胃寒体虚、脘腹冷痛、食欲不振者食用。

【使用注意】阴虚内热、实热证者慎服。

【附　　方】**（1）治外感风寒，头痛发热，或淋雨，寒冷腹痛等**：生姜 30g，切细，加红糖，以开水冲泡，或煮一沸，趁热饮后盖被卧床，出汗即愈，如加葱白效果更佳。（《食物中药与便方》）

（2）治老人慢性咳嗽：生姜捣汁半匙，饴糖 1 匙，沸开水冲服，每日

2~3 次。（《食物中药与便方》）

（3）治慢性胃炎，胃痛，呕吐黏液或吐清水：生姜、橘子皮各 12g，水煎，每日 2~3 次分服。（《食物中药与便方》）

（4）治一切寒冷，气郁心痛，胸腹胀满：白米四合，入干姜、良姜各一两，煮食。（《寿世青编》）

百 合

Lilium brownii F. E. Br. ex Miellez var. *viridulum* Baker

·科　名　百合科 Liliaceae	·属　名　百合属 *Lilium*
·生活型　高大草本	·花果期　花期 7 月，果熟期 9~10 月
·生　境　山坡林下或溪沟边	·分　布　宁镇扬丘陵山区

植株

果枝

果实

【释　　名】《尔雅翼·释草五》云“言百片合成也”，本品的鳞茎由数十片鳞瓣相合而成，故名“百合”；本品栽培品种众多，其中肉质鳞茎丰厚洁白、干品肥大卷曲、色泽近牙黄、形似龙牙者，故又名“龙牙百合”。

【识别要点】鳞茎近球状；茎直立，常不分枝。叶无柄，倒披针形至倒卵形，上部叶显著变小，呈苞片状，叶脉平行。花1至数朵生茎端；花被片6，乳白色，微黄，背面中肋淡紫色，无斑点，长约15cm。蒴果直立，长圆状至倒卵状，熟时背裂。

【采收加工】肉质鳞叶：秋季采收，采挖鳞茎，洗净，剥取鳞叶，鲜用，或置沸水中略烫，干燥。

【食用方法】肉质鳞叶可蒸、煮、炒、烩，又可做羹、粥及蜜饯，亦可加工成罐头或制成干粉食用，干百合食用前需用水浸泡复原后再行加工，或打粉后掺在面粉里制成各类百合面包、饼干、面条及其他各式糕点，还可用于制作百合软糖、果冻等。

【性味功用】**肉质鳞叶（百合）**：甘，寒。养阴润肺，清心安神；用于阴虚燥咳，劳嗽咳血，虚烦惊悸，失眠多梦，精神恍惚。**花（百合花）**、**种子（百合子）**亦可入药。

【现代研究】百合肉质鳞叶富含蛋白质、脂肪、糖类、粗纤维、维生素B_1、维生素B_2、烟酸、维生素C及钾、钠、钙等矿物质，含脑磷脂、卵磷脂、秋水仙碱、β-谷甾醇、胡萝卜苷、大黄素及多糖类成分等。其中，秋水仙碱能抑制癌细胞增殖；水溶性多糖能增加机体细胞免疫功能。

【适宜人群】百合适宜虚热上扰所致的失眠、心悸者，心肺阴虚内热所致的神志恍惚、情绪不能自主、口苦、小便赤者，阴虚肺燥有热所致的阴虚久咳、干咳少痰、痰中带血、咽干音哑者食用。

【使用注意】风寒咳嗽及中寒便溏者慎服百合。

【附　　方】**（1）治肺痈**：鲜白花百合30~60g，白酒（米酒、甜酒）适量，捣研，绞汁1杯，温水和服。（《食物中药与便方》）

（2）治神经衰弱，睡眠不宁，惊惕易醒：生百合60~90g，蜂蜜1~2匙，拌和蒸熟，临睡前适量食之，注意不要吃太饱，同时应少吃晚饭。（《食物中药与便方》）

卷　丹

Lilium lancifolium Thunb.

·科　名　百合科 Liliaceae　　·属　名　百合属 *Lilium*

·生活型　高大草本　　·花果期　花期 6~7 月，果熟期 9~10 月

·特　性　耐寒，怕高温，宜选向阳、干燥地块，以疏松、排水良好的土壤栽培为宜

·分　布　南京（江宁）、无锡（宜兴）、苏州、连云港、镇江（句容）等地有栽培

植株

珠芽

花

鳞茎（百合）

【释　　名】植物形态与百合相近，但本品花色火红，姿态优雅，花被反卷，“丹”意为红，故名“卷丹百合”，简称“卷丹”；因其花瓣带紫黑色斑点，黑橙相间，像虎皮花纹，故又名“虎皮百合”。

【识别要点】鳞茎卵圆形扁球状，由茎片肉质鳞瓣组成，无鳞茎皮。叶长圆状披针形、卵状披针形或线状披针形，脉平行，叶腋内常有珠芽。花序总状，具花3~6朵或更多；花被片6，2轮，披针形，橙红色，常排成喇叭状，密生紫黑色斑点，蜜腺两边有乳头状突起，开放后向外反卷；雄蕊四面张开，花药紫色，矩圆形，“丁”字状着生；柱头稍膨大，3裂。蒴果长圆状至倒卵状。

【采收加工】参见“百合”。

【食用方法】参见“百合”。

【性味功用】参见“百合”。

【现代研究】参见“百合”。

【适宜人群】参见“百合”。

【使用注意】参见“百合”。

【附　　方】参见“百合”。

洋　葱

Allium cepa L.

·科　名	百合科 Liliaceae	·属　名	葱属 *Allium*
·生活型	多年生草本	·花果期	花期5月，果期6月
·特　性	喜凉爽的气候，适宜富含有机质、表土深而肥沃且保持适度水湿的沙壤土或壤土		
·分　布	全省各地有栽培		

植株

花序

果序

鳞茎（洋葱）

【释　　名】本品于19世纪由国外引种栽培，因其形似葱，故名“洋葱”。

【识别要点】植株单生，有葱蒜味。鳞茎粗大，近球状，外皮常紫色，纸质，内皮肉质，均不破裂。当年生的叶基生，后发叶套在老叶内，管状，中空，向上渐狭，下部被叶鞘。翌年抽花茎，比叶高；伞形花序球形，花多而密集；花被片离生，近白色，星状展开；花丝稍长于花被片，基部合生且下部1/2与花被片贴生，内轮花丝基部扩大，扩大部分每侧各具1齿；子房上位，近球状，腹缝线基部有具帘的凹陷蜜穴。

【采收加工】鳞茎：5月下旬至7月，植株叶片由上而下逐渐变黄、假茎变软开始倒伏、鳞茎进入休眠阶段、鳞茎外层鳞片变干时采收，鲜用或晒干。

【食用方法】鳞茎可生食，也可作蔬菜烤、炸、熏、蒸，或加入汤、沙拉、面包、蛋奶酥、蛋糕等食品中。

【性味功用】**鳞茎（洋葱）**：辛、甘，温。健胃理气，解毒杀虫，降血脂；用于食少腹胀，创伤，溃疡，滴虫阴道炎，高脂血症。**成熟种子（洋葱子）**亦可入药。

【现代研究】洋葱鳞茎富含蛋白质、脂肪、糖类、粗纤维、胡萝卜素、维生素C、烟酸及硒、铁、锗等矿物质，含黄酮糖苷、山柰酚、槲皮素、咖啡酸、阿魏酸、含硫化合物、前列腺素类化合物、甾体皂苷化合物、多糖等成分。其中，硫代亚磺酸酯是其抗血小板凝集的主要成分；硫代硫酸盐烷基对人类无限增殖化细胞和肿瘤细胞株生长具有抑制作用；前列腺素a1能扩张血管、降低血液黏度，因而能降血压、减少外周血管和增加冠状动脉的血流量，预防血栓形成。

【适宜人群】洋葱适宜高血压、高脂血症、动脉硬化、糖尿病及消化不良患者食用。

【使用注意】洋葱不宜食用过多，辛辣味对眼睛有刺激作用，多食易目糊和发病，热病患者及病后不宜进食。

【附　　方】**（1）治糖尿病，高脂血症：** 洋葱适量，经常炒食。（《中医食疗》）

（2）治下痢，泄泻： 鲜洋葱 1 个，鸡蛋 2 个，加调料，炒食。（《中医食疗》）

（3）治胸痛胸闷： 鲜洋葱 30g（切碎，后下），陈皮 10g，枳壳 10g，法半夏 6g，先煎后 3 味，再入洋葱，搅拌，趁热服下。（《黔南本草》）

小根蒜

Allium macrostemon Bge.

·科　名	百合科 Liliaceae	·属　名	葱属 *Allium*
·生活型	多年生草本	·花果期	花期 5~6 月，果期 7~8 月
·生　境	山坡、路旁、田野或荒地	·分　布	全省各地

植株

鳞茎

花序

嫩茎叶和鳞茎

【释　　名】植物根（鳞茎）似蒜而较小，故名“小根蒜”；鳞茎近球状且不分瓣，故又名“独头蒜”；《本草纲目》谓其“韭类也，故字从韭，从䪥，谐音也”，《玉篇·韭部》云“䪥，俗作薤”，又因本品鳞茎色白，故又名“薤白”。

【识别要点】植株有葱蒜味。鳞茎近球状，外皮带黑色，纸质或膜质，基部常具小鳞茎。基生叶数片，半圆柱状线形，中空，宽2~4mm，比花葶短。花茎1/4~1/3被叶鞘；总苞2裂，比花序短；伞形花序顶生，球形，内有肉质珠芽，珠芽暗紫色，基部亦具小苞片；花被片粉红色，稀为白色，背脊紫红色，离生；雌雄蕊均伸出花被片；花丝基部合生；子房上位，近球状，腹缝线基部有具帘的凹陷蜜穴。

【采收加工】鳞茎：夏、秋季采挖，洗净，除去须根，鲜用，也可蒸透或置沸水中烫透后晒干。

【食用方法】嫩茎叶和鳞茎均可食用，可蘸酱生食、炒食、作馅或做汤，也可加入调料腌制后凉拌或作配菜食用。

【性味功用】鳞茎（薤白）：辛、苦，温。通阳散结，行气导滞；用于胸痹心痛，脘腹痞满胀痛，泻痢后重。

【现代研究】小根蒜鳞茎富含蛋白质、脂肪、粗纤维、蒜氨酸、腺苷、核苷酸、酰胺、胡萝卜素、维生素 B_1、维生素 B_2、维生素 C 及钾、钙、镁等矿物质，含大蒜糖、β- 谷甾醇、含硫化合物、生物碱、甾体皂苷、多糖、脂肪酸、挥发油等成分。其中，腺苷具有扩张冠状血管、增加冠状动脉血流量、扩张周围血管及减弱心肌收缩力的作用，是其治疗心绞痛、冠心病的主要活性成分之一；薤白挥发油能明显抑制肿瘤的生长。

【适宜人群】薤白适宜胸痹心痛、脘腹痞满胀痛、泻痢后重者食用。

【使用注意】气虚、阴虚及发热者慎服薤白；服用过多，对胃黏膜会有刺激作用，故消化性溃疡者不宜久服；不宜与韭菜同食。

【附　　方】**（1）治胸痹心痛（包括心绞痛）：**薤白 10g，瓜蒌仁 10g，制半夏 5g，水煎去渣，每日 2 次，以少许黄酒冲入温服。（《食物中药与便方》）

（2）治肺气喘急：用薤白研汁饮之。（《卫生易简方》）

（3）治赤白痢疾（包括急性肠炎）：薤白 30~60g，糯米 1 盏，煮粥食。（《食物中药与便方》）

黄　精

Polygonatum sibiricum Delar. ex Redouté

·科　名　百合科 Liliaceae	·属　名　黄精属 *Polygonatum*
·生活型　多年生草本	·花果期　花期 5~6 月，果期 7~8 月
·生　境　山坡或灌丛中	
·分　布　无锡（宜兴）、常州（溧阳）、连云港、镇江（句容）等地	

植株

花序

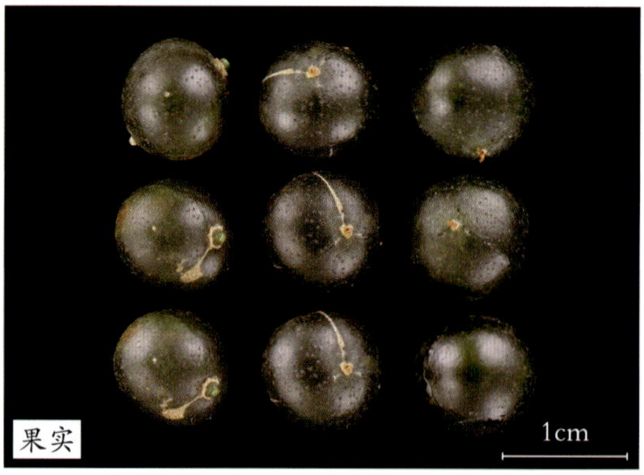

果实

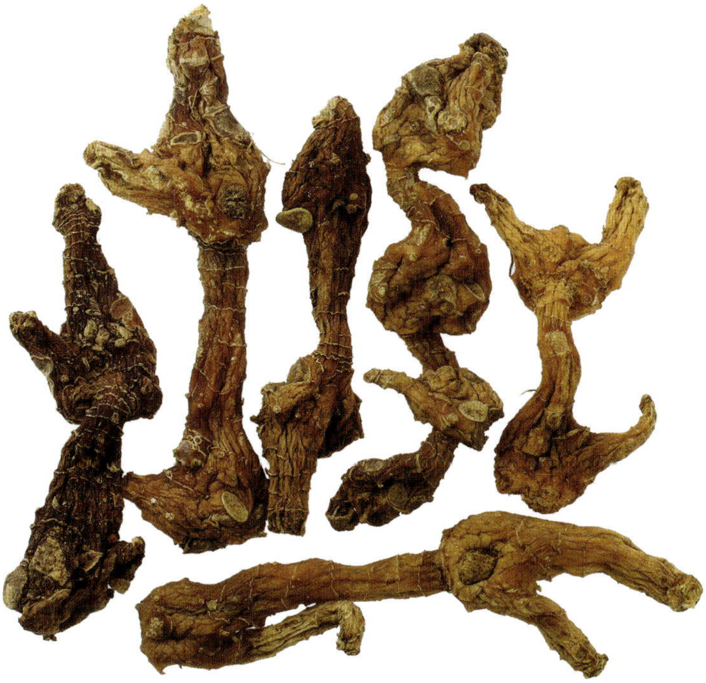

根茎（鸡头黄精）

【释　　名】古人认为本品属芝草之类，得坤土之精粹，五行土主黄，故名“黄精”；根状茎由于结节膨大而略呈圆锥状，形似鸡头，故又名“鸡头黄精”。

【识别要点】根茎横走，呈结节状膨大，一端粗一端细，在粗的一头有短分枝；茎直立，稍屈曲，有时呈攀缘状。单叶轮生，每轮 2~7 片，常 4 片轮生，披针形或线状披针形，背面有白粉。花序似呈伞形状，具花 2~4 朵；苞片膜质，钻形或条状披针形，具 1 脉。花柄俯垂；花被筒状钟形，乳白色至淡黄色，筒的中部稍缢缩；子房椭圆形。浆果黑色，具 4~7 颗种子。

【采收加工】根茎：春、秋季采挖，除去须根，洗净，鲜用或置沸水中略烫或蒸至透心后干燥。

【食用方法】根茎可切片后炒食、煮粥、炖肉等，也可用沸水煮后晒干或烘干，直接食用。

【性味功用】**根茎（黄精）**：甘，平。补脾益气，养阴润肺，滋肾填精；用于脾胃气虚，体倦乏力，胃阴不足，口干食少，肺虚燥咳，劳嗽咯血，精血不足，腰膝酸软，须发早白，内热消渴，阳痿遗精，耳鸣目暗，体虚羸瘦。

【现代研究】黄精根茎富含淀粉、蛋白质、还原糖、氨基酸、黏液质、矿物质等，含多糖、皂苷、黄酮、挥发油、木脂素、生物碱等成分。其中，黄精多糖能够增强肾病综合征患儿红细胞免疫功能；所含甾体皂苷具有调节血糖、防治心脑血管疾病及抗肿瘤等多种药理活性。

【适宜人群】黄精适宜精血不足、腰膝酸软、头晕心悸者，体倦乏力、病后体弱、口干食少者，免疫力低下、早衰者等人群食用。

【使用注意】中寒泄泻、痰湿痞满气滞者慎服黄精。

【附　　方】**（1）治高血压，神经衰弱，头昏失眠：**黄精 10g，罗布麻叶 5g，水煎代茶，持续常服有效。（《食物中药与便方》）

（2）治脾胃虚弱，体倦乏力：黄精、党参、山药各 50g，炖鸡食。（《东北药用植物志》）

（3）治肾虚腰痛：黄精 250g，黑豆 60g，煮食。（《湖南药物志》）

（4）治劳伤跌损：老虎姜（黄精）60g，泡酒服。（《贵州草药》）

多花黄精

Polygonatum cyrtonema Hua

·科　名	百合科 Liliaceae	·属　名	黄精属 *Polygonatum*
·生活型	多年生草本	·花果期	花期 4~5 月，果期 6~8 月
·生　境	山坡林下或草丛中		
·分　布	南京（浦口）、无锡（宜兴）、连云港、镇江（句容）等地		

植株

花序

果序

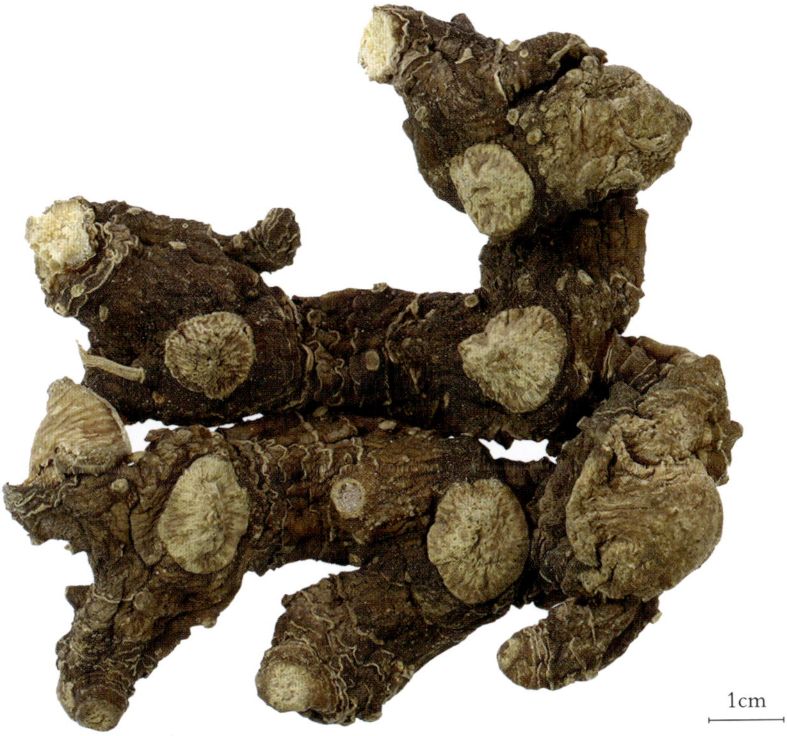

根茎（姜形黄精）

【释　　名】黄精属植物，本品花序上小花较多，故名“多花黄精”；根状茎结节分枝膨大，形似生姜，故又名“姜形黄精”。

【识别要点】根茎肥厚，常呈结节状膨大。叶互生，长椭圆形、椭圆形至长圆状披针形；叶柄短。伞形花序，花序具（1）2~7（~14）花或花单生；花被合生成筒状，花黄绿色，口部几不收缩；花丝有乳头状突起或有细毛，背部上端稍膨大至呈囊状突起。浆果球状，成熟时蓝黑色。

【采收加工】参见“黄精”。

【食用方法】参见“黄精”。

【性味功用】参见“黄精”。

【现代研究】多花黄精根茎富含淀粉、蛋白质、还原糖、氨基酸、维生素及钾、镁、钙等矿物质，含黄精碱 A、胡萝卜苷、β- 谷甾醇及多糖、皂苷、挥发油等成分。其中，黄精多糖能够增强肾病综合征患儿红细胞免疫功能；所含甾体皂苷具有调节血糖、防治心脑血管疾病及抗肿瘤等多种药理活性。

【适宜人群】参见“黄精”。

【使用注意】参见“黄精”。

【附　　方】参见“黄精”。

玉　竹

Polygonatum odoratum (Mill.) Druce

·科　名　百合科 Liliaceae	·属　名　黄精属 *Polygonatum*
·生活型　多年生草本	·花果期　花期 4~5 月，果熟期 8~9 月
·生　境　山坡草丛中或林下阴湿处	·分　布　全省各地

植株

花序

花

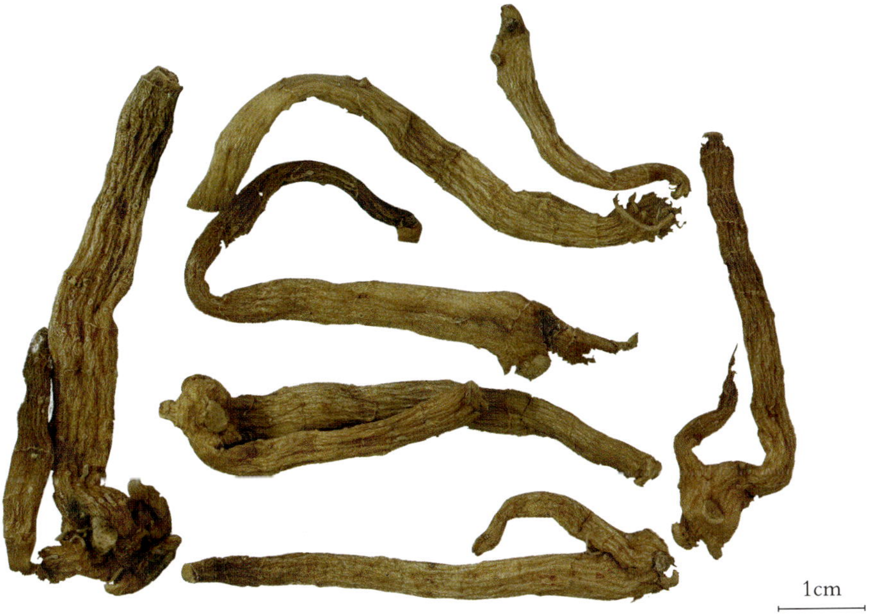

根茎（玉竹）

【释　　名】叶光莹如玉，叶形、根茎多节似竹，故名“玉竹”。《医学入门》记载“萎，委委，美貌……女人用云去皯斑，美颜色”，故又名“女萎”。《本草纲目》记载“按黄公绍《古今韵会》云：葳蕤，草木叶垂之貌。此草根长多须，如冠缨下垂之緌而有威仪，故以名之”，故又名“葳蕤”。花被筒状，形似铃铛，故又名“铃铛菜”。

【识别要点】根茎横走，肉质，长圆柱状而扁平。叶互生，叶背有白粉，平滑，或脉上有乳头状突起。伞形花序，花序梗有花 1~3 朵（栽培的多至 8 朵）；花被合生成筒状，花白色，裂片带绿色；花丝圆柱状或丝状，平滑或有乳头状突起。浆果球状。

【采收加工】根茎：秋季采挖，除去须根，洗净，晒至柔软后，反复揉搓、晾晒至无硬心，晒干；或蒸透后，揉至半透明，晒干。

【食用方法】根茎洗净切片后可炒食、蒸食、煮粥、做汤，也可加工为高级滋补食品和饮料。

【性味功用】**根茎（玉竹）**：甘，微寒。养阴润燥，生津止渴；用于肺胃阴伤，燥热咳嗽，咽干口渴，内热消渴。

【现代研究】玉竹根茎富含粗纤维、维生素及微量元素等，含黄酮类、多糖类、皂苷类、生物碱类成分及铃兰苷、十六酸、雪松醇、凝集素等成分。其中，多羟基生物碱类成分是其发挥降血糖作用的药效物质基础；玉竹多糖具有降血糖、抗氧化、抗疲劳等多种药理活性；所含挥发油具有一定的抑菌活性。

【适宜人群】玉竹适宜干咳少痰、咯血、声音嘶哑、咽干、失音等肺阴虚者，胃热津伤、内热消渴、口干舌燥、食欲不振等胃阴虚者食用。

【使用注意】痰湿气滞者、脾虚便溏者慎服玉竹。

【附　　方】**（1）治虚咳：**玉竹 15~30g，与猪肉同煮服。（《湖南药物志》）

（2）治心血管疾病：每日用玉竹 12g，水煎代茶频饮。（《食物中药与便方》）

（3）治糖尿病：玉竹、生地黄、枸杞各 500g，加水 5kg，熬成膏，每服 1 匙，每日 3 次。（《北方常用中草药手册》）

（4）治胃热口干，便秘：玉竹 15g，麦冬 9g，沙参 9g，生石膏 15g，水煎服。（《山东中草药手册）

薯　蓣

Dioscorea opposita Thunb.

·科　名	薯蓣科 Dioscoreaceae	·属　名	薯蓣属 *Dioscorea*
·生活型	缠绕草质藤本	·花果期	花期 6~9 月，果期 7~11 月
·生　境	山坡、山谷林下、溪边及路旁的灌丛中或杂草中		
·分　布	全省各地有栽培		

植株

雄花序

雌花序

果序

成熟种子

根茎切片（山药）

【释　　名】本品易于存储，可耐饥谨，王念孙《广雅疏证》曰：“根大，故谓之薯蕷，薯蕷之言储与也。”因音近字变，故名“薯蓣”。《本草衍义》曰：“薯蓣因唐代宗名预（豫），避讳改为薯药；又因宋英宗讳（曙），改为山药。”故又名“山药”。传统上以产于河南沁阳县（旧称怀庆府）为道地，故又名“怀山药”。

【识别要点】根茎长圆柱形，垂直生长，断面干时白色；茎右旋，无翅。单叶，茎下部叶互生，中部以上对生；叶片卵状三角形至宽卵形或戟形，基部常深心形，边缘常3浅裂至3深裂，侧裂片耳状；叶腋内常有珠芽。雌雄异株，花序穗状；雄花序2~8个着生于叶腋，雄蕊6；雌花序1~3个着生于叶腋，花被片2轮，退化雄蕊3~6。蒴果三棱状，外被白粉。种子着生于每室中轴中部，膜质翅周生。

【采收加工】根茎：冬季茎叶枯萎后采挖，切去根头，洗净，鲜用，或除去外皮及须根后干燥。珠芽：秋季采收，鲜用或切片晒干。

【食用方法】根茎及珠芽均可作蔬菜进行炒、煮、蒸、煲汤等，是一种重要的薯类食物，可作为主食食用。

【性味功用】**根茎（山药）**：甘，平。益气养阴，补脾养胃，生津益肺，补肾涩精；用于脾虚泄泻，食少浮肿，肺虚咳喘，虚热消渴，遗精，带下，肾虚尿频。**珠芽（零余子）**：甘，平。补虚益肾强腰；用于虚劳羸瘦，腰膝酸软。**茎叶（山药藤）**亦可入药。

【现代研究】薯蓣根茎富含淀粉、蛋白质、氨基酸、黏液质、胆碱、糖蛋白、多酚氧化酵素、淀粉酵素、维生素 C 及钙、铁、磷等矿物质，含薯蓣皂苷、尿囊素、没食子酸、阿魏酸、磷脂、山药素、盐酸山药碱、槭素Ⅱ、多酚氧化酶、多巴胺、胆甾醇、β- 谷甾醇、多糖类成分等。其中，薯蓣皂苷可以通过修复肠黏膜屏障，发挥肠道免疫功能；山药多糖通过增强机体免疫，调节炎症因子水平及相关激素酶，维护肠道屏障完整性，达到治疗胃溃疡、调节肠道菌群的作用；尿囊素具有抗刺激、消炎、抑菌、生肌作用，可用于胃及十二指肠溃疡，能够减轻有害物质对胃黏膜细胞的损伤，保护胃肠黏膜。

【适宜人群】男女老少皆宜食用山药，尤其适于肾气虚、肾阴虚及气阴两虚者，腰膝酸软、尿频、男性精滑不固、女性带下者，兼有脾胃虚弱、体瘦乏力、泄泻、便溏、免疫力低下者食用。

【使用注意】湿盛中满或有实邪、积滞者慎服山药。

【附　　方】**（1）治脾虚腹泻（包括慢性肠炎，消化及吸收不良）：**山药 250g，莲子、芡实各 120g，共研细粉，每次以 2~3 调羹，加白糖适量，蒸熟作点心吃，每日 1~2 次，连续服食有效。（《食物中药与便方》）

（2）治咳嗽痰喘：鲜山药捣烂，与甘蔗汁半杯和匀，炖热服之，每日 2 次。（《食物中药与便方》）

（3）治肾虚梦遗，脾虚便溏，老年阳虚，小便频数：山药零余子（山药藤上所结的珠芽）30~60g，煮熟去皮，加白糖少许，临睡前服之，胜如山药。（《食物中药与便方》）

二、全草类

仙人掌

Opuntia stricta (Haw.) Haw. var. *dillenii* (Ker-Gawl.) Benson

·科　名　仙人掌科 Cactaceae　　·属　名　仙人掌属 *Opuntia*

·生活型　丛生肉质灌木　　·花果期　花期 6~7 月，果熟期 10~12 月

·特　性　喜温暖干燥的气候和阳光充足的条件，较耐寒，耐干旱，以高燥地块的夹沙土栽培为宜

·分　布　全省各地有栽培

植株

叶

花

果实

果实（仙掌子）

【释　　名】本品形状奇异，茎扁平，卵形或长椭圆形，如人掌，故名“仙人掌”；植株上密生黄色刺，故又名“黄毛掌”。

【识别要点】茎段扁平、肉质，呈倒卵形至椭圆形，幼时鲜绿色，渐老呈灰绿色，外被蓝粉并散生小窠；小窠幼时被黄褐色或白色绵毛，后脱落，有刺 1~10。叶钻形，生于小窠之下，早落。花辐状；单生于茎顶端的小窠上；花被片离生，多数，外部绿色，向内渐变为黄色花瓣状；雄蕊多数，数轮；花柱直立，白色。浆果卵形或梨形，紫红色。

【采收加工】根及茎：全年可采，用刀削除小瘤体上的利刺和刺毛，除去杂质，鲜用或晒干。果实：秋季成熟时采收，洗净，鲜用。

【食用方法】肉质茎可以糖渍、做蜜饯，并可用来酿酒、造醋；果实可作水果食用。

【性味功用】**根及茎（仙人掌）：**苦，寒。行气活血，凉血止血，解毒消肿；用于胃痛，痞块，痢疾，喉痛，肺热咳嗽，肺痨咯血，吐血，痔血，疮疡疔疖，乳痈，痄腮，癣疾，蛇虫咬伤，烫伤，冻伤。**果实（仙掌子）：**甘，凉。益胃生津，除烦止渴；用于胃阴不足，烦热口渴。**花（神仙掌花）**亦可入药。

【现代研究】仙人掌肉质茎富含纤维素、蛋白质、维生素及钙等矿物质，含苹果酸、琥珀酸、酒石酸、槲皮素及多糖类成分等。其中，仙人掌多糖能抑制癌细胞生长，促进癌细胞凋亡和坏死，具有降血糖、抗氧化、抗炎等作用。

【适宜人群】一般人均可食用仙人掌肉质茎，肥胖者尤宜。

【使用注意】孕妇慎服仙人掌，体质虚寒者忌用，过多食用会导致腹泻。

【附　　方】（1）**治胃痛**：仙人掌研末，每次3g，开水吞服；或用仙人掌30g，切细，牛肉60g，同炒后食。（《贵州草药》）

（2）**治肺热咳嗽**：鲜仙人掌60g，捣烂绞汁，加蜂蜜1食匙，早晚各1次，开水冲服。（《安徽中草药》）

（3）**治心悸，失眠**：仙人掌60g，捣绒取汁，冲白糖开水服。（《贵州草药》）

菠　菜

Spinacia oleracea L.

·科　名　藜科 Chenopodiaceae	·属　名　菠菜属 *Spinacia*
·生活型　一年生草本	·花果期　花期4~5月，果期5~6月
·特　性　耐寒，喜光，适宜在肥沃的中性或微碱性沙壤土中栽培	
·分　布　全省各地有栽培	

植株

雄花

果实

幼嫩全株（菠菜）

【释　　名】本品可作菜肴，唐朝时由波棱国（今尼泊尔）传入，波棱为尼泊尔语“palinga”之音译，故名“波棱菜”“菠薐菜”，后简称“菠菜”；本品幼根常红色，故又名“赤根菜”“红根菜”。

【识别要点】全株无毛。根圆锥形，白中带水红色。茎直立，中空，有棱。叶有光泽，卵形或戟形，顶端钝，有少数牙齿状分裂。雌雄异株；雄花团伞状，再排列成顶生或腋生穗状花序，花被片 4，黄绿色，雄蕊 4，伸出花被外；雌花簇生于叶腋，无花被，苞片纵折，彼此合生成扁筒，包住子房或果实，顶端有 2 齿，每个苞片背部各具 1 个棘状附属物。胞果扁平而硬，扁卵形或近圆形。

【采收加工】全草：苗高 10cm 以上、未抽薹前分批采收，除去泥土、杂质，洗净，鲜用。

【食用方法】全株可榨汁、凉拌或炒食，也可煮汤、煮粥。

【性味功用】**全草（菠菜）**：甘，平。养血，止血，平肝，润燥；用于衄血，便血，头痛，目眩，目赤，夜盲症，消渴引饮，便闭，痔疮。**种子（菠菜子）**亦可入药。

【现代研究】菠菜全株富含糖类、蛋白质、脂肪、粗纤维、维生素、草酸、胡萝卜素以及钙、磷、铁、锌、硒等矿物质。其中维生素 A、维生素 C、维生素 B_6、维生素 B_9、胡萝卜素和丰富的铁元素，对胃肠障碍、便秘、痛风、皮肤病、各种神经疾病、贫血等有特殊食疗效果；维生素 E 和硒元素，具有抗衰老、促进细胞增殖的作用，既能激活大脑功能，又可增强活力，有助于防止大脑老化，预防阿尔茨海默病。

【适宜人群】菠菜适宜糖尿病、高血压、便秘、贫血、维生素 C 缺乏症患者及皮肤粗糙者食用。

【使用注意】菠菜中富含草酸，长期大量食用会导致草酸钙沉积，诱发肾脏结石和胆囊结石，故不宜多食，也不宜与豆制品、牛奶等钙质含量高的食物同时食用。

【附　　方】**（1）治高血压头痛目眩，慢性便秘：**鲜菠菜适量，置沸水中烫约3分钟，以麻油拌食，每日2次。（《浙江药用植物志》）

（2）治糖尿病，消渴饮水无度：鲜菠菜根60~120g，干鸡内金15g，水煎，每日2~3次饮服。（《食物中药与便方》）

苋　菜

Amaranthus tricolor L.

·科　名　苋科 Amaranthaceae

·属　名　苋属 *Amaranthus*

·生活型　一年生草本

·花果期　花期6~8月，果期8~9月

·特　性　喜温暖湿润的气候及阳光充足的条件，适宜肥沃、疏松的黏质土壤

·分　布　全省各地有栽培

植株

花序

花

嫩茎叶（苋菜）

成熟种子（苋实）

【释　　名】本品可作菜肴，植株较高，叶片宽大，生在田野间醒目易见，又因其种子能明目，故名“苋菜”。

【识别要点】茎直立，粗壮，常分枝。叶片绿色或紫红色，卵形至圆状披针形，边缘全缘或微波状。花单性；雌、雄花混生，簇生于叶腋，或排列成顶生穗状花序；苞片和小苞片卵状披针形，薄膜质，先端具长芒尖；花被片 3，披针形，先端具芒尖；雄蕊 3；柱头 3，线形。胞果卵状长圆形，包于宿存花被片内，盖裂。种子扁圆形，黑色或深褐色。

【采收加工】茎叶：春、夏季采收，洗净，鲜用或晒干。种子：秋季采收，割取地上部分，晒后搓揉，脱下种子，扬净，晒干。

【食用方法】茎叶可炒食、凉拌、做汤，老茎可腌渍、蒸食；种子可爆成米花食用，也可碾成粉，作为食品添加剂掺入面粉中，制成面包、饼干、糕点、饴糖等。

【性味功用】**茎叶（苋）**：甘，微寒。清热解毒，通利二便；用于痢疾，二便不通，蛇虫咬伤，疮毒等。**种子（苋实）**：甘，凉。清肝明目，利尿；用于角膜云翳，目赤肿痛，小便不利。**根（苋根）**亦可入药。

【现代研究】苋菜茎叶富含蛋白质、糖类、脂肪、核黄素、脂肪酸、纤维素、维生素及钙、磷、铁、钾等矿物质，含棕榈酸、亚麻酸、苋菜红苷、菠菜甾醇等成分。其中，所含多种维生素可以抗氧化、增强免疫力、预防疾病，且有一定的解毒功效；粗纤维具有促进胃肠蠕动、缓解便秘、降低胆固醇、预防心血管疾病的功效。

【适宜人群】苋菜适宜一般人群食用，尤其适宜贫血、骨折、大便燥结、疮痈肿毒、泄泻及痢疾患者食用。

【使用注意】脾胃虚寒、易腹泻者不宜多食。

【附　　方】**（1）治产前后赤白下痢：**紫苋菜 50g，糯米 100g，水煎后取汁，苋菜与糯米共煮粥，空腹连食 3~7 天。（《饮食精粹新编》）

（2）治缺铁性贫血：鲜红苋菜 60g，瘦猪肉 45g，红糯米 30g，将红苋菜洗净，切碎，加瘦猪肉末，调料拌匀，同入煮沸的红糯米粥中煮熟，趁热服食，常服有效。（《饮食精粹新编》）

（3）治眼雾不明及白翳：苋菜子、青葙子、蝉花各适量，炖猪肝服。（《四川中药志》1960 年）

马齿苋

Portulaca oleracea L.

·科　名	马齿苋科 Portulacaceae	·属　名	马齿苋属 *Portulaca*
·生活型	一年生草本	·花果期	花期 5~8 月，果期 6~9 月
·生　境	田间、路旁	·分　布	全省各地

植株

花

果实

种子

嫩茎叶

全草切段（马齿苋）

【释　　名】叶形似马齿，而性滑利似苋，故名“马齿苋”；植株抗干旱、抗炎热的性能强，不易枯萎或死亡，故又名“长命苋”“长寿菜”；因其叶青、梗赤、花黄、根白、子黑，五色对应五行，故又名“五行草”“五方草”。

【识别要点】植株肉质，无毛。茎多分枝，平卧或斜伸，伏地铺散。叶片肥厚，楔状长圆形或倒卵形，似马齿状，叶背带红色。花午时盛放，无柄，3~5朵簇生于枝顶；苞片2~6，膜质，叶状，近轮生；萼片2，对生，基部合生，盔状，背部具龙骨状突起；花瓣黄色，顶端凹；雄蕊8~12；花柱线形，超出雄蕊。蒴果卵球形，盖裂。种子多数，细小，扁圆形，黑色，表面有小疣状突起。

【采收加工】嫩茎叶：春季花未开时采摘，鲜用。全草：夏、秋季采收，除去残根和杂质，洗净，鲜用，也可略蒸或烫后晒干。

【食用方法】嫩茎叶焯水后可炒食，或做馅、凉拌、煮粥。

【性味功用】**全草（马齿苋）**：酸，寒。清热解毒，凉血止血，止痢，除湿通淋；用于热毒血痢，热淋，尿闭，赤白带下，便血，崩漏下血，痔血，疮疡痈疖，丹毒，瘰疬，湿疹，白癜风。**种子（马齿苋子）**亦可入药。

【现代研究】马齿苋嫩茎叶富含糖类、氨基酸、维生素及钾、钙、磷、铁等矿物质，含去甲肾上腺素、多巴胺、甜菜素、甜菜苷、草酸及多糖类成分等。其中，马齿苋多糖具有抗肿瘤作用；去甲肾上腺素及多巴胺限制黑色素合成中间体多巴的生成，从而减少黑色素的形成；大量钾盐可升高血钾，有利尿等作用。

【适宜人群】马齿苋嫩茎叶适宜一般人群食用，尤其适宜血热毒盛所致的乳腺炎、疖肿、足癣、湿疹、带状疱疹，湿热所致的急性胃肠炎、尿血、便血、痔疮出血、淋证、带下者食用。

【使用注意】脾虚便溏者及孕妇慎服马齿苋。

【附　　方】**（1）治阑尾炎：**生马齿苋1握，洗净，捣碎，绞汁30ml，加冷开水100ml，白糖适量，每日3次，每次100ml。（《福建中医药》）

（2）治小便尿血，便血：鲜马齿苋绞汁，藕汁等量，每次半杯（约60g），以米汤和服。（《食物中药与便方》）

繁缕

Stellaria media (L.) Cyr.

·科　名	石竹科 Caryophyllaceae	·属　名	繁缕属 *Stellaria*
·生活型	直立或平卧的一年生草本	·花果期	花期2~4月，果期5~6月
·生　境	路边、田间、溪边	·分　布	全省各地

植株

花

果序

【释　　名】草茎繁茂，主茎折断时中间有丝缕，故名“繁缕”；茎细而中空似鹅肠，故又名“鹅肠菜”；本种易于滋长，故又名“滋草”。

【识别要点】茎纤细蔓延，基部多分枝，上部叉状分枝，有短柔毛。叶卵形或心形，上部叶无柄，下部叶有长柄。花单生叶腋或组成顶生疏散的二歧聚伞花序；花后期下垂，花瓣 5，白色，2 深裂达基部，裂片近线形；花萼外具腺毛；雄蕊 3~5；花柱 3。蒴果 6 瓣裂。种子圆形，黑褐色，密生疣状突起。

【采收加工】嫩茎叶：春季萌发后随时可采，洗净，鲜用。全草：春、夏、秋季花开时采集，去除泥土，晒干。

【食用方法】嫩茎叶洗净后用沸水略烫一下，可炒食、凉拌、做汤。

【性味功用】**全草（繁缕）：**微苦、甘、酸，凉。清热解毒，凉血消痈，活血止痛，下乳；用于痢疾，肠痈，肺痈，产后瘀滞腹痛，跌打损伤，乳痈，牙痛，疖肿，痔疮肿痛，乳汁不下等。

【现代研究】繁缕嫩茎叶富含维生素、氨基酸、ω-6 脂肪酸等，含香草酸、阿魏酸、新木脂素苷、苯丙醇苷、酵母氨酸、维生素 C、芷草素、异芷草素及香豆素类、皂苷类、甾醇类成分等。其中，芷草素和异芷草素具有显著的抗氧化活性。

【适宜人群】繁缕嫩茎叶适宜口腔牙龈肿痛、阑尾炎、乳腺炎等人群食用。

【使用注意】孕妇与脾胃虚寒者不宜食用繁缕嫩茎叶。

【附　　方】**（1）治头眩晕，眼见黑花，恶心呕吐，饮食不下：**鹅肠菜不拘多少，猪肚 1 个，煎食 2 次痊愈；或鹅肠菜不拘多少，煮鸡蛋食亦效。（《滇南本草》）

（2）乌须发：繁缕为菜，久久食之。（《太平圣惠方》）

水　蓼

Polygonum hydropiper L.

·科　名　蓼科 Polygonaceae	·属　名　蓼属 *Polygonum*
·生活型　一年生草本	·花果期　花期 8~9 月，果期 9~10 月
·生　境　田野、水边或山谷湿地	·分　布　全省各地

植株

托叶鞘

花序

叶腋花序

花

【释　　名】蓼属植物，常生于浅水泽，故名“水蓼”；因其味辛辣，故又名“辣蓼”；宿存花萼红色，茎亦常带红色，故又名“红辣蓼”。

【识别要点】植株有辣味。茎多分枝，红褐色，节常膨大，基部节上常生须根。叶片披针形，两面常有腺点。膜质托叶鞘筒形，顶端有短缘毛；叶腋具闭花受精花。总状花序呈穗状，细长，花簇间断；花柄远伸出苞片；花被上部有明显的黄褐色透明腺点，下部具腺体状花盘5个；雄蕊间有蜜腺。瘦果卵形，与宿存花被等长或稍超出，一面凸一面平，表面有小点。

【采收加工】嫩茎叶：春季幼嫩时采摘，鲜用。地上部分：播种当年8~9月花期割取，鲜用或铺地晒干。

【食用方法】嫩茎叶可作调味品，焯水后可凉拌、炒食。

【性味功用】**地上部分（水蓼）**：辛、苦，平。行滞化湿，散瘀止血，祛风止痒，解毒；用于湿滞内阻，脘闷腹痛，泄泻，痢疾，小儿疳积，崩漏，血滞经闭，痛经，跌打损伤，风湿痹痛，便血，外伤出血，皮肤瘙痒，湿疹，风疹，足癣，痈肿，毒蛇咬伤。**果实（蓼实）**、**根（水蓼根）**亦可入药。

【现代研究】水蓼嫩茎叶富含胡萝卜素、维生素C、钙、磷等，含水蓼二醛、小蓼素、槲皮素、槲皮苷及挥发油类成分等。其中，所含挥发油有显著的降血压作用；水蓼二醛有抗癌作用；苷类成分有止血作用。

【适宜人群】水蓼嫩茎叶适宜胃肠功能紊乱、风湿痛、皮肤病、出血、高血压及肿瘤患者食用。

【使用注意】不宜过量食用水蓼嫩茎叶，可能会引发心痛，不宜和生鱼同食，妇女经期忌服。

【附　　方】**（1）治痧气腹痛，并可治胃痛**：鲜（辣蓼）枝头嫩叶15g，捣烂，加冷开水半碗，擂汁，白糖调服。（江西《草药手册》）

（2）治小儿疳积：水辣蓼全草15~18g，麦芽12g，水煎，早晚饭前2次分服，连服数日。（《浙江民间常用草药》）

（3）治痢疾、肠炎：水辣蓼全草60g，水煎服，连服3日。（《浙江民间常用草药》）

酸模

Rumex acetosa L.

·科　名　蓼科 Polygonaceae	·属　名　酸模属 *Rumex*
·生活型　多年生草本	·花果期　花期 3~5 月，果期 4~7 月
·生　境　路边荒地及山坡阴湿地	·分　布　全省各地

植株

雄花序

雌花序

雄花

雌花

嫩叶

【释　　名】叶子味酸似酸母（酢浆草）而形态不同，名称为“酸母”之音转，故名“酸模”；本品形似羊蹄而生于山坡，故又名“山羊蹄”；叶似牛舌头，故又名“牛舌头棵”。

【识别要点】植株有酸味。主根粗短，断面黄色。茎不分枝，具沟槽。基生叶叶片箭状椭圆形或卵状长圆形，基部箭形，全缘；茎上部叶披针形，无柄；托叶鞘斜形。花序狭圆锥状，顶生；花单性异株；花被片椭圆形，6裂，2轮；雄花花被片内轮较外轮大；雌花外轮花被片小，反折，内轮花被直立，结果时增大，近圆形，全缘，网脉明显，基部有极小瘤。瘦果椭圆形，黑褐色，有光泽。

【采收加工】幼苗和嫩茎叶：春季萌发后随时可采，鲜用。茎叶：夏季采收，洗净，鲜用或晒干。

【食用方法】幼苗和嫩茎叶经沸水焯后，换清水浸泡以去除酸味，可凉拌、炒食或做汤。

【性味功用】**茎叶（酸模叶）**：酸、微苦，寒。泄热通秘，利尿，凉血止血，解毒；用于便秘，小便不利，内痔出血，疮疡，丹毒，疥癣，湿疹，烫伤。**根（酸模）**亦可入药。

【现代研究】酸模幼苗和嫩茎叶富含膳食纤维、视黄醇、维生素A、维生素C、维生素E及钙、镁、铁、钾、磷、锌等矿物质，含大黄酚、大黄酸、大黄素、芦荟大黄素、槲皮素、山柰酚、草酸钙、酒石酸及多糖类成分。其中，所含多糖有抗癌作用；大黄酚有止血作用；大黄酚、大黄酸、大黄素有抗菌、抗寄生虫的作用。

【适宜人群】一般人群均可食用酸模幼苗和嫩茎叶。

【使用注意】小儿禁食酸模幼苗和嫩茎叶，肠虚冷泻者慎用。本品草酸含量高，不宜与钙含量高的食物共食，长期食用会有患结石的风险。

【附　　方】**治内痔出血：**鲜酸模全草 30~60g，捣烂取汁，调白糖 30~60g，内服。（《全国中草药汇编》）

绞股蓝

Gynostemma pentaphyllum (Thunb.) Makino

·科　名　葫芦科 Cucurbitaceae　　·属　名　绞股蓝属 *Gynostemma*

·生活型　草质攀缘藤本　　·花果期　花期 3~11 月，果期 4~12 月

·生　境　山沟旁丛林下、阴湿乱石处

·分　布　南京、无锡（宜兴）、常州（溧阳）、苏州、扬州、镇江（句容）等地

植株

花序

花

果实

全草切段（绞股蓝）

【释　　名】《救荒本草》谓其“叶似小蓝叶”，故得“蓝”名，“绞”意为缠绕，本品为草质攀缘藤本，茎细弱，多分枝，卷须纤细，多引蔓缠绕，状如数股绳索绞合纠缠，故名“绞股蓝”；掌状复叶，小叶 5~9，通常 5~7，形似龙爪，故又名“八爪龙”“小叶五爪龙”。

【识别要点】卷须纤细，常 2 裂；叶互生，膜质或纸质，5~7 小叶组成鸟足状；小叶片卵状长圆形或披针形，边缘有波状齿或圆齿状牙齿。圆锥花序，单性异株；雄花序分枝多，被柔毛，花萼 5 裂，花冠辐状，5 深裂，裂片卵状披针形，具缘毛状小齿，雄蕊 5，花丝基部合生；雌花序较小，退化雄蕊 5，柱头 2 锐裂。浆果球形，顶端具鳞脐状突起或 3 个喙状物，成熟时黑色，不开裂。种子卵状心形。

【采收加工】嫩茎叶：春季萌发后随时可采，鲜用或干燥。全草：夏、秋季可采收 3~4 次，洗净，晒干。

【食用方法】嫩茎叶热水烫、漂洗后可凉拌，也可代茶饮或泡酒，还可加工为饮料、食品添加剂等。

【性味功用】**全草（绞股蓝）**：苦、微甘，凉。清热，补虚，解毒，止咳祛痰；用于体虚乏力，虚劳失精，白细胞减少症，高脂血症，病毒性肝炎，慢性胃肠炎，慢性支气管炎。

【现代研究】绞股蓝叶富含蛋白质、氨基酸、磷脂、维生素 C 及钙、磷、钾等矿物质，含人参二醇、商陆素、芦丁、槲皮素、绞股蓝皂苷、多糖类、甾醇类、生物碱类、有机酸类成分等。其中，绞股蓝皂苷具有抗肿瘤、保护心脑血管、降血糖、降血脂、保肝、抗氧化、抗溃疡等作用；绞股蓝多糖具有降血糖、抗氧化等作用；绞股蓝总黄酮对缺氧心肌细胞具有保护作用。

【适宜人群】绞股蓝嫩茎叶适宜高血压、高血糖、高血脂等代谢综合征患者及失眠者食用。

【使用注意】脾胃虚寒、泄泻者不宜多食绞股蓝嫩茎叶。

【附　　方】**（1）治慢性支气管炎：**绞股蓝晒干，研粉，每次 3~6g，吞服，每日 3 次。（《浙江药用植物志》）

（2）治劳伤虚损，遗精：绞股蓝 15~30g，水煎服，每日 1 剂。（浙江《民间常用草药》）

诸葛菜

Orychophragmus violaceus (L.) O. E. Schulz

·科　名　十字花科 Cruciferae　　·属　名　诸葛菜属 *Orychophragmus*

·生活型　一年生或二年生草本　　·花果期　花期 3~4 月，果期 4~5 月

·生　境　山坡及山谷的林缘、林下及灌木丛及平原的路边、空地

·分　布　南京、苏州、南通、镇江（句容）等地，全省各地有栽培

植株

花

果实

幼苗

【释　　名】诸葛亮行军所至，令兵士种此菜，以充军粮，故名“诸葛菜”；因农历二月前后开始开蓝紫色花，颜色似兰，故又名“二月蓝”“二月兰”。

【识别要点】叶形变化大，基生叶心形、肾形或近圆形，边缘具粗圆齿，叶面有毛或无毛，有长叶柄；下部茎生叶大头状羽裂，顶生裂片大，圆形或卵形，侧生裂片小；茎上部叶长圆形或狭卵形，基部耳状抱茎。萼片直立，顶部有稀疏柔毛；花瓣淡紫色、红紫色或白色，爪部渐狭，呈丝状。长角果线形，长 5~10cm，果瓣中脉明显，四棱状，无毛，顶端有细长的喙，成熟后开裂。种子每室 1 行。

【采收加工】幼苗、嫩茎叶：播种 30 日后可陆续采收，鲜用。种子：秋季果实成熟变黄时采收，打下种子，筛除杂质，晒干。全草：春季花开时采收，鲜用或晒干。

【食用方法】幼苗、嫩茎叶在水中浸泡至无苦味后，可炒食、凉拌；种子可榨油。

【性味功用】全草（诸葛菜）：甘、辛，平。利水消肿，泻肺平喘，下气消食，解毒；用于宿食不化，消渴，鼻衄，乳痈疼痛，疔毒痈肿，心腹冷痛等。

【现代研究】诸葛菜幼苗、嫩茎叶富含蛋白质、脂肪、糖类、膳食纤维、维生素、氨基酸以及钙、磷、镁、钾等矿物质，含黄酮类成分。其中，蛋白质和氨基酸能增强人体免疫力和抵抗力；多种维生素对坏血病、夜盲症有一定的辅助治疗和预防作用。种子富含亚油酸，可以降低人体内血清胆固醇和甘油三酯，并可软化血管和防止血栓形成。

【适宜人群】诸葛菜幼苗、嫩茎叶适宜食欲不振、食积者食用。

【使用注意】不宜多食，脾胃虚寒者慎用诸葛菜。

【附　　方】**治鼻衄：** 鲜诸葛菜适量，捣汁饮。（《常用中草药图谱及配方》）

荠　菜

Capsella bursa-pastoris (L.) Medic.

·科　名　十字花科 Cruciferae	·属　名　荠属 *Capsella*
·生活型　一年生或二年生草本	·花果期　花期 3~4 月，果期 4~8 月
·生　境　山坡、田边及路旁	·分　布　全省各地

植株

花序

基生叶

花

果实

幼苗

【释　　名】李时珍曰："荠生济济。""济"意为众多的样子，植株常成片生长在一起，从"艹"，写为"荠"，嫩苗可作菜食用，故名"荠菜"，简称"荠"。取其茎作挑灯杖，可以辟蚊蛾，护众生，故又名"护生草"。生于春寒料峭时，早于其他野菜返青，故又名"报春菜"。

【识别要点】全株有单毛、2~3叉状毛或星状毛。茎直立，单一或分枝。基生叶莲座状，平铺地面，叶片大头状羽裂、深裂成不整齐羽裂；茎生叶互生，叶片披针形，基部箭形，抱茎。总状花序花后延伸，花小；萼片长卵形；花瓣卵形，白色，较萼片长，有短爪。短角果倒三角状心形，顶端平截，中间微凹，两侧压扁，熟时开裂，有隔膜。种子每室2行，细小，长椭圆形，淡褐色。

【采收加工】幼苗：春季萌发后、抽薹前随时可采，洗净，鲜用。花序：3~4月采收，晒干。全草：3~5月采收，除去枯叶杂质，洗净，晒干。

【食用方法】幼苗可作野菜炒食、做馅等；花序焯水后可炒食，也可煮粥或代茶饮。

【性味功用】全草（荠菜）：甘、淡，凉。凉肝止血，平肝明目，清热利湿；用于吐血，衄血，咯血，尿血，崩漏，目赤疼痛，眼底出血，高血压，赤白痢疾，肾炎水肿，乳糜尿。花序（荠菜花）：甘，凉。凉血止血，清热利湿；用于崩漏，尿血，吐血，咯血，衄血，小儿乳积，痢疾，赤白带下。种子（荠菜子）亦可入药。

【现代研究】荠菜幼苗富含氨基酸、糖类、无机物等，含延胡索酸、荠菜酸及生物碱类、皂苷类成分等。其中，延胡索酸具有抗肿瘤的作用；荠菜酸有明显的止血作用，还具有促进子宫收缩、降血压、利尿等作用。

【适宜人群】荠菜幼苗适宜普通人群及各种内出血、肾炎水肿、高血压、肠炎、目赤肿痛者食用。

【使用注意】脾胃虚弱者不宜多食荠菜幼苗。

【附　　方】**（1）治崩漏及月经过多：**荠菜 30g，龙芽草 30g，水煎服。（《广西中草药》）

（2）治痢疾：农历三月初，取荠菜连根，挂有风处阴干，安新瓦上，焙成炭存性，用砂糖调服。（《河南中医》）

（3）治高血压：荠菜、夏枯草各 60g，水煎服。（《全国中草药汇编》）

费　菜

Phedimus aizoon (L.) ’t Hart

·科　名　景天科 Crassulaceae	·属　名　费菜属 *Phedimus*
·生活型　多年生草本	·花果期　花期 6~7 月，果期 8~9 月
·生　境　山坡岩石上或草丛中	·分　布　全省各地

植株

花

果序

嫩茎叶

【释　　名】嫩茎叶可作菜食用，有人用其苗叶之汁液治疗痱子，可以止痒，“痱”音同“费”，故名“费菜”；本品为景天属植物，既可活血，又可止血，功效似三七，与之区分，故又名“景天三七”“土三七”；归心经，功可宁心，用于癔证或心悸，故又名“养心草”。

【识别要点】根状茎短粗，呈块状。茎直立，不分枝。叶互生；叶片坚实，肉质，边缘有不整齐的锯齿。聚伞花序水平分枝，平展；下托以苞叶；萼片5，条形，肉质，不等长；花瓣5，黄色，长圆形至椭圆状披针形，顶端有短尖头；雄蕊10，较花瓣短；蜜腺体5，近长方体；心皮5，无柄，基部不渐狭，基部合生。小蓇葖果呈星芒状排列。种子椭圆球状，种皮沿种子纵轴具肋状结构。

【采收加工】幼苗及嫩茎叶：春季萌发后随时可采，鲜用。叶：春、秋季采收，晒干。全草：随用随采，鲜用，或秋季采后晒干。根：春、秋季采挖，洗净，晒干。

【食用方法】幼苗及嫩茎叶经沸水焯，换清水浸泡后，可炒食、凉拌或做汤；叶加工后可代茶饮。

【性味功用】**全草或根（景天三七）**：甘、微酸，平。散瘀止血，宁心安神，解毒；用于吐血，衄血，咯血，便血，尿血，崩漏，外伤出血，跌打损伤，心悸，失眠，疮疖痈肿，烫火伤，毒虫蜇伤。

【现代研究】费菜幼苗及嫩茎叶富含糖类、蛋白质等，含生物碱、黄酮、有机酸、鞣质、谷甾醇、齐墩果酸等成分。其中，谷甾醇能抑制人体对胆固醇的吸收；黄酮类成分具有扩张血管、促进血液循环、降低心肌耗氧量、降血糖、降血压、抗脑血栓和心绞痛的作用。

【适宜人群】费莱幼苗及嫩茎叶适宜多种出血病人（如肺结核咯血、鼻出血、大便出血等）及跌打损伤、失眠、高血压患者食用。

【使用注意】脾胃虚寒者慎用景天三七。

【附　　方】**（1）治吐血，咯血，鼻衄，牙龈出血，内伤出血：**鲜土三七 60~90g，水煎或捣汁服，连服数日。（《浙江民间常用草药》）

（2）治跌打损伤：景天三七顶上嫩芽 7 个，炒鸡蛋吃。（《秦岭巴山天然药物志》）

紫云英

Astragalus sinicus L.

·科　名　豆科 Leguminosae　　·属　名　黄耆属 *Astragalus*

·生活型　二年生草本　　·花果期　花期 3~5 月，果期 4~6 月

·特　性　喜温暖湿润的气候，喜光照，耐阴，稍耐寒，不耐盐碱，对土壤要求不高

·分　布　全省各地有栽培

植株

花序

果序

【释　　名】花紫红色，如云英石一般美丽，故名“紫云英”。其茎叶柔婉，有翘然飘摇之状，故又名“翘摇”。

【识别要点】株高 10~30cm。茎斜卧，多分枝。羽状复叶具小叶 13~17；小叶片倒卵形或宽椭圆形，两面被白色长硬毛；托叶离生，卵形。总状花序有花 5~10 朵，花密集成伞形，花序梗长达 15cm；花萼钟状，被长毛，萼齿三角形；蝶形花冠，紫色，稀为白色，旗瓣倒卵形，翼瓣较旗瓣短，龙骨瓣与旗瓣近等长。荚果细长圆筒状，微弯，具细长喙，黑色，具隆起的网脉。种子肾形，黑褐色。

【采收加工】嫩茎叶：春季萌发后采收，鲜用。全草：春、夏季采收，鲜用或晒干。

【食用方法】嫩茎叶焯水后可凉拌、炒食、炖汤。

【性味功用】**全草（红花菜）**：微甘、辛，平。清热解毒，祛风明目，凉血止血；用于咽喉肿痛，风痰咳嗽，目赤肿痛，齿衄，血小板减少性紫癜，疔疮，带状疱疹，痔疮，外伤出血。**种子（紫云英子）**、**根（紫云英根）**亦可入药。

【现代研究】紫云英嫩茎叶富含脂肪、蛋白质、淀粉、维生素及氨基酸等，含胡芦巴碱、胆碱、腺嘌呤等成分。

【适宜人群】紫云英嫩茎叶适宜凝血功能不全，有出血倾向及疮痈肿毒者食用。

【使用注意】脾虚便溏者及孕妇慎食紫云英嫩茎叶。

【附　　方】**（1）治齿龈出血**：荷花郎（紫云英）洗净，切细，捣汁服，每日 3~5 回，每回 10~20ml，凉开水送服。（《现代实用中药》）

（2）治血小板减少性紫癜：紫云英鲜幼苗 60~125g，油、盐炒服。（《福建药物志》）

豌　豆

Pisum sativum L.

·科　名　豆科 Leguminosae　　·属　名　豌豆属 *Pisum*

·生活型　一年生缠绕草本　　·花果期　花期 4 月，果期 5 月

·特　性　喜凉爽湿润的气候，喜光，耐寒，耐旱，不耐热，适宜微酸性或中性土壤

·分　布　全省各地有栽培

植株

卷须

花（白色）

花（紫色）

花萼

嫩茎叶（豌豆苗）　1cm

荚果及种子（豌豆）　1cm

【释　　名】本品属于豆类，其植株细弱，茎前端呈卷须状，而“宛”意为弯曲，从“豆”以表明其豆科的属性，故名“豌豆”；植株顶端嫩茎叶常为食用部分，故又名“豌豆颠儿”；本品生长于寒冷季节，收种季节与小麦相同，故又名“寒豆”“麦豆”；本品的一个常见栽培品种于19世纪由荷兰传入我国南方地区，故又名“荷兰豆”。

【识别要点】全体无毛，被白色粉霜。茎方形，中空。偶数羽状复叶互生，小叶4~6，叶轴末端卷须羽状分枝；小叶片卵圆形；托叶叶状，比小叶大，耳状抱茎，包围花序和叶柄基部。花单生或2~3朵排列成腋生总状花序，花序轴顶端有时具刺尖；花萼钟状，萼齿5深裂；花冠白色或紫红色；花柱扁，内侧有须毛。荚果下垂，肿胀，长椭圆柱状，内有坚纸质衬皮。种子青绿色，干后淡黄色。

【采收加工】嫩茎叶：春季萌发后采摘，鲜用。种子：夏末秋初果荚饱满、果皮未变黄时或果实成熟后采收，割取全草或摘下豆荚，剥取种子，拣净杂质，鲜用或晒干。

【食用方法】嫩茎叶可作蔬菜炒食；种子可炒食或煮食，也可磨粉制成粉丝、凉粉、糕饼和酱油等。

【性味功用】**嫩茎叶（豌豆苗）**：甘，平。清热解毒，凉血平肝；用于暑热，消渴，高血压，疔毒，疥疮。**种子（豌豆）**：甘，平。和中下气，通乳利水，解毒；用于消渴，吐逆，泄利腹胀，霍乱转筋，乳少，脚气水肿，疮痈。**花（豌豆花）**、**荚果（豌豆荚）**亦可入药。

【现代研究】豌豆种子富含糖类、蛋白质、维生素、脂肪、氨基酸、纤维素、赤霉素、植物凝集素、多种酶及磷、钙、钾、铬等矿物质。其中，赤霉素、植物凝集素能抗菌消炎；能分解人体内亚硝胺的酶有抗肿瘤作用；高钾低钠可防治高血压；铬有利于人体内糖、脂肪的代谢，维持胰岛素的正常功能；纤维素可促进肠道蠕动，缓解便秘，降低结、直肠肿瘤的发病风险，并降低胆固醇；赖氨酸可促进骨骼发育，增强免疫力。

【适宜人群】豌豆适宜高血压、糖尿病、高脂血症、腹胀、下肢浮肿及普通人群食用。

【使用注意】豌豆多食易腹胀，脾胃弱者慎用；尿路结石、皮肤病和慢性胰腺炎患者不宜食用，忌加碱煮食。

【附　　方】**（1）治高血压，心脏病：**豌豆苗1握，洗净，捣烂，布包榨汁，每次半杯，略加温服，每日2次。（《食物中药与便方》）

（2）治消渴（糖尿病）：青豌豆适量，煮熟淡食。（《食物中药与便方》）

救荒野豌豆

Vicia sativa L.

·科　名　豆科 Leguminosae	·属　名　野豌豆属 *Vicia*
·生活型　一年生或二年生草本	·花果期　花期3~7月，果期5~9月
·生　境　山坡杂草丛或麦田中	·分　布　全省各地

植株

【释　　名】植物形态似野豌豆，饥荒时期可作菜肴充饥，故名“救荒野豌豆”。本品与同属植物小巢菜形态相近，但植株较大，故又名“大巢菜”。古称“薇”，《本草纲目》云：“乃菜之微者也。”王安石《字说》云：“微贱所食，因谓之薇。”

【识别要点】全体被毛。茎斜升或攀缘，具棱。偶数羽状复叶互生，有小叶 4~8 对，叶轴顶端卷须有 2 或 3 分枝；小叶片长椭圆形或倒卵形，顶端截形，微凹；托叶戟形，边缘有 2~4 裂齿。花 1 或 2 朵生于叶腋，花近无柄；花萼钟状，披针形；花冠紫色；花柱圆柱形，顶端背部有淡黄色须毛。荚果扁，长圆柱状，成熟后呈黄色，种子间稍缢缩。种子多数，圆球状，成熟时黑褐色。

【采收加工】嫩茎叶：春季至夏初采摘，鲜用。全草或种子：4~5 月种子成熟时采收，割取全草，打下种子，晒干。

【食用方法】嫩茎叶沸水焯过可凉拌、炒食；种子可煮粥，或磨面后加工成粉条、粉丝等副食品。

【性味功用】**全草或种子（大巢菜）**：甘、辛，寒。益肾，利水，止血，止咳；用于肾虚腰痛，遗精，黄疸，水肿，疟疾，鼻衄，心悸，咳嗽痰多，月经不调，疮疡肿毒。

【现代研究】救荒野豌豆嫩茎叶富含氨基酸、无机元素及维生素 B_1、维生素 B_2、维生素 C 等多种维生素等，含黄酮类、糖类、甾醇类、香豆素类及氢氰酸等成分。

【适宜人群】救荒野豌豆嫩茎叶适宜一般人群，尤其适宜体虚、梦遗、月经不调、腰膝酸软者食用。

【使用注意】救荒野豌豆嫩茎叶不可大量生食，孕妇慎用。

【附　　方】**（1）治咳嗽痰多：** 肥田草（救荒野豌豆）30g，煨水服。（《贵州草药》）
（2）治鼻衄： 肥田草（救荒野豌豆）30g，煨甜酒吃。（《贵州草药》）

四籽野豌豆

Vicia tetrasperma (L.) Schreber

·科　名　豆科 Leguminosae	·属　名　野豌豆属 *Vicia*
·生活型　一年生缠绕草本	·花果期　花期 3~5 月，果期 5~8 月
·生　境　田边、荒地上	·分　布　全省各地

植株

花序

荚果

【释　　名】本品植物形态似野豌豆，果荚内多结籽 4 粒，故名“四籽野豌豆”。

【识别要点】茎纤细，有棱。偶数羽状复叶，顶端卷须常单一；小叶 3~6 对，线形或长圆形，长 6~7mm；托叶半箭头形。总状花序腋生，花序梗细长，顶端有花 1 或 2 朵；花小，长约 6mm；萼齿近等长，短于萼筒；花冠紫蓝色，旗瓣长圆状倒卵形，翼瓣和龙骨瓣近等长；子房无毛，花柱上部周围有柔毛。荚果扁平，长圆形，具网纹，无毛。种子 4，圆球状。

【采收加工】嫩茎叶、嫩豆荚：春季至夏初采摘，鲜用。全草：夏季种子成熟时采收，洗净，鲜用或晒干。

【食用方法】嫩茎叶作蔬菜食用，开水焯熟后清水浸泡，可炒食、凉拌、做汤；嫩豆荚可油炸、炒食。

【性味功用】**全草（四籽野豌豆）**：甘、辛，平。活血消肿，清热解毒，明目定眩，祛瘀调经；用于疔疮，痈疽，发背，痔疮，头晕耳鸣，月经不调。

【现代研究】四籽野豌豆嫩茎叶富含植物凝集素Ⅰ和Ⅱ、蛋白质及钙、磷等矿物质。

【适宜人群】四籽野豌豆嫩茎叶适宜疮痈、月经不调、头晕目眩患者食用。

【使用注意】脾胃虚寒者不宜多食四籽野豌豆嫩茎叶。

小巢菜

Vicia hirsuta (L.) Gray

·科　名　豆科 Leguminosae	·属　名　野豌豆属 *Vicia*
·生活型　一年生草本	·花果期　花期 4~5 月，果期 4~8 月
·生　境　田野间、河滩、路边草丛	·分　布　全省各地

植株

茎、叶及托叶

花序

荚果

【释　　名】古人巢元修喜食本品，为与大巢菜（救荒野豌豆）相区别，故名“小巢菜”“元修菜”；本品为新春最早一批萌芽植物，“召”意为先导，从“艹”以表明其草本属性，故又名“苕子”。

【识别要点】茎细柔，攀缘或蔓生，具4棱。偶数羽状复叶，叶轴末端卷须分枝，小叶片线状披针形，顶端微凹，有短尖；托叶线形，基部有2或3裂齿。总状花序腋生，短于叶，有花2~5，花小；花序梗、花柄、萼片均有短柔毛；萼齿5，近等长，狭披针形；花冠白色或淡紫色，旗瓣先端平截，与翼瓣近等长；花柱顶端周围有柔毛。荚果扁平，长圆形，有棕褐色长硬毛。种子1或2。

【采收加工】嫩茎叶：春季萌发后随时可采，鲜用。全草：春、夏季采收，鲜用或晒干。

【食用方法】嫩茎叶可清炒、煮汤、用米汤煮食或与米粉调拌后蒸食。

【性味功用】**全草（小巢菜）**：辛、甘，平。清热利湿，调经止血，明耳目，截疟，退黄；用于黄疸，疟疾，月经不调，带下，鼻衄，小便不利，水肿。**种子（漂摇豆）**亦可入药。

【现代研究】小巢菜嫩茎叶富含蛋白质、脂肪、糖类、粗纤维及磷、钙，含芹菜苷、槲皮素等成分。其中，芹菜苷是眼晶状体醛糖还原酶的抑制剂，能保护视力；槲皮素能明显减少血管脆性、增强毛细血管抵抗力等。

【适宜人群】小巢菜嫩茎叶适宜婴幼儿维生素D缺乏症、牙齿损坏或脱落、成人骨质软化、肌肉痉挛、血凝异常、黄疸性肝炎、肾性水肿者食用。

【使用注意】小巢菜嫩茎叶不宜生食。

【附　　方】**治热疟不止**：翘摇（小巢菜）杵汁服之。（《广利方》）

紫苜蓿

Medicago sativa L.

·科　名　豆科 Leguminosae　　·属　名　苜蓿属 *Medicago*

·生活型　多年生草本　　·花果期　花期 5~6 月，果期 7~8 月

·特　性　喜光，耐旱，耐寒，适宜排水良好的中性和微酸性沙质土壤

·分　布　全省各地有栽培

植株

花序

【释　　名】本品从西域的大宛国引入，“苜蓿”一词来自古时大宛语“buksuk”的音译，因其花呈紫色，故名“紫苜蓿”。

【识别要点】茎通常直立，四棱形，丛生以至平卧，近无毛。羽状复叶有 3 小叶，小叶片倒卵形或倒披针形，上半部具锯齿，基部狭楔形；托叶卵状披针形，全缘或 1 至 2 齿裂。总状或头状花序腋生，具花 8~25 朵；花萼钟状，萼齿线状锥形，比萼筒长，被贴伏柔毛；花冠淡黄色、深蓝色至暗紫色。荚果螺旋状紧卷 2~4 圈，熟时褐色，无刺，顶端有尖喙。种子扁，卵圆形，黄褐色。

【采收加工】嫩茎叶：春季萌发后随时可采，洗净，鲜用。全草：夏、秋季采收，鲜用或切段晒干。

【食用方法】嫩茎叶可凉拌、炒食、榨汁、做馅或炖汤。

【性味功用】全草（苜蓿）：苦、甘，平。清热凉血，利湿退黄，通淋排石；用于湿热黄疸，泄泻，痢疾，浮肿，砂淋，石淋，痔疮出血，热病烦满，尿路结石。根（苜蓿根）亦可入药。

【现代研究】紫苜蓿嫩茎叶富含纤维素、维生素和微量元素等，含苜蓿素、苜蓿酚、卟啉及皂苷类、异黄酮类、香豆素类、生物碱类成分等。其中，异黄酮和苜蓿酚有雌激素样作用，苜蓿酚能止咳平喘；皂苷具有降血脂、抗动

脉粥样硬化的作用；苜蓿素能抑制肠道收缩，并有轻度雌激素样作用和抗癌作用。

【适宜人群】紫苜蓿嫩茎叶适宜黄疸、小便不利、病后体虚者及经期、更年期女性食用。

【使用注意】紫苜蓿嫩茎叶不宜多食，且不可与蜜同食。

【附　　方】**（1）治浮肿：** 苜蓿叶 15g（研末），豆腐 1 块，猪油 90g，炖熟，1 次服下，连续服用。（《吉林中草药》）

（2）治热病烦满，目黄赤，小便黄，酒疸：（苜蓿）捣汁，服一升，令人吐利即愈。（《新修本草》）

南苜蓿

Medicago polymorpha L.

·科　名　豆科 Leguminosae	·属　名　苜蓿属 *Medicago*
·生活型　一年生或二年生草本	·花果期　花期 3~4 月，果期 5 月
·特　性　喜温暖、半湿润气候，抗旱，抗寒，适合排水良好的土壤和沙质土壤	
·分　布　苏南各地有栽培	

植株

托叶

花序及叶缘

果序

嫩茎叶

【释　　名】本品植株形态与紫苜蓿相近，且在南方有大量栽培，故名“南苜蓿”；其花色黄，且可作菜肴，故又名“金花菜”；为低矮草本，人们常取其顶端嫩叶炒食，故又名“草头”；在南京，人们习惯将苜蓿头称为音近的“母鸡头”。

【识别要点】茎匍匐或稍直立，有纵棱，基部多分枝。小叶片阔倒卵形或倒心形，叶面无毛，叶背有疏柔毛；托叶卵状长圆形，基部耳状，边缘具不整齐细条裂或裂刻很深。总状花序有花2~10朵，花序梗纤细，挺直，通常比叶长；花萼钟状，萼齿披针形，与萼筒近等长，无毛或被梳毛；花冠黄色。荚果盘状，旋转1.5~2.5圈，边缘具钩刺。种子扁，长肾形，棕色，平滑。

【采收加工】参见“紫苜蓿”。

【食用方法】参见“紫苜蓿”。

【性味功用】参见“紫苜蓿”。

【现代研究】南苜蓿嫩茎叶富含维生素、蛋白质、糖类、纤维素及铁等矿物质，含大豆黄酮、苜蓿酚、苜蓿素、瓜氨酸、果胶酸及皂苷类成分等。其中，皂苷类成分可与胆固醇结合，促进胆固醇排泄，从而降低胆固醇，以利于冠心病的治疗；粗纤维可通过促进肠道蠕动加速排毒，有效预防便秘；苜蓿中所含的大豆黄酮、苜蓿酚均具有雌激素样作用。

【适宜人群】参见“紫苜蓿”。

【使用注意】参见“紫苜蓿”。

【附　　方】参见“紫苜蓿”。

芫　荽

Coriandrum sativum L.

·科　名　伞形科 Umbelliferae　　·属　名　芫荽属 *Coriandrum*

·生活型　一年生或二年生草本　　·花果期　花期 4~11 月，果期 11~12 月

·特　性　喜冷凉的气候和阳光充足、雨水充沛的条件，耐寒、怕热，适宜肥沃疏松的石灰性沙质土壤

·分　布　全省各地有栽培

植株

幼苗

花序

幼苗（香菜）

果实（胡荽子）

【释　　名】本品原产西域，“胡荽”之名源于伊朗语“koswi”的音译，后赵君王石勒避讳“胡”字，改称为“蒝荽”，“蒝”表示茎叶布散之貌，“芫”音同“蒝”，故名“芫荽”；因其全株有浓郁香气，可作菜食用，故又名“香菜”。

【识别要点】全体无毛，具强烈香气。基生叶有柄，一或二回羽状分裂；小叶片广卵圆形或扇状楔形，边缘深裂或具缺刻；茎生叶二或三回羽状细裂，末回裂片狭条形。复伞形花序顶生；伞幅3~8；总苞片无，小总苞片2~5；萼齿大小不等，卵状三角形或长卵圆形；花瓣白色或淡紫色，花序外缘的花瓣常为辐射瓣，较大。双悬果近球状，光滑，果棱稍凸起；分生果不易分开，油管不明显。

【采收加工】嫩茎叶：株高约20cm、具8~10片叶时按需采收，洗净，鲜用或晒干。果实：秋季成熟时采收，割取地上部分，晒干，打下果实，除净杂质，簸净，晒干。带根全草：春季采收，洗净，晒干。

【食用方法】嫩茎叶可直接生食或作为蘸料原料，亦可焯烫、清炒后食用；果实可供酿酒、加工香料，也可用于提制芳香油。

【性味功用】**带根全草（胡荽）**：辛，温。发表透疹，消食开胃，止痛解毒；用于风寒感冒，麻疹，痘疹透发不畅，食积，脘腹胀痛，呕恶，头痛，牙痛，脱肛，丹毒，疮肿初起，蛇伤。**果实（胡荽子）**、**茎梗（芫荽茎）**亦可入药。

【现代研究】芫荽嫩茎叶富含蛋白质、脂肪、糖类、膳食纤维、维生素、胡萝卜素及钾、磷、钙、硒等矿物质，含芫荽醇、芫荽异香豆精、齐墩果酸、亚油酸、棕榈醇、二棕榈酸甘油酯、香草酸、对香豆酸等成分。其中，甘露糖醇、正癸醛、壬醛和芳樟醇等挥发油物质具有增进食欲、促进消化等功能；芫荽异香豆精、齐墩果酸、亚油酸等对常见致病菌种具有抑制和杀灭作用；所含酚类成分具有抗氧化作用。

【适宜人群】芫荽嫩茎叶适宜阳虚体质、特禀体质、脱肛、食欲不振者食用。

【使用注意】患有癌症、慢性皮肤病、眼病、气虚体弱和消化性溃疡人群不宜多食芫荽嫩茎叶，胃热或阴虚火旺者忌食。麻疹出已透或虽未透出而热毒壅滞，非风寒外束者禁服胡荽。

【附　　方】**（1）治风寒感冒，头痛鼻塞**：紫苏叶6g，生姜6g，芫荽9g，水煎服。（《甘肃中草药手册》）

（2）治咳血：胡荽、海藻等量，洗净泥沙，加适量油盐，煮3~4小时，每日3次，每次1碗。（《湖南药物志》）

（3）治浮肿：胡荽适量，放鲫鱼腹中，用香油煎食。（《吉林中草药》）

（4）治消化不良，食欲不振：芫荽子6g，陈皮9g，生姜3片，神曲9g，

水煎服。（《山东中草药手册》）

（5）治胆道蛔虫：胡荽子 50g，川楝子 15g，捣碎，加水 300ml，浓煎取汁，1 次服用，5 岁以下小儿减半。（《新医学》）

旱芹

Apium graveolens L.

·科　名	伞形科 Umbelliferae	·属　名	芹属 *Apium*
·生活型	二年生草本	·花果期	花期 4~5 月，果期 6~7 月
·特　性	喜冷凉湿润的气候和向阳的环境，较耐寒，适宜沙壤土		
·分　布	全省各地有栽培		

植株

花序

花

嫩茎叶（芹菜）

【释　　名】在古代祭祀中本品常用于供奉，作祈祷之用，“祈”通“蕲”，后简化为“芹”，本品属于“芹”之一种，生于田地，为与水芹相区分，故名“旱芹”；常栽培作蔬菜食用，故又名“芹菜”；因其香气浓郁，故又名“香芹”；其香气似药味，故又名“药芹”。

【识别要点】全株光滑，有香气。茎直立，具分枝，有明显棱角或沟槽；基生叶一或二（三）回羽状分裂，末回裂片常 3 中裂或 3 全裂，裂片近菱形，边缘有锯齿或缺刻，叶柄长，具细棱，上部茎生叶为 3 小叶，柄短。复伞形花序多数，序梗长短不一，伞幅 5~16；萼齿不明显，花瓣白色，花柱叉开。果实近圆球状，侧面稍压扁，合生面略收缩，果棱 5，线形，尖锐；分生果每棱槽有油管 1。

【采收加工】嫩茎叶：定植后 50~60 日、叶柄长达 40cm、新抽嫩薹长 10cm 时即可陆续采收，鲜用。果实：夏季成熟时采收，割取果枝，晒干。带根全草：夏、秋季采收，洗净，鲜用。

【食用方法】嫩茎叶可炒食、凉拌、腌渍，也可制作菜汁、罐头等；果实可制香精。

【性味功用】**带根全草（旱芹）**：甘、辛、微苦，凉。平肝，清热，祛风，利水，止血，解毒；用于肝阳眩晕，风热头痛，咳嗽，黄疸，小便淋痛，尿血，崩漏，带下，疮疡肿毒。

【现代研究】旱芹嫩茎叶富含蛋白质、脂肪、膳食纤维、糖类、叶绿素、胡萝卜素及钙、铁、磷、锌等矿物质，含补骨脂素、花椒毒素等呋喃香豆素类，佛手苷内酯等香豆素类，d- 柠檬烯、芹菜素、维生素 C、胆碱等成分。其中，芹菜素可以扩张血管，平稳降血压；佛手苷内脂、挥发油等能够健脾胃、增食欲，并有利尿作用；香豆素和呋喃香豆素的衍生物具有降血压、降血脂和降低胆固醇的作用；呋喃香豆素对皮肤有光敏活性和抗菌作用。

【适宜人群】旱芹嫩茎叶适宜高血压、高脂血症、血管硬化、心脏病、糖尿病和肿瘤患者，肝火偏旺、目赤头痛者，小便不利、尿血淋痛、小便浑浊者食用。

【使用注意】慢性腹泻者不宜多食旱芹嫩茎叶，肚腹有积滞者、癞疥患者忌用。

【附　　方】**（1）治高血压：**旱芹鲜草适量，捣汁，每服50~100ml；或配鲜车前草60~120g，红枣10只，煎汤代茶。（南药《中草药学》）

（2）治肺热咳嗽，多痰：芹菜根30g，冰糖适量，水煎服。（《西宁中草药》）

（3）降胆固醇：芹菜根10个，大枣10枚，洗净后捣碎，将渣及汁全部放入锅中，加水200ml，煎熬后去渣，为1日量，每次100ml，每日服2次，连服15~20日，以鲜芹菜根效果为好。（《上海中医药杂志》）

枸　杞

Lycium chinense Mill.

·科　名　茄科 Solanaceae	·属　名　枸杞属 *Lycium*
·生活型　落叶小灌木	·花果期　花期6~10月，果期8~11月
·生　境　山坡、荒地、路旁及村边	·分　布　全省各地

植株

花

果实

果实

嫩茎叶（枸杞头）

【释　　名】古有枸、杞两种树，棘刺如枸橘，茎条如杞柳，故兼名为“枸杞”；果实如狗乳头，故又名“狗奶子”。

【识别要点】茎多分枝，枝常弓曲下垂，淡灰色。叶卵形或卵状披针形。花萼3裂或具4~5齿；花冠紫红色，檐部5深裂；花丝基部密生绒毛；柱头绿色。浆果卵形，成熟时红色。

【采收加工】嫩茎及叶：春季萌发后随时可采，鲜用。果实：8月下旬至11月中旬陆续成熟，当果实由绿变红、果肉稍软、果蒂疏松时及时采摘，鲜用或晒干。根皮：早春或晚秋采收，采挖根部，洗净泥沙，剥取皮部。

【食用方法】嫩茎及叶凉拌、热炒、煲汤均可；成熟果实干鲜皆可供食用，以干品为主，亦可制饮料及酿酒等，开发多种深加工产品，在食疗药膳方面应用广泛。

【性味功用】**嫩茎及叶（枸杞叶）：**苦、甘，凉。补虚益精，清热止渴，祛风明目；用于虚劳发热，烦渴，目赤昏痛，障翳夜盲。**果实（枸杞子）：**与宁夏枸杞药用功效相近，甘，平。滋补肝肾，益精明目；用于肝肾亏虚，头晕目眩，目视不清。**根皮（地骨皮）：**甘、淡，寒。清虚热，凉血；用于阴虚发热，盗汗，肺热咳嗽，高血压。

【现代研究】枸杞果实富含脂肪、蛋白质、氨基酸、胡萝卜素、维生素及铁、磷、钙等矿物质，含多糖类、甾醇类、苷类及生物碱类成分等。其中，枸杞多糖能提高人体的免疫能力；甜菜碱具有降血压、保肝、促进肝细胞再生的作用；胡萝卜素、多种维生素和钙、铁等是维护眼睛健康的必需营养物质。

【适宜人群】枸杞叶适宜烦渴、虚劳发热者食用。枸杞果实适宜肝肾阴虚、慢性肝炎、免疫力低下者食用。

【使用注意】脾胃虚寒和气血两虚者不宜过量食用枸杞叶。脾虚便溏者和感冒发热者不宜食用枸杞果实。脾胃虚寒者慎服地骨皮。

【附　　方】**（1）治急性结膜炎：**枸杞叶 60g，鸡蛋 1 只，稍加调味，煮汤吃，每日 1 次。（广西《中草药新医疗法处方集》）

（2）治夜盲症，视力衰退：枸杞子 6g，白菊花 6g，泡水代茶。（《食物中药与便方》）

（3）治原发性高血压：地骨皮 60g，水 3 碗，煎至 1 碗，加少量白糖或加猪肉煎煮，每两日 1 次。（《中华本草》）

蕹　菜

Ipomoea aquatica Forsk.

·科　名　旋花科 Convolvulaceae　　·属　名　番薯属 *Ipomoea*

·生活型　一年生草本　　·花果期　花期 7~9 月，果期 9~11 月

·特　性　喜高温潮湿，对土壤要求不严

·分　布　全省各地有栽培

植株（宽叶型）

植株（细叶型）

花（红色）

花（白色）

花内部（白色）

果序

果实剖面

【释　　名】本品早期为水生植物，可做菜食用，“雍”古代意为四方有水，从“艹”，故名“蕹菜”；植物茎呈圆形中空状，故又名“空心菜”。

【识别要点】蔓生或漂浮于水面，全株光滑。茎圆柱状，节间中空，节上生根。叶互生，形状、大小多变，常长三角形、椭圆状卵形、长卵形至披针形，基部心形、戟形或箭形，边缘全缘或波状。聚伞花序腋生，有1至多花；苞片2，小；萼片5，卵圆形；花冠漏斗状，常白色或紫红色、粉红色；雄蕊5，不等长，花丝基部被毛；花柱1，柱头头状。蒴果球状或圆卵状，常4瓣裂。

【采收加工】茎叶：株高20~35cm、长出9~10片真叶时采摘，鲜用。

【食用方法】茎叶可沸水焯后加调料凉拌，也可炒食、做汤、煮面、捣汁饮或制作泡菜。

【性味功用】**茎叶（蕹菜）**：甘，寒。凉血清热，利湿解毒；用于鼻衄，便血，尿血，便秘，淋浊，痔疮，痈肿。**根（蕹菜根）**亦可入药。

【现代研究】蕹菜茎叶富含蛋白质、氨基酸、脂肪、糖类、粗纤维、维生素、胡萝卜素及钙、磷、铁等矿物质。此外，紫色蕹菜含胰岛素样成分（一种蛋白质激素），可用于糖尿病的辅助治疗。

【适宜人群】蕹菜适宜高血压、糖尿病、习惯性便秘、痔疮、鼻出血、尿血及痢疾等患者食用。

【使用注意】体质虚弱、脾胃虚寒、大便溏泄者不宜多食蕹菜。

【附　　方】**（1）治鼻血不止**：蕹菜数根，和糖捣烂，冲入沸水服。（《岭南采药录》）

（2）治淋浊，尿血，便血：鲜蕹菜洗净，捣烂取汁，和蜂蜜酌量服之。（《闽南民间草药》）

藿　香

Agastache rugosa (Fisch. et C. A. Mev.) Kuntze

·科　名　唇形科 Labiatae

·属　名　藿香属 *Agastache*

·生活型　多年生草本

·花果期　花期 6~9 月，果期 9~11 月

·生　境　路边、田野

·分　布　南京、无锡（宜兴）、徐州、常州（溧阳）、苏州（太仓）、南通、连云港、淮安、扬州（宝应）等地

植株

花序

果实

【释　　名】《本草纲目》曰："豆叶曰藿，其叶似之，而草味芳香。"故名"藿香"。为与同科植物广藿香区分，故又名"土藿香"。

【识别要点】本品有强烈香味。茎四棱。叶对生；叶片心状卵形或长圆状披针形，顶端尾状长渐尖，边缘有锯齿。轮伞花序多花，在主茎或侧枝上组成顶生密集的圆筒形穗状花序；花冠淡紫色或红色，明显二唇形，下唇中间裂片有波状细齿；雄蕊伸出花冠外，2 对雄蕊不平行，后对长于前对。小坚果卵状长圆形，腹面具棱，顶端具短硬毛，褐色。种子直生。

【采收加工】嫩茎叶：长至 10cm 左右及时采摘，鲜用。地上部分：6~7 月花序抽出而未开花时择晴天齐地采割，薄摊晒至日落后，收回堆叠过夜，次日再晒，第二次于 10 月采割，迅速晾干、晒干或烤干。

【食用方法】嫩茎叶可炒食、凉拌、做馅等，亦可制作酱料、清凉饮料。

【性味功用】地上部分（藿香）：辛，微温。祛暑解表，化湿和胃；用于夏令感冒，寒热头痛，胸脘痞闷，呕吐泄泻，妊娠呕吐，鼻渊，手、足癣。

【现代研究】藿香嫩茎叶富含蛋白质、氨基酸、脂肪、糖类、膳食纤维、胡萝卜素、维生素及钙、磷、铁等矿物质，含艾草醚、甲基胡椒酚、薄荷酮、藿香素、熊果酸、迷迭香酸、原儿茶酸、藿香醌、胡萝卜苷、β- 谷甾醇及多糖类成分等。其中，叶的挥发油提取物对大肠埃希菌有较强的抑制活性，且具有促进小肠对营养物质的消化吸收能力，从而促进消化；艾草醚具有抗真菌作用，特别是抗毛癣菌。

【适宜人群】藿香嫩茎叶适宜胃肠型感冒患者，中暑、晕车、晕船者，消化不良及宿醉未醒者食用。

【使用注意】实热或阴虚火旺者不宜服用藿香，不宜久煎。

【附　　方】**（1）治急性肠炎：**藿香 9~30g，水煎（不可久煎），另用大蒜头 4~6 瓣，捣烂，和红糖 15g 拌匀，冲服，每日 1~3 次。（《浙江药用植物志》）

（2）治胃腹冷痛：藿香 6g，肉桂 6g，共研细末，每次 3g，白酒为饮，每日 2 次。（《吉林中草药》）

（3）预防伤暑：藿香、佩兰各等分，煎水饮用。（《吉林中草药》）

薄　荷

Mentha haplocalyx Briq.

·科　名	唇形科 Labiatae	·属　名	薄荷属 *Mentha*
·生活型	多年生草本	·花果期	花期 7~9 月，果期 10 月
·生　境	水旁潮湿地	·分　布	全省各地

植株

花序

花

地上部分（薄荷）

【释　　名】《广雅疏证》云："菝葀，叠韵字也。"因为"菝葀"为联绵词，音转而用字多变，古代有"菝蔺""茇葀""茇苦"等，"薄荷"亦为其音转而来，较常用，故名"薄荷"。旧时有产太仓者、苏州者品质优良，故又名"太仓薄荷""苏薄荷"。

【识别要点】植株有香气。茎四棱状，多分枝，有倒生的细毛或近无毛。叶卵形或长圆形，边缘有牙齿状锯齿。轮伞花序腋生，彼此远隔，每节多花；苞片披针形至线状披针形，边缘有毛；花萼钟状，齿 5，相等或近相等；花冠伸出萼外，青紫色、淡红色或白色，4 裂，上裂片较大，顶端 2 浅裂；雄蕊 4。

【采收加工】茎叶：茂盛时随时采摘，鲜用。地上部分：夏、秋季茎叶茂盛或花开至 3 轮时选晴天露水干后分次采割，摊晒 2 日，稍干后扎成小把，晒干或阴干。

【食用方法】茎叶可供生食、凉拌，亦可供茶饮，或制作糖果、食品调味剂、清凉食品饮料等。

【性味功用】**地上部分（薄荷）：**辛，凉。散风热，清头目，利咽喉，透疹，解郁；用于风热表证，头痛目赤，咽喉肿痛，麻疹不透，隐疹瘙痒，肝郁胁痛。

【现代研究】薄荷茎叶富含蛋白质、脂肪、膳食纤维、糖类、氨基酸、维生素及磷、铁等矿物质，含刺槐素、白杨素、橙皮素、齐墩果酸、熊果酸、苯甲酸、薄荷醇、左旋薄荷醇、薄荷酮、胡薄荷酮、大黄酸、棕榈酸等成分。其中，薄荷醇具有抗菌、祛痰的药理活性；薄荷酮和胡薄荷酮对甲型流感病毒（H_1N_1）有抑制作用；左旋薄荷醇被证实具有抗抑郁作用。

【适宜人群】薄荷茎叶适宜外感风热、头痛目赤、咽喉肿痛、口疮口臭、牙龈肿痛、皮肤瘙痒、心情郁闷不舒者食用。

【使用注意】阴虚血燥、肝阳上亢、表虚汗多者慎服薄荷。

【附　　方】**（1）治风热感冒，头痛咽疼：**嫩薄荷叶 3g，甘草 3g，开水冲泡，每日分 2 次饮服。（《食物中药与便方》）

（2）治风热瘙痒（荨麻疹一类）：薄荷叶 3g，蝉蜕 3g，加黄酒和水，煮一沸，每日 2~3 次分服。（《食物中药与便方》）

（3）治脑漏，鼻流臭涕：野薄荷不拘多少，水煎，点水酒服。（《滇南本草》）

皱叶留兰香

Mentha crispata Schrad. ex Willd.

·科　名　唇形科 Labiatae　　·属　名　薄荷属 *Mentha*

·生活型　多年生直立草本　　·花果期　花期 7~9 月，果期 10 月

·特　性　喜温暖湿润气候，喜光线充足，较耐热，不耐寒，不耐旱，适宜疏松肥沃的土壤

·分　布　南京等地有栽培

植株

花序

花

嫩茎叶

【释　　名】植株气味芳香而清淡如兰，叶片表面明显皱波状，故名“皱叶留兰香”；本品植株形态似薄荷，但茎、叶均为绿色，不带紫，故又名“绿薄荷”。

【识别要点】茎四棱。叶对生；叶片坚纸质，卵形或卵状披针形，边缘有锐裂的锯齿，皱波状，脉纹明显凹陷，叶面淡绿色，脉纹明显隆起且带白色。轮伞花序在茎及分枝顶端密集成穗状花序；花萼钟状，萼齿边缘有毛，果时稍靠合；花冠淡紫色，喉部浅盅状，近4等裂或2浅裂，花冠筒常伸出萼外；雄蕊4，花药2室；花柱生于子房底，顶端2裂。小坚果茶褐色，有腺点。

【采收加工】全草：7~9月采收，鲜用。嫩茎叶：春季萌发后随时采摘，鲜用。

【食用方法】全株可作为糖果、口香糖等食品的调味剂；嫩茎叶可生食、凉拌、煮汤，也可制作调味料。

【性味功用】**全草（皱叶薄荷）**：苦，凉。清热解表，祛风消肿，杀虫止痒；用于感冒，咳嗽，头痛，发热，风火眼，衄血，小儿疮疥，跌打损伤，疮疡。

【现代研究】皱叶留兰香嫩茎叶富含粗蛋白、糖类、维生素等，含桉油素、柠檬烯、蒎烯、香芹酮等成分。

【适宜人群】皱叶薄荷适宜风热感冒、咳嗽、头痛、疮疡等患者食用。

【使用注意】胃寒者不宜多食皱叶薄荷。

【附　　方】**治胃痛**：留兰香全草、茴香根、橘皮、佛手柑、生姜各适量，水煎服。（《浙江药用植物志》）

辣薄荷

Mentha× piperita L.

·科　名　唇形科 Labiatae　　·属　名　薄荷属 *Mentha*

·生活型　多年生草本　　·花果期　花期 7 月，果期 8 月

·特　性　喜温暖湿润气候，喜光线充足，较耐热，不耐寒，不耐旱，适宜疏松肥沃的土壤

·分　布　南京、盐城（东台）等地有栽培

植株

花

嫩茎叶

【释　　名】本品植株形态似薄荷，且气味浓烈、辛辣，故名“辣薄荷”“椒样薄荷”；原产于欧洲，故又名“欧薄荷”。

【识别要点】茎四棱，常带紫红色。叶对生，披针形至卵状披针形，宽 0.8~1cm，顶端锐尖，具短柄，叶面暗绿色，两面无毛或叶背脉上有毛，具腺点。轮伞花序在茎及分枝顶端集成圆柱形的穗状花序，仅在下部有间断；苞片

线状披针形；萼齿钻形，边缘具缘毛；花冠白色，裂片略具粉红色。小坚果倒卵圆状，顶端具腺点。

【采收加工】嫩茎叶：春季萌发后随时采摘，鲜用。叶：夏季采收，晒干。

【食用方法】嫩茎叶可作调味料或代茶饮，也可提取芳香油，用于口香糖、糖果、酒类和饮料调香。

【性味功用】**叶（辣薄荷）：**辛，凉。疏散风热，解毒散结；用于风热感冒，头痛，目赤，咽痛，痄腮。

【现代研究】辣薄荷嫩茎叶含薄荷脑、薄荷酮、木犀草素、薄荷苷及酚酸类、三萜类成分等。其中薄荷脑虽有刺激性，但具有杀菌、清凉和麻醉作用。

【适宜人群】辣薄荷嫩茎叶适宜风热感冒、咽痛、目赤肿痛、痄腮患者食用。

【使用注意】儿童、孕妇慎用辣薄荷。

罗　勒

Ocimum basilicum L.

·科　名	唇形科 Labiatae	·属　名	罗勒属 *Ocimum*
·生活型	一年生直立草本	·花果期	花期 7~9 月，果期 9~11 月
·特　性	喜温暖潮湿的气候，适宜排水良好、肥沃的沙壤土或腐殖质壤土		
·分　布	全省各地有栽培		

植株

花

果序

叶

成熟种子

【释　　名】《齐民要术》引《韦弘赋叙》曰："罗勒生昆仑之丘，出西蛮之俗，故用译音为名而称罗勒。"故名"罗勒"。轮伞花序，花果层层而上，似宝塔，故又名"九层塔""千层塔"。一年生草本，果实可治翳症，故又名"翳子草"。

【识别要点】本品有香气。茎直立，常带紫色。叶片卵形或卵状披针形，叶背有腺点。花轮集成间断的总状花序，顶生于枝梢，每轮有花6朵；花序梗密生柔毛；花萼外面及边缘有毛，毛具节；萼齿5，上面的齿最大，宽卵形，两侧的齿较小，正三角形，下面的2齿狭三角形；花冠淡紫色，花冠管短，上唇4裂，下唇稍长；雄蕊4，伸出花冠外；花丝基部有毛。小坚果长卵圆状，褐色或黑色。

【采收加工】嫩茎叶：主茎长有8~12片叶或株高20cm时采摘，间隔10~15日采收1次，鲜用。全草：开花后割取地上部分，鲜用或阴干。果实：9月成熟时采收，晒干。

【食用方法】嫩茎叶可炒食、凉拌、油炸、做汤、制馅，亦可提取芳香油用于食品工业。

【性味功用】**全草（罗勒）**：辛、甘，温。疏风解表，化湿和中，行气活血，解毒消肿；用于感冒头痛，发热咳嗽，中暑，食积不化，不思饮食，脘腹胀满疼痛，呕吐泻痢，风湿痹痛，遗精，月经不调，牙痛口臭，胬肉遮睛，皮肤湿疮，瘾疹瘙痒，跌打损伤，蛇虫咬伤。**果实（罗勒子）**：甘、辛，凉。清热，明目，祛翳；用于目赤肿痛，倒睫目翳，走马牙疳。**根（罗勒根）**亦可入药。

【现代研究】罗勒嫩茎叶富含蛋白质、脂肪、糖类、膳食纤维、胡萝卜素、维生素及钙、镁、钾等矿物质。全株含罗勒烯、芳樟醇、甲基丁香酚、甲基胡椒酚、槲皮素、迷迭香酸、丁香苷及雌甾烷类、多糖类成分等。其中，雌甾烷有抑制血管通透性和抗炎作用；罗勒多糖具有明显的抗血小板聚集功效，对细胞黏附性和瘤栓形成起抑制作用，从而阻止肿瘤细胞的黏附、游走、穿透；甲基丁香酚和甲基胡椒酚具有抗革兰氏阳性菌、革兰氏阴性菌和真菌的活性。

【适宜人群】罗勒嫩茎叶适宜一般人群食用。

【使用注意】气虚血燥者慎服罗勒。

【附　　方】**（1）治胃肠胀气：**香佩兰（罗勒）、元胡、香附各 9g，生姜 6g，水煎服。（《青岛中草药手册》）

（2）治呕吐反胃：（罗勒）鲜草适量捣汁 1 匙，甘蔗汁 2 匙，温服，每日 2 次。（《食物中药与便方》）

（3）治目赤肿痛，眼生翳膜：罗勒子 2.5~4.5g，水煎服。（《上海常用中草药》）

败　酱

Patrinia scabiosifolia Fisch. ex Trevir.

·科　名　败酱科 Valerianaceae

·属　名　败酱属 *Patrinia*

·生活型　多年生草本

·花果期　花期 7~9 月，果期 9~10 月

·生　境　山坡草丛

·分　布　南京、无锡（宜兴）、苏州（常熟）、连云港（赣榆）、淮安（盱眙）、镇江（丹徒、句容）等地

植株

花

果实

果序

嫩茎叶

【释　　名】《本草经集注》云："气如败豆酱，故以为名。"故名"败酱"。民间采摘其幼苗嫩叶做菜食用，味微苦，故又名"苦菜"。本品花冠黄色，故又名"黄花败酱""黄花苦菜"。

【识别要点】根或根状茎具特殊恶臭味。基生叶丛生，花时枯落；茎生叶对生，羽状半裂、全裂或不裂。聚伞花序组成的大型伞房花序顶生；花序梗上部一侧具白色粗糙毛；花小，花冠钟状，黄色，上端 5 裂；雄蕊 4，2 长 2 短。瘦果长椭圆状，两侧不发育子房室压扁形成窄边，无翅状苞片。

【采收加工】幼苗、嫩叶：春季萌发后随时可采，宜选幼嫩叶，鲜用。全草：野生者于夏、秋季采收，栽培者于当年开花前采收，洗净，晒干。

【食用方法】幼苗、嫩叶用沸水焯，清水漂洗去苦味后，可凉拌、炒食、制馅、和面煮食、做汤、腌菜或晒成干菜食用。

【性味功用】全草（败酱）：辛、苦，微寒。清热解毒，消肿排脓，活血；用于肠痈，肺痈，痈肿，痢疾，产后瘀血腹痛。

【现代研究】败酱幼苗、嫩叶富含糖类、蛋白质、维生素以及矿物质等。全草含败酱烯、异戊酸、黄花败酱皂苷、槲皮素、β- 谷甾醇等成分。其中，异戊酸为其特殊的臭味成分；黄花败酱皂苷为镇静安神的活性成分。

【适宜人群】败酱幼苗、嫩叶适宜阑尾炎、肠炎、痢疾、肺脓肿、产后腹痛、盆腔炎、痛经等患者食用。

【使用注意】脾胃虚弱及孕妇慎服败酱。

【附　　方】**（1）治赤白痢疾：**鲜败酱草 60g，冰糖 15g，开水炖服。（《闽东本草》）

（2）治蛇咬伤：败酱草 250g，煎汤炖服，另用败酱草杵细外敷。（《闽东本草》）

攀倒甑

Patrinia villosa (Thunb.) Juss.

·科　名　败酱科 Valerianaceae　　·属　名　败酱属 *Patrinia*

·生活型　二年生或多年生草本　　·花果期　花期 8~10 月，果期 9~11 月

·生　境　山坡草地及路旁

·分　布　南京、无锡（宜兴）、常州（溧阳）、连云港、镇江（句容）等地

植株

花与果实

嫩茎叶

【释　　名】因其颠顶开白花成簇，犹如古代的蒸食炊器甑被翻倒后散落的米粒，故名“攀倒甑”；气如败豆酱，开白色花，故又名“白花败酱”。

【识别要点】根状茎横走；茎密被白色倒生粗毛或仅沿两侧各有 1 纵列倒生短粗伏毛。基生叶丛生，宽卵形，边缘具粗锯齿；茎生叶对生，长卵形；上部叶近无柄。聚伞花序组成顶生圆锥花序或伞房花序；花序梗密被长粗糙毛或仅 2 纵列粗糙毛；花萼小，直立或外展；花冠钟状，白色，直径 4~6mm，5 深裂；雄蕊 4，伸出花冠外。瘦果倒卵状，与宿存增大的翅状苞片贴生。

【采收加工】参见“败酱”。

【食用方法】参见“败酱”。

【性味功用】参见“败酱”。

【现代研究】攀倒甑幼苗、嫩叶富含糖类、蛋白质、维生素及矿物质等。全草含槲皮素、芦丁等黄酮类成分及挥发油类、酚类、多糖类、木脂素类、皂苷类成分，还含有阿魏酸、熊果酸、白花败酱醇、β- 胡萝卜苷、β- 谷甾醇等。其中，所含挥发油、酚类、多糖类、木脂素类成分均具有抗氧化活性；黄酮类、皂苷类成分是其抗肿瘤的主要活性成分。

【适宜人群】参见“败酱”。

【使用注意】参见“败酱”。

【附　　方】参见“败酱”。

蒲公英

Taraxacum mongolicum Hand. -Mazz.

·科　名　菊科 Compositae

·属　名　蒲公英属 *Taraxacum*

·生活型　多年生草本

·花果期　花期 4~9 月，果期 5~10 月

·生　境　山坡草地、路边、田野、河滩

·分　布　全省各地

植株

总苞

花序托

花序

果序正面

嫩叶加工品（蒲公英茶）

【释　　名】凫（fú），意为野鸭，“凫公”同“凫翁”，意为野鸭颈上的毛，本品瘦果上冠毛似凫翁，“英”意为花，故名“凫公英”，后多音转为“蒲公英”；叶伏地而生，中心抽一茎，茎端出一花，其状如丁，故又名“地丁”；花色黄，故又名“黄花地丁”。

【识别要点】植株有乳汁。茎呈花葶状，中空。叶基生，莲座状，叶片倒卵状或长圆状披针形，边缘具波状齿或深裂，裂片类型多变。头状花序单生；总苞片2或3层，果后反折，外层卵状披针形，先端紫红色，增厚或具角状突起，内层细长，具小角状突起；全为舌状花，黄色，舌片背面具紫红色条纹；花药和柱头暗绿色。瘦果上部具小刺，下部具成行排列的小瘤，果喙常长于果体；冠毛白色。

【采收加工】幼苗：4~5月采挖，鲜用。全草：春至秋季花初开时采挖，除去杂质，洗净，晒干。

【食用方法】幼苗可生食，也可作蔬菜炒食、凉拌、做汤、做粥、做馅，或干燥后泡水代茶饮、泡酒；花序可做汤、泡酒。

【性味功用】**全草（蒲公英）**：苦、甘，寒。清热解毒，消痈散结，利尿通淋；用于乳痈，肺痈，肠痈，痄腮，瘰疬，疔毒疮肿，目赤肿痛，咽喉肿痛，痢疾，蛇虫咬伤，产妇缺乳。

【现代研究】蒲公英幼苗富含维生素及铁、钙、镁、铜等矿物质。全株含对羟基苯甲酸、对羟基苯乙酸、原儿茶酸、绿原酸、咖啡酸、水飞蓟素、木犀草素、菊苣酸、芸香苷、蒲公英甾醇及多糖类、酚类成分等。其中，多酚、类黄酮等酚类化合物（类黄酮和香豆酸衍生物）的还原活性相当于维生素 C 的 40%，可作为天然的抗氧化剂；木犀草素和菊苣酸，可抑制巨噬细胞系中的 TNF-α 和其他细胞炎症因子的分泌；绿原酸和咖啡酸具有较好的抑菌效果。

【适宜人群】一般人群均可食用蒲公英幼苗，尤其适宜热证患者。

【使用注意】阳虚外寒、脾胃虚弱者不宜多用蒲公英，非实热之证及阴疽者慎服。

【附　　方】**（1）治乳痈肿痛：**蒲公英 30g，金银花或忍冬藤叶 10g，以黄酒、水合煎，温服。（《食物中药与便方》）

（2）治上呼吸道感染，扁桃体炎，咽喉痛，发热头疼：蒲公英 15g（鲜草 30~60g），生甘草 3~6g，水煎服。（《食物中药与便方》）

（3）治肺脓肿：蒲公英、冬瓜子各 15g，鱼腥草、鲜芦根各 30g，桃仁 9g，水煎服。（《湖北中草药志》）

药用蒲公英

Taraxacum officinale F. H. Wigg.

·科　名　菊科 Compositae	·属　名　蒲公英属 *Taraxacum*
·生活型　多年生草本	·花果期　花期 6~7 月，果期 7~8 月
·生　境　田间与路边	·分　布　全省各地

植株

花序侧面

总苞

果实

幼苗

【释　　名】本种为蒲公英属植物，学名中的“*officinale*”意为“药用”，故名“药用蒲公英”；本种原产于希腊或喜马拉雅山北部，为西方外来物种，故又名“西洋蒲公英”。

【识别要点】植株有乳汁。茎呈花葶状，中空。叶基生，莲座状，叶片狭倒卵形、长椭圆形，大头羽状深裂或羽状浅裂。花葶多数，顶端被蛛丝状毛；头状花序单一；总苞宽钟状，总苞片绿色，先端渐尖，无角，外层反卷，内层总苞片较细长；舌状花，亮黄色，舌片背面有紫色条纹；柱头暗黄色。瘦果中部以上有小尖刺，其余部分具小瘤状突起，果喙常长于果体；冠毛白色。

【采收加工】参见“蒲公英”。

【食用方法】参见“蒲公英”。

【性味功用】参见“蒲公英”。

【现代研究】参见“蒲公英”。

【适宜人群】参见“蒲公英”。

【使用注意】参见“蒲公英”。

【附　　方】参见“蒲公英”。

黄鹌菜

Youngia japonica (L.) DC.

·科　名　菊科 Compositae	·属　名　黄鹌菜属 *Youngia*
·生活型　一年生草本	·花果期　花期 4~7 月，果期 7~10 月
·生　境　山坡、山谷及林缘、林下、草地及潮湿地、河边沼泽地、田间与荒地上	
·分　布　全省各地	

植株

花序

【释　　名】“鹌”本意为头小尾短的鸟，引申义为小。本品花黄色，较小，生于花葶顶端，嫩茎叶可做菜食用，故名“黄鹌菜”。

【识别要点】植株有乳汁。基生叶倒披针形、椭圆形至宽线形，大头羽状深裂或全裂，稀不裂；茎生叶1或2枚，有时无。头状花序顶生，排成伞房状；总苞圆柱状，外层及最外层极短，宽卵形，内层及最内层长，披针形，边缘白色干膜质，内面具短糙毛；舌状花10~20朵，黄色。瘦果纺锤状，压扁，褐色或红褐色，顶端渐细，无喙，有11~13条粗细不等的纵肋，肋上有小刺毛；冠毛糙毛状。

【采收加工】嫩茎叶：春、秋季采摘，鲜用。花蕾：4~10月，花未开放时随时可采，鲜用。全草：春季采收，鲜用或切段晒干。根：秋季采收，鲜用或切段晒干。

【食用方法】嫩茎叶焯水后换清水漂洗去除苦味，可炒食、凉拌、做馅、做汤；花蕾可油炸或腌制泡菜。

【性味功用】**根或全草（黄鹌菜）：**甘、微苦，凉。清热解毒，利尿消肿；用于感冒，咽痛，结膜炎，乳痈，疮疖肿毒，毒蛇咬伤，痢疾，肝硬化腹水，急性肾炎，淋浊，血尿，带下，风湿性关节炎，跌打损伤。

【现代研究】黄鹌菜嫩茎叶富含糖类、蛋白质、脂肪、维生素及铁、铝、锌等矿物质。全株含愈创木烷型倍半萜烯、齐墩果酸、熊果酸、二咖啡酰奎尼酸、木犀草素-7-*O*-葡萄糖苷、芹菜素、蒲公英甾醇、β-谷甾醇、豆甾醇、β-胡萝卜苷等成分。其中，木犀草素-7-*O*-葡萄糖苷及2种二咖啡酰奎尼酸具有一定的抗菌活性；愈创木烷型倍半萜烯具有较强的抗过敏和抗氧化活性。

【适宜人群】黄鹌菜嫩茎叶适宜咽喉肿痛、乳腺炎、疮痈肿毒、尿路感染、痢疾等患者食用。

【使用注意】脾胃虚寒、泄泻者不宜服用黄鹌菜。

【附　　方】**（1）治咽喉炎：**鲜黄鹌菜30g，捣烂取汁，调蜜服。（《福建药物志》）

（2）治跌打伤：黄鹌菜鲜全草30g（干品15g），加酒水各半，适量，煎，去渣，每日分2次服。（《食物中药与便方》）

（3）治鹅口疮：鲜黄鹌菜根6~7个，用二次淘米水洗，捣烂取汁调蜜服。（《福建药物志》）

莴苣

Lactuca sativa L.

·科　名　菊科 Compositae　　·属　名　莴苣属 *Lactuca*

·生活型　一年生或二年生草本　　·花果期　花期 2~5 月，果熟期 7~9 月

·特　性　喜冷凉的气候，适宜有机质丰富、疏松、保水力强的肥沃壤土或沙壤土

·分　布　全省各地有栽培

植株

基生叶

总苞

花序

【释　　名】《本草纲目》曰："按彭乘《墨客挥犀》云，莴菜自呙国来"，茎叶外形似火炬，从"艹"，故名"莴苣"；其嫩茎肥大如笋，故又名"莴笋"；宋代陶谷《清异录》云"呙国使者来汉，隋人求得菜种，酬之甚厚"，故又名"千金菜"。

嫩茎（莴苣）

【识别要点】植物体有乳汁。茎直立，单生，表面白色。基生叶及茎下部叶倒披针形、椭圆形或椭圆状倒披针形，基部心形或箭头状半抱茎，边缘波状或有细锯齿，向上叶渐小，叶背中脉光滑。头状花序排成圆锥状，密集；总苞卵球状，总苞片 5 层，向内渐细，果期直立；舌状花约 15。瘦果倒披针状，长 4mm，压扁，边缘无翅，每面有 6 或 7 条细脉纹，顶端喙细丝状；冠毛白色，2 层。

【采收加工】嫩茎：春季肥大时采收，鲜用。嫩叶：春季萌发后随时可采，鲜用。茎、叶：夏季采收，鲜用。

【食用方法】嫩茎可凉拌、炒食、煲汤、煮粥及腌制酱菜、泡菜等；嫩叶可凉拌。

【性味功用】**嫩茎、叶（莴苣）**：苦、甘，凉。利尿，通乳，清热解毒；用于小便不利，尿血，乳汁不通，虫蛇咬伤，肿毒。**果实（莴苣子）**亦可入药。

【现代研究】莴苣嫩茎富含蛋白质、脂肪、糖类、维生素、矿物质等，含山莴苣素、山莴苣苦素等倍半萜类，咖啡酸、绿原酸、菊苣酸等多酚类，脂肪酸类、香豆素类成分，以及咖啡酸胆碱酯、绿原酸乙酯、槲皮素、矢车菊素、β-香树脂醇等。

【适宜人群】莴苣嫩茎适宜缺铁性贫血、体虚者，孕妇、老年人，高血压、肾脏病、糖尿病患者食用。

【使用注意】脾胃虚弱者不宜多服莴苣。

【附　　方】**治产后无乳**：莴苣 3 枚，研作泥，好酒调开服。（《海上集验方》）

刺儿菜 *Cirsium setosum* (Linn.) Scop. var. *integrifolium* Wimm. et Grab.

·科　名　菊科 Compositae	·属　名　蓟属 *Cirsium*
·生活型　多年生草本	·花果期　花期 4~5 月，果期 6~7 月
·生　境　荒地、路旁、田间	·分　布　全省各地

植株

花序及总苞

花序

幼苗

【释　　名】本品嫩苗可做菜食用，叶缘有细密的针刺，故名“刺儿菜”；《本草乘雅半偈》云“与大蓟根苗相似，但不若大蓟之肥大耳”，故又名“小蓟”。

【识别要点】株高 20~50cm。具长根茎；茎直立，有棱。基生叶花期枯萎；茎生叶互生，中下部的叶片椭圆形或椭圆状披针形，两面被白色蛛丝状毛，近全缘或有疏锯齿，无柄。头状花序直立，全为管状花，雌雄异株；总苞片 6 层，外层短，中、内层顶端长尖，具刺；花序托凸起，有托毛；花冠、花药均紫红色，退化雄蕊的花药较短。瘦果略扁平，椭圆形或长卵形，无毛；冠毛羽状。

【采收加工】幼苗：春季萌发后及时采挖，鲜用。地上部分：夏、秋二季花开时采割，除去杂质，晒干。

【食用方法】幼苗洗净、焯水后，可炒食、蒸食、凉拌、做汤、做馅、制成干菜、制粥，或腌制后食用。

【性味功用】**地上部分（小蓟）**：甘、苦，凉。凉血止血，散瘀解毒消痈；用于咯血，吐血，衄血，尿血，血淋，便血，血痢，崩中漏下，外伤出血，痈疽肿毒。

【现代研究】刺儿菜幼苗富含蛋白质、脂肪、氨基酸、糖类、膳食纤维、钙、磷、铁、胡萝卜素及多种维生素等，含蒙花苷、芦丁、槲皮素、岳桦素、羽扇豆酮、蒲公英甾酮、马齿苋酰胺、对羟基苯甲酸、咖啡酸、原儿茶醛及多糖类成分等。其中，蒙花苷和芦丁有促进凝血作用；咖啡酸等简单苯丙素类成分具有缩短凝血及出血时间的作用，为小蓟止血的有效成分之一；所含酸性多糖类物质能增强人体的免疫力，兴奋骨髓造血功能。

【适宜人群】刺儿菜幼苗适宜热毒疮疡初起肿痛者，血热妄行所致吐血、鼻出血、尿血、便血、异常子宫出血等出血证及心脑血管疾病患者食用。

【使用注意】气虚、血虚者不宜多服，脾胃虚寒者慎服。

【附　　方】**（1）治高血压：**小蓟、夏枯草各 15g，煎水代茶饮。（《安徽中草药》）

（2）治崩中下血：小蓟茎叶（洗、切）研汁一盏，入地黄汁一盏，白术半两，煎减半，温服。（《本草纲目》引《千金要方》）

（3）治急性肾炎，尿路感染，尿痛浮肿：小蓟 15g，生地黄 9g，白茅根 60g，水煎服。（《天津中草药》）

泥胡菜

Hemisteptia lyrata (Bunge) Fisch. et C. A. Mey.

·科　名　菊科 Compositae　　·属　名　泥胡菜属 *Hemisteptia*

·生活型　一年生草本　　·花果期　花期 3~6 月，果期 7~8 月

·生　境　山坡、林缘、林下、草地、荒地、田间、路旁

·分　布　全省各地

植株

基生叶

花序及总苞

幼苗

【释　　名】本品幼苗可做菜食用，叶背灰白色似糊一层泥灰，故名“泥胡菜”“石灰菜”。

【识别要点】茎常单生，被蛛丝状毛。基生叶及中下部茎生叶长椭圆形或倒披针形，大头羽状深裂或近全裂，裂片边缘具三角形锯齿或重锯齿；叶面绿色，叶背灰白色。头状花序排成疏松伞房状或单生；总苞片多层，草质，中、外层苞片外面上方近顶端有直立的鸡冠状突起的紫红色附属物；小花紫色或红色，檐部深 5 裂，裂片线形。瘦果压扁，圆锥状，深褐色。

【采收加工】幼苗：春季抽薹前采摘，鲜用。全草或根：夏、秋季采收，洗净，鲜用或晒干。

【食用方法】幼苗洗净、焯水后，可炒食、凉拌、做汤、做馅，或腌制食用，也可用稀释石灰水浸泡后剁碎，揉进糯米粉制作青团。

【性味功用】**全草或根（泥胡菜）**：辛、苦，寒。清热解毒，散结消肿；用于痔漏，痈肿疔疮，乳痈，淋巴结炎，外伤出血，骨折。

【现代研究】泥胡菜幼苗富含蛋白质、脂肪、植物纤维素及钾、钙、镁等矿物质，含金合欢素、芹菜素、山柰酚等黄酮类成分，还含有泥胡木烯苷、络石苷、蒲公英甾醇、琥珀酸、β- 谷甾醇、泥胡鞘胺醇等成分。其中，所含部分黄酮类化合物具有较好的抗白血病、胃癌、肝癌、鼻咽癌的作用；其乙醇提取物对酪氨酸酶有较强抑制作用，可用于治疗因酪氨酸酶活性异常所致的色素增加性皮肤病。

【适宜人群】泥胡菜幼苗适宜一般人群，尤其是乳腺炎、疮痈肿毒、牙痛及牙龈炎等患者。

【使用注意】脾胃湿滞及腹满便溏者不宜食用泥胡菜幼苗。

【附　　方】（1）**治各种疮疡：**泥胡菜、蒲公英各 30g，水煎服。（《河北中草药》）

（2）**治牙痛，牙龈炎：**泥胡菜 9g，水煎漱口，每日数次。（《青岛中草药手册》）

马　兰

Kalimeris indica (L.) Sch. -Bip.

·科　名　菊科 Compositae	·属　名　马兰属 *Kalimeris*
·生活型　一年生或二年生草本	·花果期　花期 5~9 月，果期 8~10 月
·生　境　林缘、草丛、溪岸、路旁	·分　布　全省各地

植株

花枝

总苞

花序

嫩茎叶（马兰头）

【释　　名】《本草纲目》云“其叶似兰而大……俗称物之大者为马也”，故名“马兰”；茎顶端幼叶常作蔬菜食用，故又名“马兰头”；本品为菊科植物，因其常生于田埂边及路边，故又名“田边菊”“路边菊”。

【识别要点】茎上部有短毛。叶面有疏微毛，边缘及叶背沿脉有短粗毛；基生叶花期枯萎；茎生叶披针形或倒卵状长圆形，下部及中部叶有2~4对浅齿或深齿。头状花序顶生，单生或排成疏伞房状；总苞片2或3层，倒卵状长圆形；舌状花15~20朵，1层，舌片浅紫色；管状花常密被短毛。瘦果极扁，边缘具厚肋，上部被腺及短柔毛；冠毛1层，极短，易脱落，不等长。

【采收加工】嫩茎叶：春季采摘，鲜用。全草或根：夏、秋季采收，鲜用或晒干。

【食用方法】嫩茎叶焯水后可凉拌、炒食、做汤、做馅，亦可晒成干菜食用，或代茶饮。

【性味功用】**全草或根（马兰）**：辛，凉。凉血止血，清热利湿，解毒消肿；用于吐血，衄血，血痢，崩漏，创伤出血，黄疸，水肿，淋浊，感冒，咳嗽，咽痛喉痹，痔疮，痈肿，丹毒，小儿疳积。

【现代研究】马兰嫩茎叶富含蛋白质、脂肪、糖类、无机盐、维生素及钙、磷、铁、钾等矿物质，全株含芦丁、绿原酸、原儿茶酸、落叶松脂素、β-香树脂醇、大波斯菊苷、木犀草苷、七叶内酯及挥发油类、甾体类成分等。其所含挥发油成分在一定浓度范围内对大肠埃希菌、金黄色葡萄球菌、酵母菌均具有较强的抑制作用；其乙醇提取物具有一定的抗炎镇痛作用。

【适宜人群】马兰嫩茎叶适宜一般人群食用，尤其适宜各种出血患者，如肺结核或支气管扩张咯血者食用。

【使用注意】孕妇慎用马兰。

【附　　方】**(1)治急性结膜炎：**马兰鲜嫩叶 60g，捣烂，拌茶油少许同服。(《常用青草药选编》)

(2)治小儿疳积，疳眼，夜盲症：马兰头炒猪肝(或羊肝)吃。(《食物中药与便方》)

(3)治咽喉肿痛：马兰根、水芹菜根各 30g，加白糖少许，捣烂取汁服，连服 3~4 次。(《浙江药用植物志》)

(4)治急性支气管炎：马兰根 60~120g，豆腐 1~2 块，放盐煮食。(《浙江药用植物志》)

野茼蒿

Crassocephalum crepidioides (Benth.) S. Moore

·科　名	菊科 Compositae	·属　名	野茼蒿属 *Crassocephalum*
·生活型	直立草本	·花果期	花期 7~9 月，果期 10~12 月
·特　性	喜温暖湿润的气候，适宜肥沃、保水性好、排水方便的沙壤土		
·分　布	苏南地区有栽培		

植株

花枝

花序

【释　　名】植物形态与蒿属植物相近，常野生于山坡、路旁，"茼"通"同"，意为相同，从"艹"，故名"野茼蒿"；据说冯白驹将军统率军队坚持革命斗争期间，靠食此野菜充饥，故又名"革命菜"；茎叶口感爽滑似木耳，故又名"野木耳菜"。

【识别要点】茎有纵棱。叶椭圆形，顶端渐尖，基部楔形，边缘有不规则锯齿或重锯齿，有时基部羽裂；头状花序数个，顶生；总苞钟状，基部截形，线形托苞不等长，总苞片等长，顶端有簇状毛；小花全部管状，两性；花冠红褐色或橙红色，檐部5齿裂；花柱基部呈小球状，分枝细长，线形，顶端尖。瘦果狭圆柱状，有8~10肋，顶端和基部具灰白色环带；冠毛极多数，白色，绢毛状，易脱落。

【采收加工】嫩茎叶：播后30~40日、植株高14~16cm时采收，鲜用。全草：夏季采收，鲜用或晒干。

【食用方法】嫩茎叶焯水后可凉拌、炒食、做汤、做馅，或作火锅配菜。

【性味功用】**全草（野木耳菜）**：微苦、辛，平。清热解毒，调和脾胃；用于感冒，肠炎，痢疾，口腔炎，乳腺炎，消化不良。

【现代研究】野茼蒿嫩茎叶富含蛋白质、粗纤维、胡萝卜素、维生素B_2、维生素C_1、烟酸等，含苯甲醛、β-谷甾醇、蒲公英甾醇及β-月桂烯、α-蒎烯等挥发油类成分等。其所含挥发油成分具有抗枯草杆菌、芽孢杆菌、伤寒沙门菌、金黄色葡萄球菌以及大肠埃希氏菌和抗人肝癌细胞株、人胃癌细胞株的活性。

【适宜人群】野茼蒿嫩茎叶适宜一般人群食用。

【使用注意】本品辛香滑利，胃虚泄泻者慎服野茼蒿嫩茎叶。对某些重金属有富集作用，野外采食有一定风险。

【附　　方】**（1）治小儿腹泻**：安南草（野茼蒿）、车前草各适量，水煎服。（《福建药物志》）

（2）治咳嗽痰浓：野茼蒿100g，水煎去渣，加冰糖适量，溶化后饮服。（《食疗与治病》）

菊花脑

Dendranthema indicum L. var. *edule* Kitam.

·科　名　菊科 Compositae　　·属　名　菊属 *Dendranthema*

·生活型　多年生草本　　·花果期　花期 6~8 月，果期 9~11 月

·生　境　山坡草地、灌丛、河边水湿地、滨海盐渍地、田边及路旁

·分　布　苏南地区

植株

花枝

花序

嫩茎叶（菊花脑）

【释　　名】植物形态与野菊花相近，茎顶端的嫩茎叶可供食用，“脑”指头部、顶端，故名“菊花脑”。

【识别要点】茎具分枝，被疏毛。叶片两面较光滑；基生叶和茎下部叶花期枯萎；中部茎生叶的叶片卵形、长卵形或椭圆状卵形，羽状半裂、浅裂或为浅锯齿，基部截形或稍心形或宽楔形。头状花序顶生，直径 1~1.5cm，排成疏松的伞房圆锥状或少数排成伞房状；总苞片狭杯状，约 5 层，外层总苞片较内层约短 1/2，无毛；舌状花黄色，顶端全缘或具 2 或 3 齿；花药基部钝或微尖。瘦果长 1.5~1.8mm。

【采收加工】嫩茎叶：春季下旬至秋季上旬采收，嫩茎以稍脆嫩为度，用手可折断为佳，晒干或鲜用。

【食用方法】嫩茎叶可作蔬菜炒食、做汤、做粥或凉拌，亦可制茶饮。

【性味功用】**嫩茎叶（菊花脑）**：苦、辛，凉。清热解毒；用于风火赤眼，鼻炎，咽喉肿痛，支气管炎，疮疖肿痛。

【现代研究】菊花脑嫩茎叶富含蛋白质、脂肪、糖类、氨基酸、纤维素、维生素及矿物质等，含桉树脑、石竹烯、红没药醇氧化物 A、樟烯、樟脑、β- 谷甾醇、木犀草素等成分。

【适宜人群】菊花脑适合一般人群食用，尤其是高血压、咽痛、目赤肿痛等患者食用。

【使用注意】脾胃虚寒者不宜多食菊花脑。

【附　　方】**治高血压头痛、目赤、心烦、口苦：**菊花脑鲜嫩苗煮食，或全草及花煮汤喝，剂量不拘。（《食物中药与便方》）

毛　竹

Phyllostachys edulis (Carriére) J. Houz.

·科　名　禾本科 Gramineae　　·属　名　刚竹属 *Phyllostachys*

·生活型　乔木或灌木状竹类　　·花果期　花期 5~8 月

·特　性　喜温暖湿润的气候，在深厚肥沃、排水良好的酸性土壤中生长良好

·分　布　苏南地区有栽培

植株

茎节

嫩茎（笋）

嫩苗切片（笋干）

【释　　名】本品属于竹类，“笋”为竹根初生之嫩芽，从“⺮”，“旬”声，《本草纲目拾遗》记载其“为诸笋之王，其箨有毛”，故名“毛竹”“毛笋”。

【识别要点】根状茎为单轴散生。秆高达20m，直径可达20cm；幼秆密被细柔毛及厚白粉，箨环有毛；老秆无毛，顶稍下垂；秆环平，箨环突起而使粗壮的竹秆各节仅有1环（但小竹秆可有2环）；箨鞘未出土前为灰黄色而带赤色斑点，出土后色泽加深，背面黄褐色或紫褐色，具黑褐色斑点及密生棕色刺毛；箨耳微小，繸毛发达；箨舌宽短，边缘具粗长纤毛；箨片较短，长三角形至披针形，绿色。

【采收加工】笋：4月采挖，鲜用或晒干。

【食用方法】笋用开水焯后，可炒食，或作配菜烧、煮、煨、炖等。

【性味功用】**嫩苗（毛竹笋）**：甘，寒。化痰，消胀，透疹；用于食积腹胀，痘疹不出，腹水等。**地下茎**、**节**、**嫩叶**、**叶**、**箨叶**、**苗**亦可入药。

【现代研究】毛竹笋富含脂肪、蛋白质、糖类、纤维素、草酸、胡萝卜素、维生素及磷、钙、铁等矿物质，含赤霉素、咖啡酸、茵芋苷、甘草素、丁香醛、香草酸、香草醛、胡萝卜苷、β-谷甾醇及多糖类成分等。笋干的丙酮提取液具有抑制细胞突变作用；不同浓度的毛竹笋醇提物均能减轻肝细胞脂肪变性。

【适宜人群】一般人群均可食用毛竹笋，尤其适宜痘疹不出、腹胀便秘患者。

【使用注意】脾胃虚弱者不宜多食毛竹笋。

【附　　方】**（1）治糖尿病（肺热型）**：鲜毛笋1个，去皮切片，同粳米共煮成粥，每日分2次服。（《山西中医》）

（2）治便秘：毛笋250g，同肉煮食。（《中国食疗大全》）

（3）治小儿麻疹出不畅：以嫩毛笋与鲫鱼炖汤，令小儿饮服。（《食物中药与便方》）

淡竹叶

Lophatherum gracile Brongn.

·科　名　禾本科 Gramineae	·属　名　淡竹叶属 *Lophatherum*
·生活型　多年生草本	·花果期　花期6~8月，果期8~10月
·生　境　山坡下或荫蔽处	·分　布　全省各地

植株

叶（对光透视）

花序

茎叶切段（淡竹叶）

【释　　名】《本草纲目》云“竹叶，象形”，叶似竹叶而味淡，故名“淡竹叶”；颖果纺锤形，似谷米，故又名“淡竹米”；多野生于山坡林下，故又名“林下竹”。

【识别要点】具木质根头；须根中部膨大成纺锤体。秆草质，疏丛生。叶鞘与叶之间无柄；叶舌短小，褐色；叶片披针形，具横脉，基部收缩成柄状。圆锥花序；小穗狭披针形，宽 1.5~2.5mm，排列稍偏于穗轴之一侧，柄极短；每小穗最下为 1 枚两性花，余为中性，脱节于颖片之下；第 2 颖片比第 1 颖片略长；第 1 外稃长近为第 1 颖片的 2 倍；内稃较短；不育外稃互相密集包卷，顶端有短芒。颖果长椭圆状。

【采收加工】根苗：春季苗刚出土时采挖，鲜用。茎叶：夏季未抽花穗前采割，晒干。

【食用方法】根苗可捣汁和米作曲；茎叶可代茶饮。

【性味功用】茎叶（淡竹叶）：甘、淡，寒。清热，除烦，利尿；用于烦热口渴，口舌生疮，牙龈肿痛，小儿惊啼，小便赤涩，淋浊。

【现代研究】淡竹叶茎叶富含粗蛋白质、粗纤维、氨基酸、维生素及矿物质等，含香草酸、香豆酸、牡荆苷、荭草素、异牡荆黄素、日当药黄素、芦竹素、白茅素、无羁萜、豆甾醇等。其中，香草酸、香豆酸具有抗菌消炎、降血脂的作用；牡荆苷具有抗炎解痉、降血压的作用；荭草素、异牡荆黄素、日当药黄素对呼吸道合胞体病毒具有较强的抑制作用。

【适宜人群】淡竹叶根苗适宜烦热口渴，口舌生疮，牙龈肿痛，小儿惊啼，小便赤涩患者食用。

【使用注意】无实火、湿热者及体虚有寒者慎服淡竹叶，

【附　　方】**（1）治血淋，小便涩痛：**淡竹叶全草 30g，生地黄 15g，生藕节 30g，煎汤服，每日 2 次。（《泉州本草》）

（2）治火眼痛：淡竹叶 9~15g，加白糖煮豆腐吃。（《江西草药》）

（3）治发热心烦口渴：淡竹叶根 9~15g，水煎服。（《江西草药》）

菰

Zizania latifolia (Griseb.) Turcz. ex Stapf

·科　名　禾本科 Gramineae	·属　名　菰属 *Zizania*
·生活型　多年生水生草本	·花果期　花期 9~10 月，果期 11 月
·生　境　湖沼、水塘	·分　布　全省各地有栽培

植株

花序

雄小穗

雌小穗

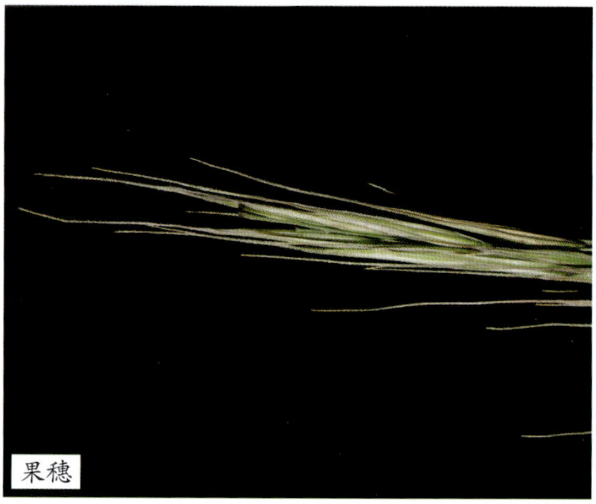
果穗

嫩茎秆被菰黑粉菌刺激形成的纺锤形膨大部分（茭白）

【释　　名】《本草纲目》曰："菰本作苽，茭草也。其中生菌如瓜形，可食，故谓之苽。"故名"菰"。《说文解字》曰："骹，胫也。"段玉裁注："凡物之茎皆曰骹。""骹"从"艹"写作"蔛"，同"茭"，本品被真菌感染的嫩茎可作菜肴，白色，故又名"茭白""茭儿菜"。

【识别要点】具匍匐根状茎。秆粗壮，基部有不定根。叶鞘肥厚，基部者常有横脉纹，与叶片间无柄；叶片扁平，宽大，叶面粗糙。圆锥花序，开花时上举，结果时开展，小穗具1花，单性；雄小穗着生于花序下部或分枝上部，两侧压扁，常带紫色；颖退化，外稃顶端渐尖，内稃具毛；雌小穗着生于花序上部和分枝下方与主轴贴生处，较雄小穗长，圆筒状；外稃芒长15~30mm。颖果圆柱状。

【采收加工】嫩茎秆被菰黑粉菌刺激形成的纺锤形膨大部分：5月下旬至10月，3片外叶长齐、心叶短缩、秆基部分显著膨大、叶鞘一侧掀开、略露茭肉时或秆基部分膨大而出现皱痕时分批采收，鲜用或晒干。果实：9~10月成熟后采收，搓去外皮，扬净，晒干。

【食用方法】嫩茎秆被菰黑粉菌刺激形成的纺锤形膨大部分可作蔬菜凉拌，或与肉类、蛋类同炒，也可做馅、腌制，未经真菌寄生的嫩茎亦可作蔬菜食用；果实在古代作粮食，可煮食。

【性味功用】**嫩茎秆被菰黑粉菌刺激形成的纺锤形膨大部分（茭白）：**甘，寒。解热毒，除烦渴，利二便；用于烦热，消渴，二便不通，黄疸，痢疾，热淋，目赤，乳汁不下，疮疡。**果实（菰米）：**甘，寒。除烦止渴，和胃理肠；用于心烦，口渴，大便不通，小便不利，小儿泄泻。**根茎及根（菰根）**亦可入药。

【现代研究】茭白富含蛋白质、膳食纤维、脂肪、糖类、维生素、胡萝卜素及铁、钠、硒、铜等矿物质。果实富含淀粉、蛋白质、脂肪、膳食纤维、维生素和矿物质元素，含β-谷甾醇、樟脑甾醇、环青蒿醇、γ-谷维素、原花青素、阿魏酸等成分。其中，抗性淀粉和膳食纤维能提高人体对胰岛素的敏感性；膳食纤维还有助于促进肠道蠕动；硒和铜及维生素E能够抑制氧应激和脂质过氧化反应，从而有效地改善脂代谢紊乱。

【适宜人群】一般人群均适宜食用茭白，尤其适宜糖尿病、高脂血症、便秘、产后乳汁不下患者食用。

【使用注意】腹泻、脾虚胃寒者不宜多食茭白。

【附　　方】**（1）治便秘，心胸烦热，高血压：**鲜茭白60g，旱芹菜30g，水煎服。（《食物与治病》）

（2）催乳：茭白15~30g，通草9g，猪脚煮食。（《湖南药物志》）

（3）治胸中烦热口渴：菰实绞汁半碗，鲜地黄绞汁半碗，和匀，每次3汤匙。（《吉林中草药》）

葱

Allium fistulosum L.

·科　名　百合科 Liliaceae　　·属　名　葱属 *Allium*

·生活型　多年生草本　　·花果期　花期 4~6 月，果期 7~8 月

·特　性　耐寒，耐旱，适宜土层疏松、深厚、排水良好、富含有机质的壤土

·分　布　全省各地有栽培

植株（中葱）

植株（小香葱）

花序（中葱）

花（小香葱）

【释　　名】本种叶片圆柱形且中空，形如囱，“囱”同“悤”，意为孔隙，从“艹”写作“蔥”，后演变为“葱”，故名“葱”；在长期的栽培过程中，形成植株较为高大或茎叶细小者，故又名“大葱”“小葱”。

【识别要点】雄株常簇生。鳞茎单生，圆柱状，稀为基部膨大的卵形圆柱状，外皮白色，膜质至薄革质，须根从基部长出。叶基生，叶片管状，顶端长尖，有白粉，几与花莛等长；叶鞘基部不膨大成球状鳞茎而向土中延伸。花莛粗，中空，中部膨大，伞形花序近球形，总苞膜质，2裂。花钟状，白色，小花柄纤细；雌雄蕊伸出花被片外，花丝基部合生；子房倒卵状，腹缝线基部具不明显的蜜穴。

【采收加工】鳞茎：夏、秋季采挖，除去须根、叶及外膜，鲜用。茎、叶：全年均可采收，鲜用或晒干。种子：夏、秋季采收，摘取果实，晒干，搓取种子，筛除杂质。

【食用方法】全株均可供食用，可生食，也可作配菜、调味料，或制成葱油。

【性味功用】**鳞茎（葱白）：**辛，温。发表，通阳，解毒，杀虫；用于感冒风寒，阴寒腹痛，二便不通，痢疾，疮痈肿毒，虫积腹痛。**叶（葱叶）：**辛，温。发汗解表，解毒散肿；用于感冒风寒，风水浮肿，疮痈肿痛，跌打损伤。**种子（葱实）：**辛，温。温肾，明目，解毒；用于肾虚阳毒，遗精，目眩，视物昏暗，疮痈。**须根（葱须）、花（葱花）、茎或全株捣取之汁（葱汁）**亦可入药。

【现代研究】葱鳞茎富含粗脂肪、粗蛋白质、粗纤维、氨基酸、果胶、脂肪酸、胡萝卜素、维生素及硒等矿物质，含大蒜辣素、亚麻酸、亚油酸、花生酸及含硫化合物、甾体皂苷类、黄酮类、多糖类成分等。其中，含硫化合物具有抗癌、抗基因突变、抗菌、抗氧化、保护心血管、降血压、提高人体免疫和防止衰老等功能；大蒜辣素具有明显的抗菌、抗病毒作用，尤其对痢疾志贺菌和皮肤真菌抑制作用更强。

【适宜人群】一般人群均可食用葱白，尤其适宜风寒感冒、脾胃虚寒所致脘腹冷痛、心脑血管疾病、高血压及肿瘤患者等食用。

【使用注意】消化性溃疡、表虚多汗、阴虚火旺及实热证者不宜多服葱白。

【附　　方】**（1）治时疾头痛发热者：**连根葱白二十根，和米煮粥，入醋少许，熟食取许即解。（《济生秘览》）

（2）治胃痛，胃酸过多，消化不良：大葱头4个，赤糖120g，将葱头打烂，混入赤糖，放在盘里用锅蒸熟，每日3次，每次9g。（内蒙古《中草药新医疗法资料选编》）

大 蒜

Allium sativum L.

·科　名　百合科 Liliaceae　　·属　名　葱属 *Allium*

·生活型　多年生草本　　·花果期　花期 5~6 月，果期 7~8 月

·特　性　适应性较强，耐寒，喜光，适宜肥沃、排水良好的沙壤土

·分　布　全省各地有栽培

植株

花葶

株芽

鳞茎（大蒜）

【释　　名】《本草纲目》曰："蒜字从祘（音蒜），谐声也。又像蒜根之形。"古时原指一种由山蒜移栽并经人工长期培植的葱属植物，植株矮小，后本品自西域传入，植株、根茎较大，故名"大蒜"。《本草纲目》曰："按孙愐《康韵》云：张骞使西域，始得大蒜……大蒜出胡地，故有胡名。"从"艹"，故又名"葫""胡蒜"。

【识别要点】植株有葱蒜味。鳞茎球状至扁球状，由数个或单个肉质、瓣状的小鳞茎组成，外皮膜质，多层，近银白色或淡紫红色；基生叶带状，扁平，宽常在 2.5cm 内。花茎从鳞茎基部长出，比叶高。总苞早落；伞形花序顶生，球形，密生珠芽；花被片离生，淡红色，长于花丝和花柱；花丝基部合生，内轮基部扩大，每侧各具 1 齿，齿端长丝状，长于花被片；子房上位，球状。

【采收加工】幼苗：11~12 月至翌年 3 月中下旬出苗后 50~60 日起开始采收，鲜用。花茎：花序苞片伸出叶鞘 5~10cm 时用剖茎法采收，鲜用。鳞茎：夏季叶枯时采挖，除去须根和泥沙，鲜用或通风晾晒至外皮干燥。

【食用方法】幼苗、鳞茎、花茎均可作蔬菜炒食或凉拌，或调味用，鳞茎、花茎也可腌渍或醋制后食用，鳞茎还可切碎作各类菜肴或饺子等的蘸料或制成蒜油。

【性味功用】鳞茎（大蒜）：辛，温。温中行滞，解毒，杀虫；用于脘腹冷痛，痢疾，泄泻，肺痨，百日咳，感冒，痈疖肿毒，肠痈，癣疮，蛇虫咬伤，钩虫病，蛲虫病，带下阴痒，疟疾，喉痹，水肿。

【现代研究】大蒜鳞茎富含蛋白质、糖类、无机盐、脂肪、B 族维生素、维生素 C、胡萝卜素及钙、磷、铁等矿物质，含大蒜辣素、硫化丙烯、芳樟醇、蒜氨酸、大蒜烯、槲皮素、腺苷及多糖类成分等。其中，未破损的大蒜中并未直接含有大蒜辣素，而是通过一系列化学反应产生，具有抗血小板聚集、扩张血管、降低血压、防治心肌梗死等功效；硫化丙烯对病原菌和寄生虫都有良好的杀灭作用；蒜氨酸具有增强免疫力、解毒和抗氧化等功能。

【适宜人群】一般人群均可食用大蒜，尤其适宜痢疾、肠炎、感冒、心血管疾病患者食用。

【使用注意】阴虚火旺、肝热目疾、咽喉肿痛、口舌生疮者禁服生品、慎服熟品；敷脐、作栓剂或灌肠均不宜于孕妇。外用对局部有强烈的刺激性，能引起灼热、疼痛、发疱，故不可过久敷。

【附　　方】**（1）治感冒，头痛鼻塞，恶寒发热：**大蒜、葱白、生姜适量等分，煎汤温服，出汗即愈。（《食物中药与便方》）

（2）治高血压：每天早晨空腹吃糖醋大蒜 1~2 球，并连带喝一些糖醋汁，连吃 10~15 天。（《食物中药与便方》）

石刁柏

Asparagus officinalis L.

·科　名　百合科 Liliaceae　　·属　名　天门冬属 *Asparagus*

·生活型　直立草本　　·花果期　花期 5~6 月，果熟期 9~10 月

·特　性　对气候要求不严，适宜富含有机质、表土深厚并常保持湿润的黏质壤土

·分　布　全省各地有栽培

植株

花序

花

果实

嫩茎（芦笋）

【释　　名】植物根质地坚实，叶状枝如柏树，初生嫩茎顶端如穗状，“石”意为质地坚实，“刁”在方言中有穗义，故名“石刁柏”；嫩茎与芦苇的嫩芽形态相似，亦似节节生长的竹笋，故又名“芦笋”；茎上部在生长后期常俯垂，分枝较柔弱，叶状枝纤细，呈须状，嫩茎可作菜蔬，故又名“龙须菜”。

【识别要点】根稍肉质，绳索状。茎直立，稍柔软，上部在后期常下垂。枝条长而软，平滑；叶状枝近针状，略有钝棱，常稍弧曲，3~6个或更多簇生，长0.5~3cm，直径约0.4mm；叶退化成膜质鳞片状。花黄绿色，单性异株，1至数朵，常2朵；花柄长0.5~1.2cm；雄花外轮花被片长圆形，内轮略宽大；花丝下部与花被片合生，花药钝头；雌花略小。浆果熟时红色。种子2或3。

【采收加工】嫩茎：春季采摘，鲜用。块根：秋季采挖，洗净，鲜用，或开水烫后切片，晒干。

【食用方法】嫩茎可作蔬菜炒食、凉拌，也可加工制成罐头；块根用水浸泡后去心，可煮食，也可晒干煮熟后制成蜜饯。

【性味功用】**嫩茎（石刁柏）：**微甘，平。清热利湿，活血散结；用于肝炎，银屑病，高脂血症，乳腺增生。**块根（小百部）：**甘、苦、微辛，温。温肺，止咳，杀虫；用于风寒咳嗽，百日咳，肺结核，老年咳喘，疳虫，疥癣。**种子（石刁柏子）**亦可入药。

【现代研究】石刁柏嫩茎富含蛋白质、脂肪、膳食纤维、糖类、天门冬素、胡萝卜素、维生素及钾等矿物质，含芦笋皂苷、皂角苷、槲皮苷、芦丁、山柰素及多糖类成分等。其中，天门冬素可提高肾脏细胞的活性；钾与皂角苷有利尿作用，对排尿困难、膀胱炎等有一定功效；芦笋皂苷能抑制癌变细胞的增殖与分化。

【适宜人群】石刁柏适宜心脏病、高血压、便秘、癌症、肾炎、胆结石、肝功能障碍患者和孕妇食用。

【使用注意】痛风、糖尿病、泌尿道结石患者不宜多食石刁柏。

【附　　方】**（1）治高脂血症：**清水芦笋罐头，每日早晚空腹各食50g。（《中华本草》）

（2）治乳房小叶增生，乳痈等：用石刁柏粉制成糖衣片，每片含0.16g或0.32g，口服，每次1.6~2.4g，每日2次。（《全国医药产品大全》）

三、叶类

杜　仲

Eucommia ulmoides Oliv.

·科　名　杜仲科 Eucommiaceae　　·属　名　杜仲属 *Eucommia*

·生活型　落叶乔木　　·花果期　花期 3~4 月，果熟期 9~10 月

·特　性　喜温暖湿润的气候，富含腐殖质的沙壤土、黏质壤土

·分　布　全省各地有栽培

植株

雄花序

胶丝

雌花序

果实

树皮切丝（杜仲）

叶切段（杜仲叶）

【释　名】《本草纲目》云："昔有杜仲服此得道，因以名之。思仲、思仙，皆由此义。"传说由名为"杜仲"之人发现，故名"杜仲"。树皮折断后可见多数银白色细丝，故又名"丝棉皮""扯丝皮"。

【识别要点】小枝光滑；老枝有皮孔；枝、叶折断处有白色细胶丝相连。单叶互生，椭圆形，顶端急尾尖，基部宽楔形或圆形，边缘有锯齿，叶面叶脉下陷，具柄。芽卵圆形，红褐色；花单性，雌雄异株，生于当年小枝基部，无花被；雄花苞片顶端有睫毛，早落，花丝短，花药长条形；雌花子房狭长，先端叉裂，花柱叉状，柱头外展反折。坚果具翅，长椭圆形，顶端 2 裂，果皮革质。

【采收加工】嫩叶：春季初生时采摘，鲜用或晒干。叶：夏、秋季枝叶茂盛时采收，晒干或低温烘干。树皮：6~7 月高温湿润季节的多云或阴天选栽培 10~20 年树采收，剥取树皮，用开水烫泡，展平，把树皮内面相对叠平，压紧，四周上、下用稻草包住，使其发汗，经 1 周后，内皮略呈紫褐色时取出，晒干，刮去粗皮，修切整齐。

【食用方法】嫩叶经沸水焯后，可凉拌、炒食或做汤；树皮可泡茶、浸酒或入丸、散，也可与肉类炖汤食用。

【性味功用】**嫩叶（櫰芽）**：甘，平。补虚生津，解毒，止血；用于身体虚弱，口渴，脚气病，痔疮肿痛，便血。**叶（杜仲叶）**：微辛，温。补肝肾，强筋骨，降血压；用于腰背疼痛，足膝酸软乏力，高血压。**树皮（杜仲）**：甘，温。补肝肾，强筋骨，安胎；用于肝肾不足，腰膝酸痛，阳痿，尿频，小便余沥，风湿痹痛，胎动不安，习惯性流产。

【现代研究】杜仲树皮富含多种氨基酸及大量矿物质等，含松脂醇二葡萄糖苷、松脂素苷、杜仲苷、杜仲素、杜仲胶、绿原酸、熊果酸、杜仲酸及鞣质类、多糖类成分等。其中，杜仲总多糖具有很好的抗肿瘤活性，能够增强机体的免疫力，对抗环磷酰胺引起的骨髓抑制效应；松脂醇二-β-D葡萄糖苷为其降血压的主要活性成分。

【适宜人群】杜仲适宜高血压患者、中老年人肾气不足者、腰酸腿软者食用。

【使用注意】阴虚火旺、少尿、尿黄者慎服杜仲。

【附　　方】**（1）治妇女妊娠，腰酸，胎动不安，或习惯性流产：**杜仲12g，大枣10枚，糯米100g，杜仲、大枣水煎取浓汁，加糯米煮粥，早、晚空腹食用。（《中国食疗大全》）

（2）治高血压：杜仲、黄芩、夏枯草各15g。水煎服。（《陕西中草药》）

（3）治久坐或劳累，腰背酸痛：杜仲50g（切碎），米酒500ml，浸泡7日后服，每次2汤匙。（《中国食疗大全》）

落　葵

Basella alba L.

·科　名　落葵科 Basellaceae	·属　名　落葵属 *Basella*
·生活型　一年生缠绕草本	·花果期　花期5~9月，果期7~10月
·特　性　喜温暖湿润的气候，适宜酸性土壤	·分　布　全省各地有栽培

植株

花序

嫩茎叶（木耳菜）

【释　　名】叶冷滑如葵，《尔雅》称其为“蘩葵”，“蘩”“落”二字相似，疑似后人误写，故名“落葵”；嫩叶可作菜肴，软滑似木耳，故又名“木耳菜”；果实汁液红如胭脂，古时取其作化妆品或用于染布，故又名“胡燕脂”“燕脂菜”；叶能承露，其子垂垂亦如缀露，故又名“承露”。

【识别要点】茎肉质，光滑无毛，绿色或紫红色。叶互生，叶片卵形或近圆形，顶端急尖，基部近心形或圆形。花小，无柄，排成腋生的穗状花序；小苞片2，长圆形，长于花被，宿存；花被片5，顶端内弯，淡紫色或淡红色，下部白色，联合成管；雄蕊5，花丝基部扩展；花柱3，柱头椭圆形。果实卵形或球形，浆果状，红紫色至深紫色，包于宿存的肉质花被。种子直立，胚螺旋状。

【采收加工】嫩叶：春季幼嫩时采摘，洗净，鲜用。叶或全草：夏、秋季采收，洗净，除去杂质，鲜用或晒干。

【食用方法】嫩叶可作蔬菜炒食、煮汤等。

【性味功用】**叶或全草（落葵）**：甘、酸，寒。滑肠通便，清热解毒，活血，祛风利湿；用于大便秘结，小便短涩，痢疾，热毒疮疡，跌打损伤。**果实（落葵子）**、**花（落葵花）**亦可入药。

【现代研究】落葵嫩叶富含胡萝卜素、维生素C、氨基酸、蛋白质及钙、磷、钾、钠、镁等矿物质，含多糖类、有机酸类成分等。其中，多糖和有机酸类成分具有解热、抗炎、抗病毒等作用。

【适宜人群】落葵嫩叶适宜高血压、风湿性关节炎、便秘、痢疾及疮痈肿毒患者食用。

【使用注意】脾胃虚寒、便溏腹泻者慎服落葵，孕妇、经期妇女禁食。

【附　　方】**（1）治大便秘结：**鲜落葵叶煮作副食。（《泉州本草》）

（2）治手脚关节风湿疼痛：鲜落葵全茎30g，猪蹄节1段或老母鸡1只（去头、脚、内脏），酒水各半，炖服。（《闽南民间草药》）

茶

Camellia sinensis (L.) O. Kuntze

·科　名　山茶科 Theaceae	·属　名　山茶属 *Camellia*
·生活型　常绿灌木或小乔木	·花果期　花期9~10月，果期翌年11月
·特　性　喜温，喜湿，耐阴，适宜酸性土壤	·分　布　全省各地有栽培

植株

花

果实

绿茶（雨花茶）

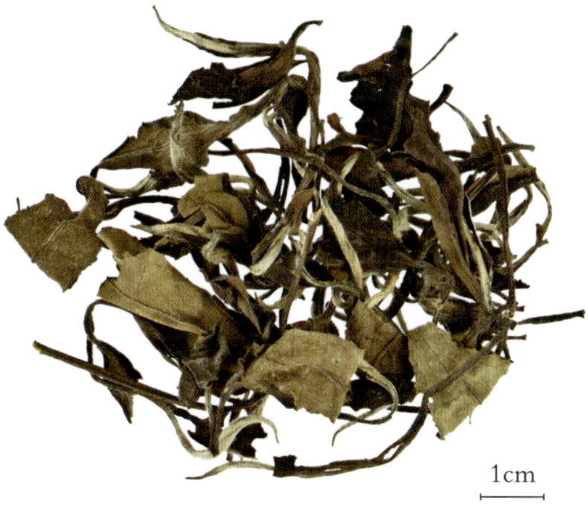

白茶（福鼎白茶）

黄茶（莫干山茶）

青茶（大红袍）

红茶（金骏眉）

黑茶（雪域妙香）

【释　　名】茶、槚、茗、荈、设皆为茶之古称，其中以“荼”最为通行，流传最广。然“荼”为多义字，且未显茶树木本之性，至迟于三国初年遂有“搽”字代用。另一方面，“荼”读音亦分“徒”“茶”两系，民间乃省笔作“茶”（音茶）；唯正式文书犹用“搽”（音茶）。迨陆羽《茶经》问世，“茶”字始大行，终成定名。本品为小乔木或灌木，叶形较大，故又称“茶树”“大树茶”。

【识别要点】嫩枝和嫩叶有细柔毛。叶片薄革质，椭圆状披针形至椭圆形，叶背有柔毛；叶柄无毛。花通常单生或2朵腋生，稀3~4朵腋生；花柄稍下垂；萼片5~6，宽卵形至圆形，无毛，果时宿存；花瓣5~8，白色，宽卵圆形，基部稍联合；子房3室，密生白色柔毛；花柱无毛，合生，柱头3裂。蒴果圆形或呈3瓣状，每室有1种子。

【采收加工】嫩叶或嫩芽：培育3年后可采摘。4~6月采春茶及夏茶，鲜用或经杀青、揉捻、干燥后用。

【食用方法】嫩叶或嫩芽可以炒食、做汤、煮粥，裹鸡蛋面糊油炸后食用，也可以作多种菜肴的配料，加工后制绿茶、红茶等。

【性味功用】**嫩叶或嫩芽（茶叶）**：苦、甘，凉。清头目，除烦渴，消食，化痰，利尿，解毒；用于头痛，目昏，目赤，多睡善寐，心烦口渴，食积，口臭，痰喘，小便不利，泻痢，喉肿，疮疡疖肿，水火烫伤。**果实（茶子）**、**根（茶树根）**、**花（茶花）**亦可入药。

【现代研究】茶嫩叶或嫩芽富含维生素、氨基酸、矿物质、糖类等，含茶多酚、脂多糖、色素及挥发油类成分等。其中，茶多酚是天然的抗氧化剂，具有降血脂、降血糖、降血压、抗菌杀菌、抗辐射、抗衰老的作用；脂多糖具有增强人体非特异性免疫力、抗辐射、改善造血系统的作用。

【适宜人群】茶叶适合高血压、高脂血症、冠心病、动脉硬化、糖尿病患者食用，以及油腻食品食用过多者、醉酒者食用。

【使用注意】脾胃虚寒者不宜多服茶叶，失眠及习惯性便秘者禁服。

【附　　方】**（1）治感冒**：茶嫩叶和生姜切片，泡开水炖服。（《福建中草药》）

（2）治单纯性消化不良：陈茶叶、陈莱菔子各30g，陈大米（炒）90g，红糖30g。将前二药煎煮去渣，再将炒米和糖加入药液内，煮成稀糊，每日分3次服完。小儿酌减。（《湖北中草药志》）

冬　葵

Malva verticillata L. var. *crispa* L.

·科　名　锦葵科 Malvaceae　　·属　名　锦葵属 *Malva*

·生活型　二年生草本　　·花果期　花期 4~5 月，果期 6~8 月

·特　性　喜冷凉湿润的气候，不耐高温和严寒，对土壤要求不严

·分　布　全省各地有栽培

植株

基生叶

花

果实

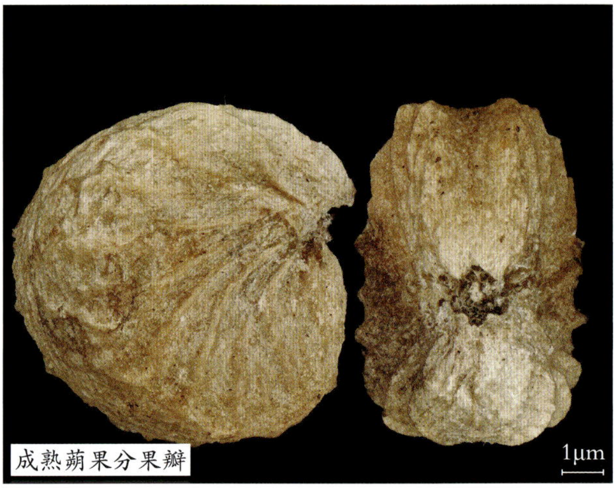

成熟蒴果分果瓣

【释　　名】陶弘景云“以秋种葵，覆养经冬，至春作子者”，故名“冬葵”；古人常以葵的苗叶作菜，故又名“葵菜”；因其为冬令蔬菜，在寒冷的冬天成熟应市，故又名“冬寒菜”。

【识别要点】茎被星状柔毛。叶肾形或圆形，通常掌状5~7裂，裂片三角形，具钝尖头，边缘有钝齿。花3至数朵生于叶腋，花柄极短或近无柄；小苞片3，线状披针形，被纤毛；花萼杯状，裂片宽三角形，疏被星状硬毛；花冠白色或淡红色，稍长于花萼；瓣爪无鬓毛，或微被细毛；雄蕊柱被毛；花柱分枝10~11。果实扁球形，分果爿10~11，背面无毛，两侧具网纹。种子肾形，无毛，紫褐色。

【采收加工】嫩苗或叶：春季采摘，鲜用。果实：夏、秋季果实成熟时采收，除去杂质，阴干。

【食用方法】嫩叶可做菜炒食，也可煮汤、做粥。

【性味功用】**嫩苗或叶（冬葵叶）**：甘，寒。清热，利湿，滑肠，通乳；用于肺热咳嗽，咽喉肿痛，热毒下痢，湿热黄疸，二便不通，乳汁不下，疮疖痈肿，丹毒。**成熟果实（冬葵果）**：甘、涩，凉。清热利水，通淋，滑肠通便，下乳；用于淋病，水肿，大便不通，乳汁不行，带下，乳痈，痈疮，蛇虫咬伤。**根（冬葵根）**亦可入药。

【现代研究】冬葵嫩叶富含蛋白质、氨基酸、脂肪、糖类、膳食纤维、胡萝卜素、维生素、黏液质以及钙、磷、铁等矿物质。果实含脂肪酸类、黄酮类、多糖类成分等。其中，脂肪酸和黄酮类成分是利尿作用的活性成分；冬葵果多糖具有抗氧化、调节免疫作用。

【适宜人群】一般人群均可食用冬葵叶。

【使用注意】脾虚肠滑者及孕妇慎服冬葵叶、冬葵果。

【附　　方】（1）**治时行黄病**：用葵叶煮汁饮之。（《卫生易简方》）

（2）**治小儿发斑，散恶毒气**：用葵菜叶绞取汁，少少与服之。（《普济方》）

甘　蓝

Brassica oleracea L. var. *capitata* L.

·科　名　十字花科 Cruciferae	·属　名　芸苔属 *Brassica*
·生活型　二年生草本	·花果期　花期 4~5 月，果期 5~6 月
·特　性　喜温和冷凉的气候，不耐炎热，喜肥又耐肥	
·分　布　全省各地有栽培	

植株

花序

【释　　名】由欧洲传入我国新疆，后在甘州栽培，又因味道甘甜，叶片与蓼蓝相似，故名“甘蓝”；栽培作蔬菜食用，因其叶片由内到外层层卷起包合，故又名“卷心菜”“包菜”“包心菜”。

【识别要点】植株有蜡粉。茎有叶外茎和叶内茎之分；一年生植株仅有叶内茎，短而粗壮，不分枝；二年生植株有叶外茎，茎上部有分枝；基生叶和下部茎生叶大而肥厚，结球期层层包裹，内部叶互相紧密包叠成球形、扁球形或牛心形等球状体，中心的叶乳白色、淡绿色或紫红色；叶柄短而宽。萼片直立，花瓣乳黄色，下部有长爪；所有花丝基部直立。长角果圆柱形，顶端有长喙，成熟后开裂。种子球形，褐色。

【采收加工】叶：夏、秋季基叶包成扁形状体时采收，鲜用。

【食用方法】叶可生食，或作蔬菜凉拌、炒食、做汤、腌制成酱菜等。

【性味功用】**叶（甘蓝）**：甘，平。清利湿热，散结止痛，益肾补虚；主治湿热黄疸，消化道溃疡疼痛，关节不利，久病体虚。

【现代研究】甘蓝叶富含蛋白质、脂肪、膳食纤维、胡萝卜素、维生素 C 及钙、磷、铁、硒等矿物质，含异硫氰酸烯丙酯、异硫氰酸酯衍生物等成分。其中，异硫氰酸烯丙酯可防治胃及十二指肠溃疡；异硫氰酸酯衍生物对胃癌细胞有抑制作用。

【适宜人群】甘蓝适宜一般人群食用。

【使用注意】无明显禁忌。

【附　　方】**（1）治上腹胀气隐痛：**卷心菜 500g，加盐少许，清水煮熟，每日分 2 次服用。（《家庭食疗药膳手册》）

（2）治胃及十二指肠溃疡：甘蓝鲜叶捣烂取汁 200~300ml，略加温，饭前饮服，每日 2 次，连服 10 天为 1 个疗程。（《福建药物志》）

雪里蕻

Brssica juncea (L.) Czern. var. *multiceps* Tsen et Lee

·科　名	十字花科 Cruciferae	·属　名	芸苔属 *Brassica*
·生活型	二年生草本	·花果期	花期 4~5 月，果期 5~6 月
·特　性	耐寒，耐旱，对土质要求不严格，但不喜酸性土	·分　布	全省各地有栽培

植株

花序

基生叶

花

嫩叶（雪菜）

【释　　名】植株耐寒，在冰天雪地中仍能生长茂盛，“蕻”是茂盛的样子，故名“雪里蕻”；味稍带辛辣，盐腌后做菜，味绝佳，故又名“雪菜”；冬春时节，此菜腌渍后仍能保持绿色，故又名“春不老”。

【识别要点】全株无毛或有刺毛，稍有白粉，有辣味。茎短缩，侧芽发达，形成多分蘖。叶片茂密；基生叶莲座状，与下部茎生叶均倒披针形，多裂，裂片深裂或浅裂，边缘皱卷，叶柄细长；上部茎生叶的叶片有齿或稍分裂，近无柄；茎顶端叶全缘。总状花序果期延长；花瓣深黄色，倒卵形，具爪。长角果线形，长 3~6cm，成熟时爿裂，果瓣中脉突起，顶端有稍扁的喙，长约 1cm。种子球形，紫褐色或黄色。

【采收加工】嫩叶：春、冬季采摘，春季一般在 3~4 月，冬季在小雪前后，鲜用。

【食用方法】嫩叶腌渍后可炒食、煮汤。

【性味功用】**嫩茎叶（雪里蕻）**：辛，温。宣肺祛痰，开胃消食，消肿散结，明目利膈；用于胸膈闷满，咳嗽痰多，食欲不振，疮痈肿痛，耳目失聪，牙龈肿烂，便秘，醒脑提神。

【现代研究】雪里蕻嫩叶富含蛋白质、糖类、脂肪、膳食纤维、胡萝卜素、维生素 C、烟酸等，含核黄素等成分。其中，蛋白质可分解为 16 种氨基酸，促进机体代谢，提高机体免疫力；膳食纤维有明目和宽肠通便作用，可防止便秘。

【适宜人群】雪里蕻适宜消化不良、食欲不振、便秘者食用。

【使用注意】阴虚火旺者慎食雪里蕻。

【附　　方】**治消化不良，习惯性便秘**：将雪菜洗净后拧干水，切细待用，锅烧热，加入适量菜油，至七分热时，入蒜末煸香，下雪菜煸炒，炒出香味后略加鲜汤，待汤干，盛盘中即可食用。（《解密饮食之道》）

大叶冬青

Ilex latifolia Thunb.

·科　名　冬青科 Aquifoliaceae	·属　名　冬青属 *Ilex*
·生活型　常绿乔木	·花果期　花期 4~5 月，果熟期 9~10 月
·生　境　生于海拔 250~1500m 的山坡常绿阔叶林中、灌丛中或竹林中	
·分　布　南京、无锡（宜兴）等地	

植株

枝叶

嫩叶加工品（苦丁茶）

【释　　名】本种为常绿乔木，在南方，其叶片冬天仍保持青翠，且叶片较其他近缘品种大，故名“大叶冬青”；“丁”意为少量，本品叶代茶，苦味明显，浅尝一丁点就极苦，故又名“苦丁茶”。

【识别要点】全体无毛。分枝粗壮，幼枝有棱。叶片厚革质，卵状长圆形，长 8~20cm，顶端锐尖，边缘具疏齿，齿尖褐黑色；叶柄粗壮，黄绿色。聚伞花序排成假圆锥状，密生于二年生枝条叶腋内；无总梗；雌雄异株；花 4 基数，花瓣淡黄绿色，基部合生；雄花花萼近杯状；雌花子房上位，柱头 4 裂，宿存。浆果状核果，圆球状，红色或褐色；内果皮石质或骨质；分核 4，有皱纹和小洼点，背部有纵脊。

【采收加工】嫩叶：清明前后采摘，晾干或晒干。

【食用方法】嫩叶可作茶饮。

【性味功用】**嫩叶（苦丁茶）**：甘、苦，寒。疏风清热，明目生津；用于风热头痛，齿痛，目赤，聤耳，口疮，热病烦渴，泄泻，痢疾。

【现代研究】大叶冬青嫩叶含熊果酸、β- 香树脂醇、羽扇豆醇、蒲公英赛醇、熊果醇、β- 谷甾醇及三萜皂苷类成分等。其中，三萜皂苷类化合物能调节脂质代谢；熊果酸对鼻咽癌细胞有较强的抑制作用。

【适宜人群】苦丁茶适宜内火较旺、目赤肿痛、高血压、高脂血症等人群食用。

【使用注意】风寒感冒、脾胃虚寒者，经期女性及孕产妇不宜食用苦丁茶。

【附　　方】**（1）治口腔炎**：大叶冬青叶 30g，水煎咽下。（《浙江药用植物志》）

（2）治肝火旺盛所致的目赤肿痛、肠热便结、高脂血症等：苦丁茶 2g，炒决明子 5g，洗净，将决明子放入锅中，加适量清水煮约 15 分钟，再加入苦丁茶一起煮约 5 分钟即可，可加入适量蜂蜜饮用。（《食药本草应用精要》）

茶条槭

Acer ginnala Maxim.

·科　名　槭树科 Aceraceae	·属　名　槭属 *Acer*
·生活型　落叶灌木或小乔木	·花果期　花期 4~6 月，果熟期 9~10 月
·生　境　山坡林中或林缘	·分　布　全省各地

枝条

叶

果序

【释　　名】本种为槭属植物，叶芽及嫩叶可代茶，嫩叶常加工为短条状，故名“茶条槭”；叶形似桑叶，药用其叶芽，故又名“桑芽”。

【识别要点】小枝细，几无毛。单叶，纸质，长卵圆形或椭圆状长圆形，基部圆形或近截形，明显 3 或 5 裂，有时不裂，中间裂片大，侧裂片短小，边缘有重钝尖锯齿或缺刻状重钝尖锯齿。伞房花序顶生；萼片 5，卵圆形，黄绿色；花瓣 5，白色。翅果幼时黄绿色，熟后紫红色，无毛；小坚果的果体突起，有长柔毛，后逐渐脱落，两果翅近直立或成锐角。

【采收加工】叶芽及嫩叶：清明至谷雨采收，置锅中，微火炒焙数分钟使幼叶变软，取出用手揉搓至均匀后，晒干。

【食用方法】叶芽及嫩叶加工干燥后可代茶（桑芽茶）。

【性味功用】**叶芽及嫩叶（桑芽）**：微苦、微甘，寒。散风清热，清肝明目；用于风热头痛，肝热目赤，视物昏花。

【现代研究】茶条槭叶芽及嫩叶含鞣质类、黄酮类及以没食子酸为代表的多酚类成分。其中，黄酮醇类化合物具有较好的 α- 葡萄糖苷酶抑制活性，可用于降血糖。

【适宜人群】桑芽适宜高血压、糖尿病及肝胆疾病患者食用。

【使用注意】体质虚寒者不宜多食桑芽。

【附　　方】**治肝火，目赤昏花**：茶条槭（桑芽）适量，开水冲，温服，当茶频饮。（《吉林省梅河口地区药用植物》）

香　椿

Toona sinensis (A. Juss) Roem

·科　名　楝科 Meliaceae
·属　名　香椿属 *Toona*
·生活型　落叶乔木
·花果期　花期 5~6 月，果熟期 8 月
·特　性　喜温，喜光，耐湿，适宜弱酸性或弱碱性的沙壤土
·分　布　全省各地有栽培

枝条

树皮

叶

叶柄痕

花序

幼芽及嫩叶（香椿头）

【释　　名】《说文解字》曰："屯象木之初生。"从"日"作萅（春），"春"意为长春、长寿，从"木"作杶，即今"椿"字，本品树龄长，嫩叶气香，故名"香椿"。

【识别要点】树皮暗褐色，片状剥落；幼枝有柔毛，叶痕大。偶数羽状复叶，有特殊香气；小叶 10~22，对生，小叶片长圆状披针形，基部斜，全缘或有疏小齿，无毛或叶背脉腋有长束毛；幼叶紫红色；叶柄红色。圆锥花序顶生；花小，两性；花萼短小，管状，5 裂；花瓣 5，白色；退化雄蕊 5，与发育雄蕊互生；子房 5 室，每室胚珠 8~12。蒴果狭椭球状，果瓣薄。种子圆锥状，一端有膜质长翅。

【采收加工】幼芽及嫩叶：春季萌发后，待长至 10~15cm 且尚未木化时及时采摘，鲜用。果实：秋季成熟时采收，晒干。

【食用方法】幼芽及嫩叶可凉拌、热炒、盐渍，也可制酱、做馅。

【性味功用】**果实（香椿子）**：辛、苦，温。祛风，散寒，止痛；用于外感风寒，风湿痹痛，胃痛，疝气痛，痢疾。**叶（椿叶）、树皮或根皮（椿白皮）、花（椿树花）、树干流出的液汁（春尖油）**亦可入药。

【现代研究】香椿幼芽及嫩叶富含蛋白质、性激素物质、胡萝卜素、维生素及钙、铁、磷等矿物质，含香椿素、乙酸叶醇酯、叶醇、槲皮素、苦楝素、木脂素、香豆素、β- 谷甾醇等成分。其中，香椿素等挥发性芳香族有机物具有促进食欲、健脾开胃的作用；维生素 E 及性激素物质可抗衰老。

【适宜人群】香椿幼芽及嫩叶适宜慢性肠炎、痢疾患者和白带频多的妇女食用。

【使用注意】香椿幼芽及嫩叶不宜多食，慢性皮肤病、过敏性体质、恶性肿瘤患者忌食。

【附　　方】**（1）治气滞食欲不振：**嫩香椿叶适量，切碎，用开水泼成半生半熟，加酱油食用。（《山西中草药》）

（2）治误吞鱼刺：香椿树子（阴干）半碗，擂碎，热酒冲服，良久连骨吐出。（《本草纲目》引《保寿堂方》）

乌饭树

Vaccinium bracteatum Thunb.

·科　名　杜鹃花科 Ericaceae　　·属　名　越橘属 *Vaccinium*

·生活型　常绿灌木或小乔木　　·花果期　花期 6~7 月，果期 8~11 月

·生　境　山坡灌丛或林下

·分　布　南京（江宁）、无锡（宜兴）、苏州（常熟）、镇江（丹徒、丹阳、句容）等地

枝条

花序

花

果序

果实

叶（南烛叶）

【释　　名】本种为常绿灌木或小乔木，民间用其叶作乌饭，故名“乌饭树”；染菽，亦为乌饭之义，常音转，故又名“南烛”。

【识别要点】幼枝有柔毛；老枝紫褐色，无毛。叶片薄革质，边缘有坚硬细齿，叶面光滑，两面中脉疏生短毛。总状花序腋生或顶生，有微柔毛；苞片小叶状，宿存；小苞片 2，线形或卵形；花冠白色，圆筒状坛形，口部收缩，内、外有细柔毛；裂片小三角形，外折；雄蕊内藏，花丝细长，花药背部无芒状附属物，顶部药管长为药室的 2~2.5 倍。浆果球状，熟时紫黑色，稍被白粉。

【采收加工】叶：4 月初采摘，鲜用，或 8~9 月采收叶及枝叶，除去杂质，晒干。果实：8~11 月表面变紫黑色、稍被白粉时及时采摘，鲜用或晒干。

【食用方法】叶榨汁可供制作乌米饭等；果实可供生食、酿酒，或开发制成软糖、果汁等小吃零食和天然饮料。

【性味功用】**叶及枝叶（南烛叶）**：酸、涩，平。益肠胃，养肝肾；用于脾胃气虚，久泻，少食，肝肾不足，腰膝乏力，须发早白。**果实（南烛子）**：酸、甘，平。补肝肾，强筋骨，固精气，止泻痢；用于肝肾不足，须发早白，筋骨无力，久泄梦遗，带下不止，久泻久痢。**根（南烛根）**亦可入药。

【现代研究】乌饭树叶含白杨素、芹菜素、槲皮素、荭草素、荞草酸等。果实富含糖类、蛋白质、花青素等，含花色苷、异槲皮苷、儿茶素、荭草素、异荭草素、荞草酸、奎尼酸、α- 亚麻酸、棕榈酸、熊果酸、β- 谷甾醇及桉油精等成分。其中，α- 亚麻酸具有很好的调血脂作用；挥发油成分具有抑菌、防腐和驱虫的功效；荭草素、异荭草素、荞草酸等表现出良好的抗凝血活性；花色苷能够促进视网膜上的视红素再合成，改善人眼视觉的敏锐程度，保护视力。

【适宜人群】乌饭树叶适宜一般人群，尤其适合肝肾不足、免疫力低下及腹泻人群食用。

【使用注意】性平益气，无明显禁忌。

【附　　方】**（1）治血虚风痹（贫血衰弱、神经痛）腰脚无力：**春季采新叶、嫩枝，切细，加水熬浓汁去渣，加糖收膏，瓷瓶收贮，每次用温水送服1匙，每日2次。（《食物中药与便方》）

（2）治体虚气弱，赤白带下：南烛子、芡实、金樱子各9g，煎服。（《安徽中草药》）

（3）治多梦遗精，头晕失眠，心悸盗汗：南烛子、覆盆子、楮实子各30g，五味子4.5g，煎服。（《安徽中草药》）

罗布麻

Apocynum venetum L.

·科　名　夹竹桃科 Apocynaceae　　·属　名　罗布麻属 *Apocynum*

·生活型　半灌木　　·花果期　花期6~8月，果期9~10月

·生　境　盐碱沙荒地、海岸、沟旁、河流两岸的草丛中

·分　布　南京、徐州（沛县、睢宁）、南通（如东）、连云港（东海）、盐城（射阳、建湖、东台）等地

植株

花序

花

果实

种子

叶（罗布麻叶）

【释　　名】因最初在新疆的罗布泊发现该植物，其茎部韧皮纤维是纺织、造纸的优质原料，故名“罗布麻”；蓇葖果叉生如角，因下垂而谓其能触羊肚，故又名“羊肚拉角”；茎色紫赤，故又名“红麻”；本品以泽漆之名始载于《救荒本草》，因其全株含白色乳汁而得“漆”之名，故又名“泽漆麻”。

【识别要点】茎光滑，紫红色或淡红色，有乳汁。叶对生，边缘有不明显的细锯齿；叶柄间具腺体。花序常顶生；花冠紫红色或粉红色，两面密被颗粒状突起，每裂片内外均具 3 条明显的紫红色脉纹；花冠筒内面基部具副花冠；雄蕊 5，着生于花冠筒的基部，与副花冠裂片互生，花药箭头状，黏合且与柱头合生；花盘环状，肉质。蓇葖果双生，长柱形，下垂。种子顶端有白色种毛。

【采收加工】叶：5~8 月采收，除去杂质，干燥。花：6 月下旬至 7 月下旬盛开时采摘，每隔 10 日采摘 1 次，晒干。

【食用方法】叶可代茶饮；花可制花茶。

【性味功用】**叶（罗布麻叶）**：甘、微苦，凉。清热平肝，利水消肿；用于高血压，眩晕，头痛，心悸，失眠，神经衰弱，惊痫抽搐，水肿尿少，高脂血症。

【现代研究】罗布麻叶富含氨基酸、糖类、蛋白质及无机元素，含异嗪皮啶、儿茶素、羽扇豆醇、β- 谷甾醇、安息香醛、绿原酸、咖啡酸，以及槲皮素、山柰酚、木犀草素、白麻苷、金丝桃苷等黄酮类成分。其中，山柰酚、木犀草素、儿茶素可改善血管内皮功能，治疗高血压；黄酮类成分是其降血脂的主要有效成分；金丝桃苷、异嗪皮啶具有良好的镇静作用。

【适宜人群】罗布麻叶适宜高血压、高脂血症、冠心病、眩晕、头痛及失眠人群食用。

【使用注意】脾虚慢惊者慎用罗布麻，1~2 周内用过洋地黄者不宜使用，心动过缓或传导阻滞时慎用。

【附　　方】**（1）治高血压，头痛失眠：**罗布麻 9g（开水浸泡），玉竹 9g，煎汁兑服，日服 3 次。（《内蒙古中草药》）

（2）防治感冒：罗布麻叶 500g，水 5000ml，煎至 2500ml，每日服 100ml，分 2 次服，每周连服 2 天。（《食物中药与便方》）

紫 苏

Perilla frutescens (L.) Britt.

·科 名	唇形科 Labiatae	·属 名	紫苏属 *Perilla*
·生活型	一年生直立草本	·花果期	花期 8~9 月，果期 9~11 月
·生 境	山脚路旁和农舍荒地上	·分 布	全省各地

植株（叶用品种）

植株（白苏，籽用品种）

花序

花

果实

叶（紫苏叶）

成熟果实（紫苏子）

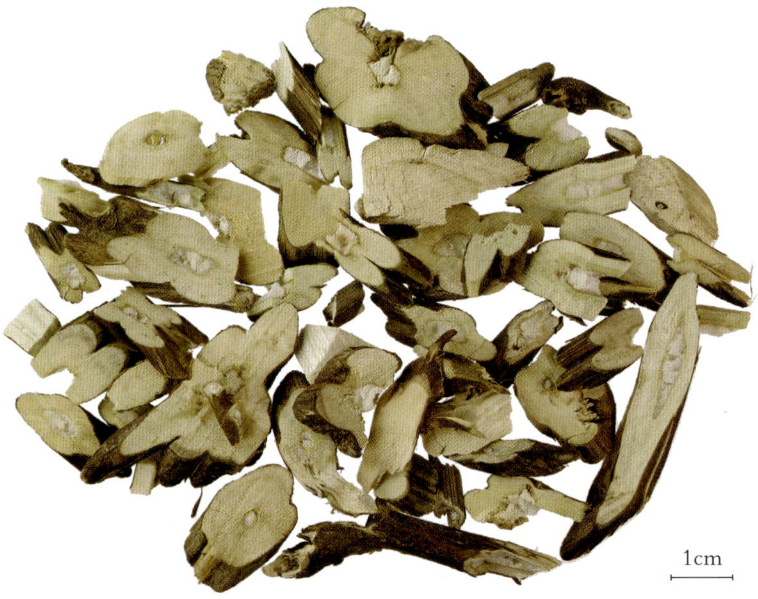

茎切片（紫苏梗）

【释　　名】本品气味芳香，闻之令人舒畅，“舒”通“苏”，茎叶紫色，故名“紫苏”；叶片嫩者偏红，老者偏黑，故又名“红苏”“黑苏”；本植物变异极大，有叶全绿者称为“白苏”。

【识别要点】茎四棱，上部有白色长柔毛。叶对生，宽卵圆形或圆形，边缘有粗锯齿，两面常绿色，有时叶背稍带紫色，有柔毛和腺点。轮伞花序 2 花，组成偏向一侧的假总状花序；花萼钟状，有 10 条脉纹，二唇形，上唇宽，有 3 齿，下唇有 2 齿，齿披针形，外有长柔毛和腺点；花冠白色，花冠筒内有毛环，二唇形；雄蕊 4，稍伸出花冠外。小坚果近球状，黄褐色，有网纹。

【采收加工】叶：夏季枝叶茂盛时采收，除去杂质，鲜用或晒干。果实：秋季成熟时采收，除去杂质，晒干。茎：9~10 月采收，割取地上部位，除去小枝、叶片、果实，晒干。

【食用方法】叶可盐渍、做汤、凉拌，煮粥，亦可供制作清凉饮料、紫苏酱；果实可做汤，亦可供榨油。

【性味功用】**叶（紫苏叶）：**辛，温。散寒解表，宣肺化痰，行气和中，安胎，解鱼蟹毒；用于风寒表证，咳嗽痰多，胸脘胀满，恶心呕吐，腹痛吐泻，胎气不和，妊娠恶阻，食鱼蟹中毒。**成熟果实（紫苏子）：**辛，温。降气消痰，平喘，润肠通便；用于痰壅气逆，咳嗽气喘，肠燥便秘。**茎（紫苏梗）：**辛，温。理气宽中，安胎，止痛；用于脾胃气滞，脘腹痞满，胎气不安，水肿脚气。**宿萼（紫苏苞）、根及近根的老茎（苏头）**亦可入药。

【现代研究】紫苏叶富含蛋白质、脂肪、糖类、膳食纤维、氨基酸、胡萝卜素、维生素及钙、磷、铁等矿物质，含芹菜素、木犀草素、迷迭香酸、阿魏酸、β-谷甾醇、胡萝卜苷及紫苏醛、紫苏酮、紫苏醇、肉豆蔻醚、榄香素等成分。其中，所含挥发油是主要活性成分，具有抗氧化、抗菌消炎、舒张血管、抗肿瘤、抗抑郁等药理作用；紫苏醇对肿瘤细胞具有抑制作用；肉豆蔻醚和榄香素对肺炎促炎因子的形成具有抑制作用；木犀草素对金黄色葡萄球菌、大肠埃希菌等具有良好的抗菌作用。

【适宜人群】紫苏叶适宜风寒感冒，恶寒发热，咳嗽，气喘，胸腹胀满，胎动不安者食用。

【使用注意】阴虚、气虚及温病者慎服紫苏叶。肺虚咳喘，脾虚便溏者慎服紫苏子。

【附　　方】**（1）治感冒风寒：**白苏 15g，水煎，加冰糖调服后，睡取微汗。（江西《草药手册》）

（2）治寒湿腹胀痛，食鱼蟹中毒：干白苏全草 21g，生姜 9g，水煎，用炒食盐少许冲服。（《福建中草药》）

（3）治乳痈肿痛：紫苏煎汤频服，并捣封之。（《海上名方》）

（4）顺气，滑大便：紫苏子、麻子仁，上二味不拘多少，研烂，水滤取汁，煮粥食之。（《济生方》）

（5）治水肿：紫苏梗 24g，大蒜根 9g，老姜皮、冬瓜皮各 15g，水煎服。（《湖南药物志》）

野生紫苏

Perilla frutescens (L.) Britt. var. *acuta* (Thunb.) Kudô

·科　名　唇形科 Labiatae　　·属　名　紫苏属 *Perilla*

·生活型　一年生直立草本　　·花果期　花期 8~9 月，果期 9~11 月

·生　境　山地路旁、村边、舍旁荒草地

·分　布　全省各地，连云港（云台山）、无锡（宜兴）、南京、南通、苏州（常熟）等地有栽培

植株

花序

花

成熟果实（紫苏子）

【释　　名】叶及果实均较紫苏小，野生分布于各地，故名“野生紫苏”。

【识别要点】茎、叶柄、叶背被短柔毛。叶片卵形，较小，宽 2.5~5cm，顶端尖，边缘有粗锯齿，叶背通常紫红色。轮伞花序每节 2 花，组成偏向一侧的假总状花序；苞片卵圆形或近圆形，顶端急尖；花萼钟状，二唇形；花冠紫红色，冠筒伸出萼外，内有毛环，二唇形，上唇微凹，下唇 3 裂；雄蕊 4，稍伸出花冠外。果萼小，长 4~5.5mm；小坚果彼此分离，近球状，土黄色，有网纹。

【采收加工】参见“紫苏”。

【食用方法】参见“紫苏”。

【性味功用】参见“紫苏”。

【现代研究】野生紫苏果实富含多种氨基酸及铁、锰、铜、锌等矿物质，含 α- 亚麻酸、油酸、亚油酸等成分。其中，亚油酸、亚麻酸都是维持人体机能正常运转的必需脂肪酸，具有降低血脂、调节免疫功能等重要生理功能。

【适宜人群】参见“紫苏”。

【使用注意】参见“紫苏”。

【附　　方】参见“紫苏”。

回回苏

Perilla frutescens (L.) Britt. var. *crispa* (Thunb.) Hand. -Mazz.

·科　名　唇形科 Labiatae　　·属　名　紫苏属 *Perilla*

·生活型　一年生直立草本　　·花果期　花期 8~9 月，果期 9~11 月

·特　性　喜温暖湿润的气候，适宜疏松肥沃、排灌方便的壤土

·分　布　盐城、南京、南通等地有栽培

植株

花序

花

叶（紫苏叶）

【释　　名】气味与茴香接近，形态似紫苏，故名“茴茴苏”“回回苏”；本品叶边缘具深裂锯齿，形似鸡冠，故又名“鸡冠紫苏”；叶表面皱缩，故又名“皱叶紫苏”。

【识别要点】茎四棱形。叶对生；茎上部有白色长柔毛；叶片宽卵圆形或圆形，边缘有狭而深的锯齿或浅裂，两面通常绿色，有时叶背稍带紫色，有柔毛和腺点；叶柄密被长柔毛。轮伞花序 2 花，组成偏向一侧的假总状花序；苞片披针形；花萼钟状，外有长柔毛和腺点，果期宿存；花冠筒内有毛环，略呈二唇形；雄蕊 4，稍伸出花冠外。果萼较小；小坚果彼此分离，近球状，有网纹。种子直生。

【采收加工】参见“紫苏”。

【食用方法】参见“紫苏”。

【性味功用】参见“紫苏”。

【现代研究】参见“紫苏”。

【适宜人群】参见“紫苏”。

【使用注意】参见“紫苏”。

【附　　方】参见“紫苏”。

菊苣

Cichorium intybus L.

·科　名	菊科 Compositae	·属　名	菊苣属 *Cichorium*
·生活型	多年生草本	·花果期	花期 5~7 月，果期 8~10 月
·特　性	喜冷凉湿润的气候，耐寒，以肥沃的沙质土壤栽培为宜		
·分　布	南京等地有栽培		

植株

基生叶

花序

【释　　名】本品为菊科植物，叶似莴苣，故名“菊苣”；舌状小花蓝色，故又名“蓝花菊苣”。

【识别要点】植株具乳汁。茎疏被弯曲的长糙毛、刚毛或几无毛；基生叶花期宿存，倒披针状长椭圆形，大头状倒向羽状深裂、浅裂或具齿；茎生叶卵状倒披针形至披针形，半抱茎；叶两面疏被多细胞长节毛。头状花序顶生，单生或2~8个穗状排列，小花8~25；总苞圆柱状，10~15，排成2层；总苞片背面常疏被头状具柄长腺毛和长单毛；舌状花蓝色，有色斑。瘦果倒卵状、椭圆状或倒楔状，具3~5棱，顶端截形，褐色，有棕黑色色斑；冠毛长0.2~0.3mm，2或3层，鳞片状。

【采收加工】嫩叶：夏、秋季采收，鲜用。叶球、嫩根：秋季采收，鲜用。地上部分：夏、秋季采割，洗净，晒干。根：秋末采挖，除去泥沙和杂质，晒干。

【食用方法】嫩叶、叶球、嫩根可作蔬菜凉拌、炒食、煮食、做汤、做沙拉、腌酱等；根去皮经干制后可提取其成分，代咖啡。

【性味功用】**地上部分或根（菊苣）**：苦，寒。清肝利胆，健胃消食，利尿消肿；用于湿热黄疸，肾炎水肿，胃痛食少，小便不利。**种子（菊苣子）**亦可入药。

【现代研究】菊苣嫩叶富含糖类、胡萝卜素、维生素及钙、镁、钠等矿物质，含菊粉、山莴苣素、山莴苣苦素、苦苣菜苷A、蒲公英萜酮、山柰酚、芹菜素、香豆素、糠醛，以及绿原酸、菊苣酸、咖啡酸、棕榈酸等有机酸类成分。其中，绿原酸、菊苣酸等具有降尿酸作用；所含有机酸成分可阻止导致牙龈炎、龋齿的口腔病原体生长，具有干扰口腔病原菌形成生物膜的能力。

【适宜人群】菊苣嫩叶适宜一般人群，尤其是水肿、食欲不振、黄疸患者食用。

【使用注意】脾胃虚寒者不宜多食菊苣嫩叶；因菊苣有刺激月经和诱导流产的作用，

孕妇或哺乳女性禁服。

【附　　方】**（1）治黄疸性肝炎：**菊苣 9g，水煎服，并用适量煎水洗身。（《新疆中草药手册》）

（2）治消化不良，胸腹胀闷：菊苣根 6 份，土木香 3 份，小茴香 1 份，共研细粉，每次 3~5g，每日 3 次，饭前温开水送服。（《中国民族药志》）

野艾蒿

Artemisia lavandulifolia DC.

·科　名　菊科 Compositae	·属　名　蒿属 *Artemisia*
·生活型　多年生草本	·花果期　花期 8~9 月，果期 9~10 月
·生　境　山坡、路旁、林缘、山谷、灌丛、水滨等	·分　布　全省各地

植株

叶正面

叶背面

花枝

头状花序

嫩茎叶

【释　　名】本种植物形态与艾蒿相近，艾蒿多为栽培，称为家艾，本品均为野生，故名“野艾蒿”，简称“野艾”；常药用叶，故又名“野艾叶”。

【识别要点】植株有香气，茎、叶及总苞片被灰白色或灰黄色蛛丝状柔毛，具营养枝。叶面密被白色腺点；基生叶与茎下部叶二回羽状全裂或第二回深裂；中部叶一至二回羽状全裂或第二回深裂；上部叶羽状全裂；苞片叶 3 全裂或不裂。头状花序椭圆形，全为管状花，具小苞叶，排成密集穗状或复穗状，整体圆锥状；花序托无毛，总苞片 3 或 4 层，外层略小，边缘干膜质；盘状头状花序的周围雌花 4~9，1 轮，花冠紫红色；盘花为两性花，10~20，花药线形，先端具附属物，基部具短尖，花柱与花冠等长或略长，分枝顶端扇形。瘦果具条纹，无冠毛。

【采收加工】嫩叶：春季萌发后随时可采，鲜用。全草：夏、秋季采收，洗净，鲜用或晒干。

【食用方法】嫩叶焯熟后凉拌，也可做汤、煮粥，或代茶饮。

【性味功用】**全草（野艾蒿）**：苦、辛，温。理气血，逐寒湿，温经，止血，安胎；用于心腹冷痛，泄泻转筋，久痢，吐衄，下血，月经不调，崩漏，带下，胎动不安，痈疡，疥癣。

【现代研究】野艾蒿嫩叶富含蛋白质、氨基酸、糖类、胡萝卜素、维生素 B_2、维生素 C 及铁、锌等矿物质，含 β- 香树脂醇、β- 谷甾醇、熊果酸、异泽兰黄素、柚皮素、芹菜素、木犀草素、槲皮素等成分。其中，所含挥发油对宫颈癌细胞抑制作用显著；倍半萜类化合物能抑制成纤维细胞样滑膜细胞的活力，并降低促炎细胞因子水平，具有抗类风湿关节炎的潜力。

【适宜人群】野艾蒿嫩叶适宜虚寒体质、泄泻、月经不调、痛经等人群食用。

【使用注意】阴虚血热者慎用野艾蒿；本品气味芳香，不宜久煎。

【附　　方】**（1）治急性乳腺炎：**新鲜野艾根9条，鸡蛋1~2个，将野艾根洗净，切片或打碎，用砂锅加清水2碗，混合煎至1碗，取出药渣，然后煎鸡蛋1~2个，与药液1次服完，每日1剂，如无鸡蛋，可单用野艾根。（《新中医》）

（2）治虚寒头痛，月经过多：野艾叶15g，鸡蛋1个，水煎服。（《福建药物志》）

甜叶菊

Stevia rebaudiana (Bertoni) Bertoni

·科　名	菊科 Compositae	·属　名	甜叶菊属 *Stevia*
·生活型	多年生草本	·花果期	花期7~9月，果期10~11月
·特　性	喜温暖湿润气候，耐贫瘠，耐寒，耐干旱，适宜疏松肥沃、排水良好的沙壤土		
·分　布	南通、盐城、淮安等地有栽培		

植株

花枝

花序

叶（甜叶菊）

【释　　名】本种为菊科植物，因全株极甜，尤以叶片最甜，故名“甜叶菊”。

【识别要点】茎基部稍木质化，上部密生短绒毛。叶对生或茎上部互生，叶片倒卵形、匙状披针形至宽披针形，基部楔形下延，上半部边缘有浅粗锯齿，两面被柔毛。头状花序排成松散的伞房状，全为管状花，两性；总苞圆柱状，总苞片 1 轮，5 或 6，近等长，背面被短柔毛；小花 4~6，白色，有时花冠基部浅紫红色；雄蕊外露；柱头伸出花冠外，2 裂，反卷。瘦果稍扁，具 5 肋；冠毛多数，毛状。

【采收加工】叶：春、夏、秋季均可采收，除去茎枝，摘取叶片，鲜用或晒干。

【食用方法】叶可代茶饮，也可作为酒、汽水、冰棒、果汁、口香糖、茶叶、糕点、酱品等食品的甜味剂。

【性味功用】**叶（甜叶菊）**：甘，平。生津止渴，降血压；用于消渴，高血压。

【现代研究】甜叶菊叶含甜菊苷、甜叶菊素、甜叶菊醇双糖苷、莱鲍迪苷 A、咖啡酰奎宁酸、原儿茶酸、槲皮素等成分。其中，甜菊苷及莱鲍迪苷 A 具有较强的降血压及降血糖活性。

【适宜人群】甜叶菊叶适宜肥胖病、糖尿病、高血压患者食用。

【使用注意】脾胃虚寒、体质虚弱、低血压患者慎服甜叶菊。

【附　　方】**治高血压**：甜叶菊叶 10g，浸泡于 2L 左右的暖水瓶内代茶饮，1 天内饮完（每晚睡前服最后 1 杯），连服 1 个月。（《中华本草》）

水　烛

Typha angustifolia L.

·科　名　香蒲科 Typhaceae　　·属　名　香蒲属 *Typha*

·生活型　多年生水生或沼生草本　　·花果期　花期 6~7 月，果期 8~9 月

·生　境　池塘边和河岸浅水处　　·分　布　全省各地

植株

花序

雄花

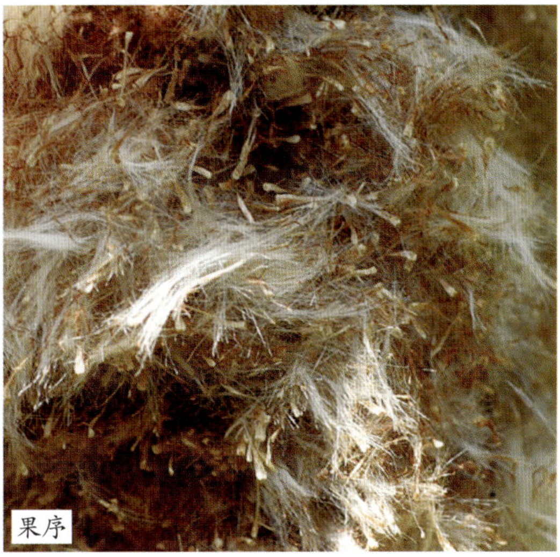

果序

花解剖

花粉（蒲黄）

【释　　名】本种为水生或沼生草本，穗状花序长圆柱形似蜡烛，植株形态与香蒲相近，故名“水烛香蒲”“水蜡烛”，简称“水烛”；本品叶片较狭长，故又名“狭叶香蒲”。

【识别要点】茎直立，不分枝。叶片线形，下部背面凸形，横切面半圆形；叶鞘抱茎。花单性同株，穗状花序蜡烛状，雌雄花序远离，均具叶状苞片，后脱落；雄花序短于雌花序，位于上端；雄花雄蕊 2~4，花药长约 2mm；雌花序基部叶状苞片 1，常宽于叶片；雌花具小苞片，柱头与花柱近等宽；不孕雌花子房柄基部的丝状毛与小苞片近等长，均低于柱头。小坚果长椭圆状。种子深褐色。

【采收加工】幼嫩叶鞘及心叶：夏季抽薹前采收，鲜用。花粉：夏季采收，割取蒲棒上部的黄色雄花序，晒干后碾轧，筛取花粉。

【食用方法】幼嫩叶鞘及心叶可作蔬菜炒、炝、烧、扒等，还可做汤、制馅。

【性味功用】**花粉（蒲黄）**：甘、微辛，平。止血，祛瘀，利尿通淋；用于吐血，咳血，衄血，血痢，便血，崩漏，外伤出血，心腹疼痛，经闭腹痛，产后瘀痛，痛经，跌扑肿痛，血淋涩痛，带下，重舌，口疮，阴下湿痒。

【现代研究】水烛幼嫩叶鞘及心叶富含蛋白质、粗纤维、胡萝卜素、氨基酸、维生素及钙、磷、铁等矿物质。花粉含多糖类及香蒲新苷、柚皮素、槲皮素等黄酮类成分，还含 β- 谷甾醇、二十五烷、琥珀酸等成分。其中，蒲黄黄酮苷具有抑制凝血的作用；蒲黄总黄酮能够通过降低血液黏度，改善血液流变性及抑制血小板聚集，对防治冠心病具有重要意义。

【适宜人群】水烛幼嫩叶鞘及心叶适宜一般人群在夏季烦闷时食用，亦适宜经产期妇女及高脂血症、高血压、冠心病患者食用。

【使用注意】阴虚内热、无瘀血者禁用蒲黄，孕妇、遗尿者及过敏体质者忌用蒲黄。

【附　　方】**（1）治血清胆固醇高，动脉硬化，高血压，冠心病**：净生蒲黄 100g，槐花 100g，共研细，炼蜜为丸，每服 6g，每日 2 次，饭后服。（《食物中药与便方》）

（2）治浮肿，小便不利：蒲草烧存性，研细，每服 1g，每日 2~3 次，温水送服。（《食物中药与便方》）

韭　菜

Allium tuberosum Rottl. ex Spreng.

·科　名　百合科 Liliaceae　　·属　名　葱属 *Allium*

·生活型　多年生草本　　·花果期　花期 7~8 月，果期 8~9 月

·特　性　抗寒，耐热，适应性强，适宜耕作层深厚、富含有机质、保水力强、透气性好的壤土

·分　布　全省各地有栽培

植株

花序

成熟种子（韭菜子）

【释　　名】《说文解字》云："韭，菜名。一种而久者，故谓之韭。象形，在一之上。一，地也。""韭"为象形字，像叶出地上之形，本品可作菜肴，故名"韭菜"。其功能兴阳道、治阳痿，故又名"壮阳草"。

【识别要点】植株有葱蒜味。鳞茎狭圆锥状，簇生，外皮暗黄色至黄褐色，破裂成纤维状、网状或近网状。基生叶线形，扁平，实心，比花葶短，宽常3~7mm，边缘平滑。伞形花序；花被片白色；雄蕊比花被片略短，花丝向基部渐宽而联合；子房倒圆锥状球形，具3圆棱，外壁具细的疣状突起。蒴果倒卵状，顶端内凹。种子黑色，多棱状或近球状。

【采收加工】叶：叶部生长茂盛、叶色浓绿、叶片挺直、鲜嫩时采收，鲜用。种子：秋季果实成熟时采收，摘取果序，晒干，搓出种子，除去杂质。

【食用方法】叶可炒食或作配菜，也可作调味料、馅料，经软化栽培变黄的韭菜叶（韭黄）亦可炒食或作配菜。

【性味功用】**叶（韭菜）：**辛，温。补肾，温中，行气，散瘀，解毒；用于肾虚阳痿，噎膈反胃，胸痹疼痛，衄血，吐血，尿血，痢疾，痔疮，痈疮肿毒，漆疮，跌打损伤。**成熟种子（韭菜子）：**辛、甘，温。温补肝肾，壮阳固精，散气消痔，止血止痢；用于肝肾亏虚，腰膝酸痛，阳痿遗精，遗尿尿频，白浊带下，痔疮肿痛，陈旧血痢。**根（韭根）**亦可入药。

【现代研究】韭菜叶富含胡萝卜素、氨基酸、B族维生素、维生素C及钙、磷、铁等矿物质，含槲皮素葡萄糖苷、大蒜辣素、蒜氨酸、含硫化合物、植物油类等成分。种子含棕榈酸、亚油酸、油酸、韭子碱乙、3-吡啶甲酸、腺苷、含硫化合物等成分。其中，含硫化合物具有降血脂及扩张血脉的作用，还能增强黑色素细胞内酪氨酸系统功能，从而改变皮肤毛囊的黑色素，消除皮肤白斑，并使头发乌黑发亮；含有丙烯基的二硫醚、蒜氨酸、腺苷等物质可以有效地抑制由胶原蛋白诱发而引起的血小板凝聚，还可以起到调节花生四烯酸代谢的作用。

【适宜人群】韭菜适宜夜盲症、干眼病患者及体质虚寒、皮肤粗糙、便秘痔疮者食用。韭黄适宜便秘、产后乳汁不足的女性，寒性体质者食用。

【使用注意】韭菜宜现煮现吃，不宜隔夜，不宜多食，尤其是消化不良、肠胃功能较弱者少食；阴虚内热及疮疡、目疾患者慎食韭菜、韭黄。

【附　　方】**（1）治霍乱上吐下泻：**用韭菜捣汁一盏，重汤煮熟，热服之，立止。（《寿世保元》）

（2）治荨麻疹：韭菜、甘草各15g，煎服，或用韭菜炒食。（苏医《中草药手册》）

（3）治肾亏梦遗滑精，小便频数，小儿尿床，妇女腰酸带多：韭菜子炒熟，桑螵蛸、龙骨等分，研末，水泛为丸，如小豆大，食后服，每服3~6g，每日2次。（《食物中药与便方》）

芦　荟

Aloe vera L. var. *chinensis* (Haw.) Berg.

·科　名　百合科 Liliaceae　　　·属　名　芦荟属 *Aloe*

·生活型　多年生草本　　　·花果期　花期 2~3 月，果熟期 8~11 月

·特　性　喜高温湿润气候，喜阳光，耐旱，对土壤要求不严

·分　布　全省各地有栽培

植株

花序

叶（芦荟叶）

【释　　名】本品原产热带，马来语称“Aluwa”，音译，故名“芦荟”，也有译作“讷会”“奴会”或“劳伟”者；本品主产于南美洲的西印度群岛，库拉索为岛名，故又名“库拉索芦荟”。

【识别要点】肉质。茎短，萌蘖可形成浓密的树丛。叶近基生，莲座状，叶片抱茎，厚，肉质而多汁，边缘常具多数硬齿或刺，先端2或3齿尖。花茎直立；总状花序；花多数；苞片白色，宽披针形，先端锐尖；花反折；花柄长约为苞片的1/2；花被淡黄色，带红色斑点，稍膨大，外侧花被片离生，先端稍卷；雄蕊外露4~5mm；花柱显著外露。

【采收加工】叶：全年均可采收，用刀在茎秆的叶鞘两边各割一个小口，握住芦荟叶按顺时针方向沿茎作圆周转动，洗净，鲜用或晒干。汁液浓缩干燥物：采收叶片时取叶的汁液后浓缩干燥。

【食用方法】叶去皮后可清炒、煲汤，也可制芦荟果汁等。

【性味功用】**叶（芦荟叶）：**苦、涩，寒。泻火，解毒，化瘀，杀虫；用于目赤，便秘，白浊，尿血，小儿惊痫，疳积，烧烫伤，闭经，痔疮，疥疮，痈疖肿毒，跌打损伤。**叶的汁液浓缩干燥物（芦荟）：**苦，寒。泻下通便，清肝泻火，杀虫疗疳；用于热结便秘，惊痫抽搐，小儿疳积，肝火头痛，目赤惊风，虫积腹痛，疥癣，痔漏。**花（芦荟花）、根（芦荟根）**亦可入药。

【现代研究】芦荟叶富含氨基酸、多种维生素、酶及铁、硅、铝等矿物质，含芦荟大黄素、大黄酚、芦荟苦素、苹果酸、乳酸、琥珀酸、凝集素及多糖类成分等。其中，芦荟大黄素能抑制癌细胞的生长；芦荟凝胶可改善牙龈状况，还可作为局部药物的输送系统，用于牙周袋内。

【适宜人群】芦荟叶适宜热结便秘、烦躁失眠、易怒、头晕头痛、小便短赤者，风火热毒所致痤疮、疖肿、癣疹以及口疮、牙肿、目赤、咽痛等各类红肿热痛者，小儿疳积证所致的虫积腹痛、面色萎黄、形瘦体弱者食用。

【使用注意】芦荟叶及芦荟均不宜多服、久服；脾胃虚寒、腹泻、食少者及孕妇禁服。

【附　　方】**（1）治白浊：**鲜芦荟叶挤汁6~7茶匙，加淡瓜子仁30枚，稍炖温，饭前服，每日2次。（《福建民间草药》）

（2）治百日咳：芦荟鲜叶捣烂，绞汁1茶匙，加糖顿服。（《福建中草药》）

（3）治小儿疳积，杀虫：芦荟、芜荑、木香、鹤虱各半两，上为末，水浸炊饼，丸如黄米大，每服十丸，米饮下。（《普济方》）

四、花类

马尾松

Pinus massoniana Lamb.

·科　名　松科 Pinaceae
·属　名　松属 *Pinus*
·生活型　常绿乔木
·花果期　花期 4~5 月，果熟期翌年 10~12 月
·特　性　喜光，喜温暖湿润气候，适宜干旱、瘠薄的红壤、石砾土及沙质土
·分　布　南京、无锡（江阴）、苏州（常熟）、连云港、淮安（盱眙）、扬州（仪征）、镇江（句容）等地有栽培

植株

枝条

花序

【释　　名】《尔雅·释木》载："松者，鬃也。"松之叶作长针之形，犹如鬃毛之状，故名之曰"松"，因本品枝叶似马尾，故名"马尾松"。

【识别要点】树皮红褐色，下部灰褐色，裂成不规则的鳞状块片。针叶 2 针 1 束，极稀 3 针 1 束，细柔，微扭曲；树脂道 4~8 个，边生；叶鞘宿存。雌球花单生或 2~4 个聚生于新枝近顶端。球果卵圆状或圆锥形卵圆状，有短梗，下垂；中部种鳞近矩圆状倒卵形或近长方形，鳞盾菱形，微隆起或平，横脊微明显，鳞脐微凹，无刺或在干燥环境下具极短的刺；种子长卵圆状。

【采收加工】花粉：春季花刚开时采收，采摘花穗，晒干，收集花粉，除去杂质。种子：球果由绿色变黄褐色时及时采收，晒干，打出种子。瘤状节或分枝节：全年均可采收，锯取后阴干。

【食用方法】花粉可直接冲服，也可酿酒、制作糕点，或用于开发功能保健食品；种子可榨油食用。

【性味功用】**花粉（松花粉）**：甘，温。收敛止血，燥湿敛疮。用于外伤出血，湿疹，黄水疮，皮肤糜烂，脓水淋漓，头痛眩晕，泄泻下痢。**瘤状节或分枝节（油松节）**：苦、辛，温。祛风除湿，通络止痛；用于风寒湿痹，历节风痛，转筋挛急，跌打伤痛。**木材中的油树脂（松油）、渗出的油树脂经蒸馏或其他方法提取的挥发油（松节油）、渗出的油树脂经蒸馏或提取除去挥发油后所余固体树脂（松香）、针叶（松叶）、树皮（松木皮）、幼根或根皮（松根）、球果（松球）、嫩枝尖端（松笔头）**亦可入药。

【现代研究】马尾松的花粉富含蛋白质、氨基酸、脂肪油、糖类、木质素、酵素、维生素及铁、锌、硒、铜等矿物质，含黄酮类成分。瘤状节或分枝节含纤维素、木质素、α- 蒎烯、β- 蒎烯及多糖类成分等。其中，花粉中膳食纤维尤其是木质素含量极高，还含有近 100 种酶和其他的活性成分，这些物质可调节胃肠道功能、加速胃肠的蠕动；维生素 E、硒、黄酮类等活性物质可清除机体内的自由基，从而提高抗疲劳能力；油松节多糖类物质、酸性提取物有免疫活性和抗肿瘤作用；α- 蒎烯有抗真菌作用，对白念珠菌有抑菌和杀菌作用。

【适宜人群】松花粉适宜消化性溃疡、慢性便秘、皮肤湿疹、外伤出血等患者食用。

【使用注意】血虚、阴虚内热者慎服松花粉及油松节，有花粉过敏史者禁用松花粉。

【附　　方】**（1）治风眩头晕**：松花粉适量，绢袋盛，酒浸 7~10 天，每次饭后饮服少量。（《食物中药与便方》）

（2）治胃及十二指肠溃疡，慢性便秘：松花粉 3~5g，蜂蜜调服，每日 2~3 次，饭前服。（《食物中药与便方》）

（3）**治大骨节病：**松节 7.5kg，蘑菇 0.75kg，红花 0.5kg，加水 50L，煮沸至 25L，滤过加白酒 5L，每次服 20ml，每月 2 次。（《陕甘宁青中草药选》）

玫瑰茄

Hibiscus sabdariffa L.

·科　名　锦葵科 Malvaceae	·属　名　木槿属 *Hibiscus*
·生活型　多年生高大草本	·花果期　花期 7~10 月，果熟期 10~11 月
·特　性　喜阳光充足，喜湿润，耐旱、怕涝，忌积水，耐瘠薄，对土壤要求不严	
·分　布　苏南地区有零星栽培	

植株

花侧面

花萼

花内部

果实

花萼（玫瑰茄）

【释　　名】肉质苞片包裹果实，形态似茄，色红如玫瑰，故名“玫瑰茄”；英文名Roselle，引入我国后，国内根据其英文发音直译，故又名“洛神花”。

【识别要点】茎淡紫色，无毛。茎下部的叶片卵形，常不分裂；上部的叶片常3深裂，基部近圆形或宽楔形，边缘具钝圆齿，齿端具腺体；基出脉3或5，叶背沿中脉常具腺体。花单生叶腋；花萼杯状，紫红色，肉质，疏被刺和粗毛，裂片5；花冠黄色，内面基部深红色，花瓣5；小苞片8~12，紫红色，披针形，疏被长硬毛，近顶端具刺状附属物。蒴果卵圆形，密被长粗毛。

【采收加工】花萼：11月中下旬采摘，叶黄、籽黑时将果枝剪下，摘取花萼连同果实，鲜用，或晒1日，待缩水后脱出花萼，置干净草席或竹箩上晒干。

【食用方法】花萼可制饮料、果酱及着色剂，以及开发多种新型食品。

【性味功用】**花萼（玫瑰茄）**：酸，凉。敛肺止咳，降血压，解酒；用于肺虚咳嗽，消除疲劳，高血压，中暑，酒醉。

【现代研究】玫瑰茄花萼富含蛋白质、维生素C、氨基酸及钙、铁、磷等矿物质，含多糖类及花青苷、花青素等黄酮类成分，还含木槿酸、接骨木三糖苷、呋喃醛等成分。其中，所含多糖具有良好的抗氧化活性；木槿酸对治疗心脏病、高血压、动脉硬化等有一定疗效；所含皂苷具有降低胆固醇、降低血压、抑制肿瘤等作用。

【适宜人群】玫瑰茄适宜肠胃病、高血压、高脂血症、痰多咳嗽、支气管炎及食欲不振患者食用，亦适宜解酒。

【使用注意】胃酸过多者不宜服用玫瑰茄。

【附　　方】**(1)治中暑：**洛神花 8g，桂花根 20g，山楂 8g，冰糖 30g，水煎去渣，加冰糖溶化，分次服。（《1200 种中草药彩色图鉴》）

(2)治高血压、消渴：洛神花、绞股蓝各 15g，水煎，当茶饮，或沸水冲泡饮服。（《1200 种中草药彩色图鉴》）

玫　瑰

Rosa rugosa Thunb.

·科　名　蔷薇科 Rosaceae	·属　名　蔷薇属 *Rosa*
·生活型　落叶直立灌木	·花果期　花期 5~6 月，果熟期 8~9 月
·特　性　喜阳光充足，耐寒，耐旱，适宜排水良好、疏松肥沃的壤土或轻壤土	
·分　布　全省各地有栽培	

植株

花序

花

果实

花蕾（玫瑰花）

【释　　名】《说文解字》曰："玫，石之美者。瑰，珠圆好者。""玫瑰"古代指美玉，以此为花名，取珍贵之意，故名"玫瑰"；其花香馥郁，徘徊不散，故又名"徘徊花"；茎枝有刺，故又名"刺玫花"。

【识别要点】小枝密被绒毛，兼生针刺、皮刺和腺毛；叶背、叶柄、叶轴、花柄及托叶均被绒毛和腺毛。复叶具小叶5~9；叶面无毛，叶脉明显下陷，有褶皱；托叶大部分与叶柄合生，离生部分卵形，边缘有腺齿或全缘。花单生或数朵簇生于叶腋；萼片先端尾状渐尖，常有羽状裂片呈叶状；花瓣倒卵形，紫红色或白色，重瓣或半重瓣。果扁球状，成熟时砖红色，肉质。

【采收加工】花：5~6月开放后采集，鲜用或烘干。花蕾：盛花期前，已充分膨大但未开放时采摘，文火烘干或阴干。

【食用方法】花可用于生产玫瑰酱、玫瑰酒、玫瑰花茶、玫瑰食品、玫瑰饮料等；花蕾可代茶饮。

【性味功用】**花蕾（玫瑰花）**：甘、微苦，温。行气解郁，和血调经，止痛；用于肝气郁结，脘胁胀痛，乳房作胀，月经不调，痢疾，泄泻，带下，跌打损伤，痈肿。**根（玫瑰根）**、**花的蒸馏液（玫瑰露）**亦可入药。

【现代研究】玫瑰花含槲皮素、山柰酚、槲皮苷等黄酮类成分，没食子酸等多酚类成分，芳樟醇、芳樟醇甲酸酯、β-香茅醇、香茅醇甲酸酯等挥发油类成分，鞣质类成分及β-胡萝卜素等。其中，所含挥发油具有抗菌、抗血栓和抗血小板聚集作用。

【适宜人群】玫瑰花适宜心情抑郁、月经不调、经前乳房胀痛、皮肤暗沉、气色不佳者，以及跌打损伤、瘀肿疼痛者食用。

【使用注意】便秘、阴虚有火、月经量过多者不宜食用玫瑰花，孕妇忌用。

【附　　方】**（1）治肝胃气痛：**玫瑰花阴干，冲汤，代茶服。（《本草纲目拾遗》）

（2）治上部食管痉挛，咽中有异物感：玫瑰花、白梅花各 3g，沏水代茶饮。（《天津中草药》）

（3）治月经不调：玫瑰花 3~9g，水煎冲黄酒、红糖服，每日 1 剂。（《青岛中草药手册》）

月季花

Rosa chinensis Jacq.

·科　名	蔷薇科 Rosaceae	·属　名	蔷薇属 *Rosa*
·生活型	常绿或半常绿直立灌木	·花果期	花期 4~9 月，果期 6~11 月
·特　性	喜温暖湿润的气候，耐寒，耐旱，对土壤要求不严	·分　布	全省各地有栽培

植株

花蕾（月季花）

【释　　名】因其四季均可开花，花逐月开放，故名“月季花”，简称“月季”；花多为红色或粉红色，故又名“月月红”。

【识别要点】枝干具钩状皮刺或无皮刺，小枝无毛或近无毛。复叶有小叶 3 或 5；叶柄和叶轴均散生小皮刺和腺毛；托叶大部分与叶柄合生，离生部分耳状，边缘常有腺毛；小叶片宽卵形或卵状长圆形，两面近无毛。花数朵集生枝端或叶腋，稀单生；萼片卵形，先端尾状渐尖，有时延长扩展成叶片状；花瓣红色、粉红色、白色或黄色，重瓣或半重瓣。聚合瘦果，成熟时红色。

【采收加工】花：夏、秋季半开放时选晴天采收，及时摊开晾干，或用微火烘干。

【食用方法】花可炒食、煮粥、炖、炸、制馅，也可制糕点、酒、糖浆、花酱、糖豆瓣等，或干后泡茶饮用。

【性味功用】**花（月季花）**：甘、微苦，温。活血调经，解毒消肿，疏肝解郁；用于月经不调，痛经，闭经，跌打损伤，瘀血肿痛，瘰疬，痈肿，烫伤，气滞血瘀，胸胁胀痛。**叶（月季花叶）、根（月季花根）**亦可入药。

【现代研究】月季花含牻牛儿醇、乙酸乙酯等挥发油类成分，没食子酸等多酚类成分，槲皮苷、槲皮素、花青素等黄酮类成分及萜醇类成分等。其中，牻牛儿醇、没食子酸、槲皮苷和槲皮素具有抗肿瘤作用，槲皮素可以增强细胞免疫功能；乙酸乙酯有较强的清除 DPPH 的能力；花青素具有较强的抗氧化能力。

【适宜人群】月季花适宜肝气郁结、气滞血瘀所致的月经不调、痛经、闭经、胸胁胀痛者，以及跌打损伤、瘀血肿痛者食用。

【使用注意】脾胃便溏者不宜食用月季花，孕妇及月经过多者忌服。

【附　　方】（1）**治月经不调：**鲜月季花 15~21g，开水泡服。（《泉州本草》）
（2）**治肺虚咳嗽咯血：**月季花合冰糖炖服。（《泉州本草》）

槐

Sophora japonica L.

·科　名	豆科 Leguminosae	·属　名	槐属 *Sophora*
·生活型	落叶乔木	·花果期	花期 7~8 月，果期 9~10 月
·特　性	喜光，耐寒，较耐瘠薄，适宜湿润肥沃的土壤		
·分　布	全省各地有栽培		

枝条

花序

果序

花（槐花）

花蕾（槐米）

【释　　名】木品为乔木，植株高大，取“嵬”高大耸立之意，故名“槐”；原产于中国，为区别于原产北美的刺槐，故又名“国槐”；果实似豆荚，故又名“豆槐”。

【识别要点】当年生枝绿色；芽包裹于膨大的叶柄内。奇数羽状复叶互生；叶轴基部膨大；小叶 9~15，小叶片卵状长圆形，顶端尖，叶背灰白色，被疏或密的短柔毛，后无毛。圆锥花序顶生，常呈金字塔形；花萼钟状，有 5 浅齿，近等大；花冠白色，旗瓣阔心形，有短爪，并有紫脉，翼瓣和龙骨瓣边缘稍带紫色；雄蕊 10。荚果肉质，串珠状，无毛，不裂。种子 1~6，卵球状，浅黄绿色。

【采收加工】花及花蕾：夏季花开放或花蕾形成时采收，除去枝、梗及杂质，鲜用或及时干燥。嫩叶：春季萌发后随时采摘，鲜用。树脂：夏、秋季采收，阴干。果实：冬季采收，除去杂质，干燥。

【食用方法】花可凉拌、蒸食、煮汤、焖饭，亦可做馅；嫩叶焯熟后用冷水浸泡、淘洗，拌姜、葱等调味品食；树脂可煮粥或蒸食。

【性味功用】**花及花蕾（槐花）**：苦，微寒。凉血止血，清肝明目；用于肠风便血，痔疮下血，赤白痢，血淋，崩漏，吐血，衄血，疮疡肿毒，肝热头痛，目赤肿痛，预防中风。**果实（槐角）**：苦，寒。凉血止血，清肝明目；用于肠风下血，血痢，崩漏，血淋，吐血，衄血，头晕目眩，发背，烫伤。**叶（槐叶）**、**树脂（槐胶）**、**嫩枝（槐枝）**、**根（槐根）**、**树皮或根皮的韧皮部（槐白皮）**亦可入药。

【现代研究】槐花含三萜皂苷类、脂肪酸类、鞣质类、甾体类及芸香苷、芦丁、槲皮素等黄酮类成分。其中，芸香苷、芦丁和三萜皂苷有抗动脉硬化、降血压、抗过敏、改善心肌循环等作用；芦丁和槐花多糖具有抑菌活性，对金黄色葡萄球菌的抑菌活性最强；芦丁、槲皮素、鞣质具有止血作用。

【适宜人群】槐花适宜便血、痔血、肝热目赤、眩晕等患者食用。

【使用注意】脾胃虚寒、食少便溏、孕妇及无实火者慎服槐花及槐角。

【附　　方】**（1）治脱肛：**槐花、槐角等分，炒香黄，为细末，用羊血蘸药，炙热食之，以酒送下；或云以猪膘去皮，蘸药炙服。（《百一选方》）

（2）治中风失音：槐花一味炒香熟，三更后床上仰卧，随意服。（《世医得效方》）

（3）治内外痔疮，大便秘结，反复出血：将干槐角掰成小段，加上适量红糖水拌匀闷透，置铁锅中加细沙炒至老黄酥脆，炒后将槐角置通风处备用，每日 4~6g，每日 1~2 次，用开水浸泡，代茶频饮。（《中医杂志》）

刺　槐

Robinia pseudoacacia L.

·科　名	豆科 Leguminosae	·属　名	刺槐属 *Robinia*
·生活型	落叶乔木	·花果期	花期 4~6 月，果熟期 8~9 月
·特　性	喜干燥、凉爽气候，喜光，适宜中性、酸性及轻度碱性土壤		
·分　布	全省各地有栽培		

植株

枝条

托叶刺

花序

花蕾（刺槐花）

【释　　名】植株似槐，但本品具托叶刺，故名“刺槐”；原产于北美，渐移欧亚，后引入我国云南栽培，故又名“洋槐”。

【识别要点】树皮褐色，有纵裂纹。奇数羽状复叶，互生，常具托叶刺。总状花序腋生，下垂；小枝、花序轴和花柄被细柔毛；花萼斜钟状；花冠白色，芳香，旗瓣近圆形，反折，基部有黄色斑点。荚果扁平，条状长矩圆形，光滑无毛，沿腹缝线具窄翅，熟时 2 瓣裂。

【采收加工】花：4~5 月花蕾期或花初开时采收，连花序采下，摘下花，鲜用或阴干。

【食用方法】花焯水后可蒸食、炒食等。

【性味功用】**花（刺槐花）**：甘，平。平肝，止血；用于头痛，肠风下血，咯血，吐血，血崩。**根（刺槐根）**、**皮（刺槐皮）**亦可入药。

【现代研究】刺槐花富含脂肪、糖类、维生素、矿物质等，含刀豆酸、蓖麻素蛋白及黄酮类、鞣质类成分等。其中，黄酮类可改善毛细管功能，维持血管抵抗力，有抗动脉硬化、降血压、抗过敏等作用；鞣质有止血作用，其可缩短出血、凝血时间。

【适宜人群】刺槐花适宜肠道出血、痔疮便血患者食用。

【使用注意】刺槐花忌生食，部分患者食用后可能有过敏反应。

【附　　方】**治肠道出血、痔疮便血等**：采未完全开放的刺槐花，洗净，沥水，蘸面粉拌匀，加少许胡椒粉、花椒粉，蒸熟，晾凉后加入适量调味品食用。（《中国野菜野果的识别与利用》）

锦鸡儿

Caragana sinica (Buchoz) Rehd.

·科　名　豆科 Leguminosae　　·属　名　锦鸡儿属 *Caragana*

·生活型　灌木　　·花果期　花期 4~5 月，果期 5~6 月

·生　境　山间林下

·分　布　南京（溧水）、无锡（宜兴）、徐州（睢宁）、镇江等地

植株（局部）

枝条

花序

花

花蕾（锦鸡儿）

【释　　名】花黄色，形状似锦鸡，故名“锦鸡儿”。《花镜》云：“仲春开黄花，其形尖，旁开两瓣，势如飞雀可爱。”故又名“金雀花”。《百草镜》云：“白花者名银雀，最难得。”后“银”音转为“阳”，故又名“阳雀”。

【识别要点】小枝有棱，无毛。一回偶数羽状复叶，互生；小叶 4，倒卵形或长圆状倒卵形，羽状排列，有时假掌状，先端 1 对幼时通常较大，无毛；叶轴脱落或硬化成针刺状；托叶三角形，硬化成针刺状。花单生；花柄中部有关节；花萼钟状，基部偏斜；花冠蝶形，黄色，常带红色，或全为浅红色；雄蕊 10，合生。荚果圆筒状，稍扁，下垂。种子偏斜，多数。

【采收加工】花蕾：4 月至 5 月未开放时采摘，鲜用。花：盛开后采收，晒干或炕干。

【食用方法】花蕾用沸水浸烫、清水浸泡后，可炖汤、炒食、蒸食。

【性味功用】**花（锦鸡儿）**：甘，微温。健脾益肾，和血祛风，解毒，止咳化痰；用于虚劳咳嗽，头晕耳鸣，腰膝酸软，气虚，带下，小儿疳积，痘疹透发不畅，乳痈，痛风，跌打损伤，消化不良。**根或根皮（金雀根）**亦可入药。

【现代研究】锦鸡儿花蕾富含淀粉，含生物碱类、黄酮类、皂苷类及羽扇豆醇、桦木酸、熊果酸等三萜类成分，还含 β- 谷甾醇、胡萝卜苷等。其中，皂苷类、生物碱类成分对多种类型高血压有缓解作用。

【适宜人群】锦鸡儿花蕾适宜虚劳咳嗽、高血压、关节肿痛、消化不良者食用。

【使用注意】锦鸡儿花蕾忌与生、冷及酸味食材共食。

【附　　方】**（1）健脾补肾，明目聪耳：**阳雀花同猪肉做汤或蒸鸡蛋服。（《重庆草药》）

（2）治风湿关节痛：锦鸡儿 120g，白酒 500ml，浸泡 1 周，每服半酒杯，每日服 2 次，连服数日。（《河北中草药》）

（3）治高血压：金雀根 30g，水煎，加白糖适量冲服。（《浙江药用植物志》）

茉莉花

Jasminum sambac (L.) Aiton

·科　名	木犀科 Oleaceae	·属　名	素馨属 *Jasminum*
·生活型	直立或攀缘灌木	·花果期	花期 5~6 月，果期 7~9 月
·特　性	喜温暖湿润的气候，适宜富含腐殖质和排水良好的沙壤土		
·分　布	全省各地有栽培		

植株

花序

花（茉莉花）

【释　　名】梵语“mallikā”音译为“末利”，从“艹”，故名“茉莉”“茉莉花”；聚伞花序顶生，通常有花 3 朵，色白，故又名“三白”；古时女子常以其花插为头饰，“鬘”意为头发美，故又名“鬘华”。

【识别要点】小枝疏被柔毛。单叶对生；叶片纸质，圆形、椭圆形、卵状椭圆形或倒卵形，两端圆或钝，侧脉 4~6 对；叶柄被短柔毛，具关节。花极芳香；聚伞花序顶生，通常有花 3 朵，有时单花或多达 5 朵；花序梗被短柔毛；苞片微小，锥形；花萼无毛或疏被短柔毛，裂片线形；花冠白色，花冠管裂片长圆形至近圆形，先端圆或钝。果球状，呈紫黑色。

【采收加工】花蕾：6~9 月上旬花蕾洁白饱满、香浓或花初开时采摘，宜选晴天下午或傍晚，立即晒干或烘干。

【食用方法】花蕾可制作花茶或用于熏制茶叶。

【性味功用】**花（茉莉花）**：辛、微甘，温。理气止痛，辟秽开郁；用于湿浊中阻，胸膈不舒，泻痢腹痛，头晕头痛，目赤，疮毒。**花之蒸馏液（茉莉花露）**、**叶（茉莉叶）**、**根（茉莉根）**亦可入药。

【现代研究】茉莉花花蕾富含蛋白质、脂肪、膳食纤维、糖类、维生素及氨基酸等，含脂肪酸类、苯丙素类、生物碱类、多糖类及橙花醇、芳樟醇等挥发油类成分，还含五羟黄酮、异五羟黄酮、丁木栓烷、羽扇豆醇等。其中，茉莉花多糖具有提高免疫力、抗肿瘤、抗氧化等多种作用；所含挥发油有改善睡眠质量的作用。

【适宜人群】茉莉花花蕾适宜腹痛泄泻、痢疾、结膜炎、疮毒患者食用。

【使用注意】茉莉花辛香偏温，湿热内盛，燥结便秘，体内有热者均不宜服用，孕妇禁用。

【附　　方】**（1）治头晕头痛：**茉莉花 15g，鲢鱼头 1 个，水炖服。（《福建药物志》）

（2）治目赤肿痛，迎风流泪：茉莉花、菊花各 6g，金银花 9g，水煎服。（《中国药用花卉》）

（3）治湿浊中阻，脘腹闷胀，泄泻腹痛：茉莉花 6g（后下），青茶 10g，石菖蒲 6g，水煎温服。（《四川中药志》1979 年）

木　犀

Osmanthus fragrans (Thunb.) Lour.

·科　名　木犀科 Oleaceae	·属　名　木犀属 *Osmanthus*
·生活型　常绿乔木或灌木	·花果期　花期 9~10 月，果熟期翌年 3~6 月
·特　性　喜温暖，喜光，耐干燥，适宜土层深厚、富含腐殖质、肥沃而排水良好的微酸性沙壤土	
·分　布　全省各地有栽培	

植株

花序

果序

花（金桂）

花（丹桂）

花（桂花）

【释　　名】木质致密，清顾张思《土风录》谓其木“纹理如犀”，故名“木犀”；古人一度以为其“亦是菌桂（肉桂）之类而稍异”，故以“桂”相称，《本草纲目》谓其“从生岩岭间”，故又名“岩桂”，通称“桂花”；其花有白、金、红几种颜色，故又名“银桂”“金桂”“丹桂”。

【识别要点】树皮灰褐色，具叠生芽；小枝黄褐色，无毛。叶片革质，全缘或通常上半部具细锯齿，两面无毛。聚伞花序簇生于叶腋，每腋内有花多朵；苞片宽卵形，质厚，具小尖头；花极芳香；花冠黄白色、淡黄色、黄色或橘红色；雄蕊着生于花冠管中部，花丝极短，花药先端有小尖头。果实歪斜，椭圆球状，紫黑色。

【采收加工】花：9 月下旬陆续开放，当能嗅到微香后 3 日，花蕾裂口为 5mm、呈虎爪形、花色最鲜艳时采收，宜选晴天早晨，拣去杂质，阴干，密闭贮藏。种子：翌年 3~6 月果实成熟后采收，晒干。

【食用方法】花可供酿酒，也可制作桂花茶、桂花糖、桂花糕等，亦可提取香料用于食品加工中；种子可榨油食用。

【性味功用】**花（桂花）**：辛，温。温肺化饮，散寒止痛；用于痰饮咳喘，脘腹冷痛，肠风血痢，经闭痛经，寒疝腹痛，牙痛，口臭。**花经蒸馏而得的液体（桂花露）、果实（桂花子）、枝叶（桂花枝）、根及根皮（桂花根）**亦可入药。

【现代研究】木犀花富含钾、硒等矿物质，含癸桂花烷、紫罗兰酮、芳樟醇、橙花醇、月桂酸、烟酰胺、D- 阿洛醇、β- 谷甾醇、齐墩果酸及黄酮类成分等。其中，木犀总黄酮有着较好的抗氧化活性。

【适宜人群】桂花适宜一般人群，尤其适宜肺寒咳嗽、脘腹冷痛及口臭人群食用。

【使用注意】实热证以及阴虚火旺者慎服桂花。

【附　　方】**（1）治胃寒腹痛**：桂花、高良姜各 4.5g，小茴香 3g，煎服。（《安徽中草药》）

（2）治口臭：桂花适量，煎水含漱。（《安徽中草药》）

忍　冬

Lonicera japonica Thunb.

·科　名　忍冬科 Caprifoliaceae　　·属　名　忍冬属 *Lonicera*

·生活型　半常绿藤本　　·花果期　花期 4~6 月，果熟期 10~11 月

·生　境　山坡灌丛、疏林、乱石堆、山足路旁、村庄篱笆边

·分　布　全省各地有野生和栽培

植株（栽培）

花序

花

果实

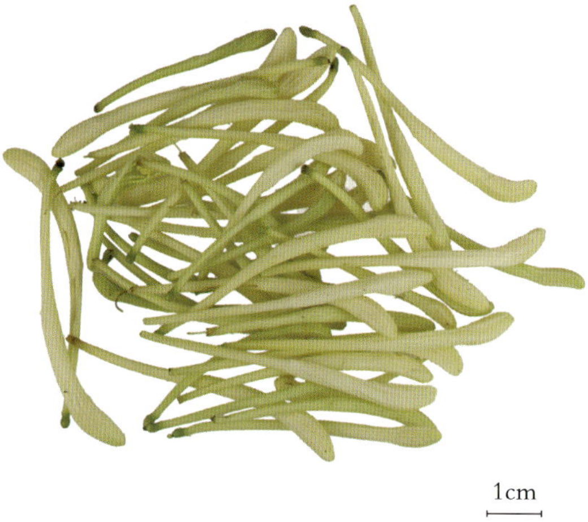

花蕾

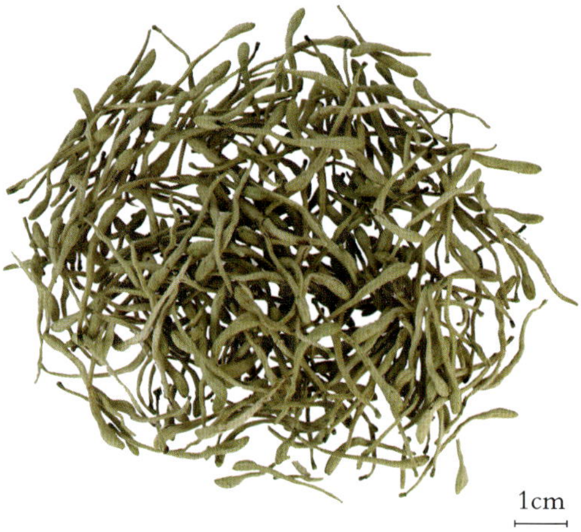

花蕾（金银花）

【释　　名】茎叶凌冬不凋，故名“忍冬”；花初开为白色，后转为金黄色，黄白相间，故又名“金银花”；花成对腋生，故又名“双花”；花冠筒细长，雄蕊生于花冠内面筒口附近，伸出花冠外，状若垂须，故又名“老翁须”；其藤左旋，故又名“左缠藤”。

【识别要点】茎缠绕，小枝髓心逐渐中空；小枝、叶柄和总花梗密被黄褐色开展的糙毛、腺毛和短柔毛。叶对生，卵形至披针形，上部叶常两面均密被短糙毛。总花梗常单生于小枝上部叶腋，顶生 2 花；苞片大，叶状；小苞片短于萼筒；萼檐 5 裂；花冠白色，后变黄色，基部有时呈微红，二唇形，筒稍长于唇瓣，外被糙毛和长腺毛，下唇带状而反曲。果实圆形，熟时蓝黑色。

【采收加工】花蕾或带初开的花：夏初由青色转白色时采收，鲜用或干燥。嫩茎叶：春季萌发后采摘，鲜用。茎枝：秋、冬季采割，晒干。

【食用方法】花经沸水焯后可凉拌、炒食、炖粥、做汤、炖肉，也可晒干后制作清凉饮料或泡茶；嫩茎叶焯水后可凉拌、炒食。

【性味功用】**花蕾或带初开的花（金银花）**：甘，寒。清热解毒，疏散风热；用于外感风热，温病初起，咽喉肿痛，丹毒，痈肿疔疮，血痢便血。**茎枝（忍冬藤）**：甘，寒。清热解毒，疏风通络；用于温病发热，疮痈肿毒，热毒血痢，风湿热痹，关节红肿热痛。**花蕾的蒸馏液（金银花露）**、**叶（忍冬叶）**、**果实（金银花子）**亦可入药。

【现代研究】金银花含绿原酸、异绿原酸、咖啡酸、白果醇、β- 谷甾醇、木犀草素、芳樟醇、肌醇及皂苷类、鞣质类成分等。其中，绿原酸、异绿原酸、咖啡酸等有机酸类成分能收敛伤口，还能抗菌、抗病毒，起到消炎作用，可用于治疗热毒血痢、便血。

【适宜人群】金银花适宜湿热毒火内蕴所致的疮痈初起、疔肿疼痛、疥癣、湿疹、风疹、麻疹、皮炎过敏者，暑热烦渴、热入营血、舌绛神昏、心烦少寐者，外感风热、温病初起、身热头痛、咽痛口渴及热毒血痢者食用。

【使用注意】脾胃虚寒及疮疡属阴证者慎服金银花、忍冬藤。

【附　　方】**（1）治痢疾**：金银花（入铜锅内，焙枯存性）25g，红痢以白蜜水调服，白痢以砂糖水调服。（《1200 种中草药彩色图鉴》）

（2）预防流行性乙型脑炎、流行性脑脊髓膜炎：金银花、连翘、大青根、芦根、甘草各 15g，水煎，代茶饮，每日 1 剂，连服 3~5 天。（《1200 种中草药彩色图鉴》）

（3）治咽痛：金银花、白糖各 18g，开水浸泡，代茶饮。（《家庭饮食疗法》）

金盏花

Calendula officinalis L.

·科　名　菊科 Compositae　　·属　名　金盏花属 *Calendula*

·生活型　一年生草本　　·花果期　花期 4~9 月，果期 6~10 月

·特　性　喜温暖向阳的环境，适宜肥沃疏松、排水良好的夹沙土

·分　布　全省各地有栽培

植株

花序

果实

头状花序（金盏菊）

【释　　名】花多为明黄或橙黄色，花瓣紧密聚拢，呈浅盆状，“盏”意为浅而小的杯子，故名“金盏花”；本品为菊科植物，故又名“金盏菊”。

【识别要点】基生叶长圆状倒卵形或匙形，全缘或具疏细齿，具柄；茎生叶长圆状披针形或长圆状倒卵形，无柄，边缘波状而具不明显的细齿。头状花序单生茎枝端；小花黄色或橙黄色；管状花檐部具三角状披针形裂片；花药基部箭形。瘦果全部弯曲，淡黄色或淡褐色，外层的瘦果大半内弯，外面常具小针刺，顶端具喙，两侧具翅，脊部具规则的横皱褶。

【采收加工】头状花序：春、夏季花盛期采摘，鲜用或阴干。嫩叶：春季萌发后随时可采，鲜用。

【食用方法】新鲜头状花序可做沙拉，干燥头状花序可泡茶，也可入馔，炖食、煮食、做汤等，并可提取天然食用色素；嫩叶可凉拌、炒食。

【性味功用】**头状花序（金盏菊）**：淡，平。凉血止血，清热泻火；用于肠风便血，目赤肿痛。**全草（金盏菊）**、**根（金盏菊根）**亦可入药。

【现代研究】金盏菊花富含糖类、脂类、蛋白质、氨基酸、树脂、黏液质、类胡萝卜素及多种维生素、矿物质等，含番茄烃、蝴蝶梅黄素、玉红黄质、叶黄素、软脂酸、硬脂酸、油酸、苹果酸及多糖类成分等。其中，叶黄素是一种效果较为理想的抗氧化剂，且对视网膜具有保护作用。

【适宜人群】金盏菊花适宜目赤肿痛、眼疾、便血患者食用。

【使用注意】体质虚弱、虚寒便溏者慎服金盏菊花。

【附　　方】**治肠风便血**：鲜金盏菊花 10 朵，酌加冰糖，水煎服。（《内蒙古中草药》）

菊 花

Dendranthema morifolium (Ramat.) Tzvel.

·科　名　菊科 Compositae　　·属　名　菊属 *Dendranthema*

·生活型　多年生草本　　·花果期　花期 9~10 月，果期 10~11 月

·特　性　喜温暖湿润的气候，喜阳光充足、通风透气的条件，适宜疏松透气、排水良好的土壤

·分　布　全省各地有栽培

植株（大洋菊）

植株（金丝皇菊）

花序正面（大洋菊）

花序背面（大洋菊）

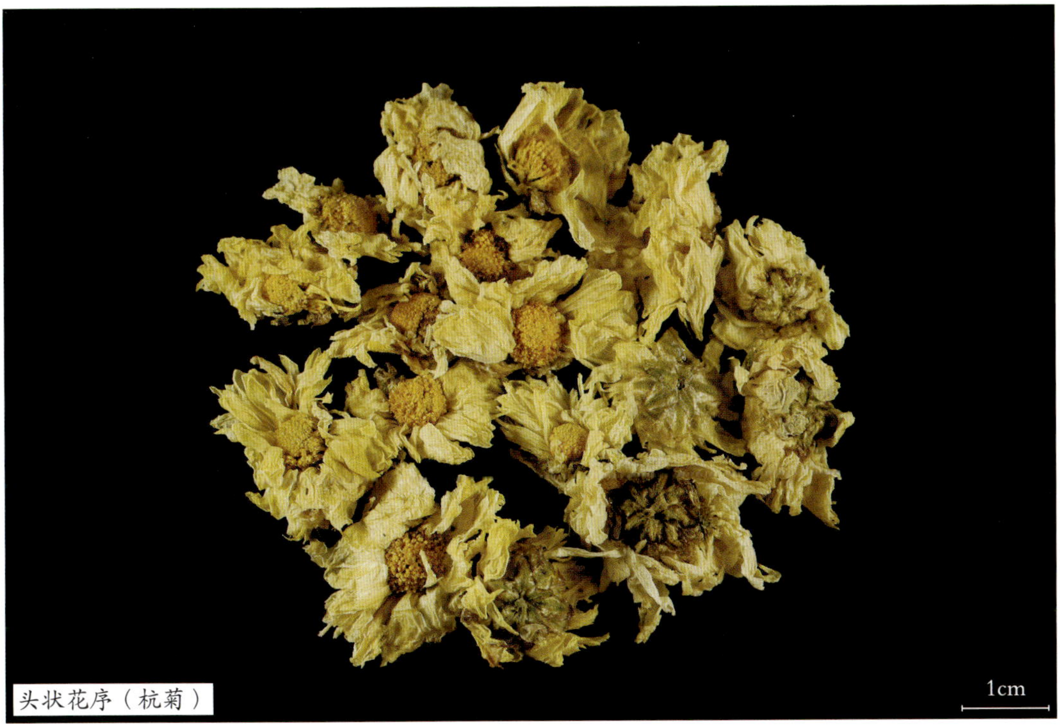

头状花序（杭菊）

【释　　名】《本草纲目》云："按陆佃《埤雅》云，菊本作蘜，从鞠，穷也。《月令》，九月，菊有黄华。华事至此而穷尽，故谓之蘜。节华之名，亦取其应节候也。"今按，"节华"疑为"菊花"音讹，故名"菊花"。

【识别要点】茎被灰白色柔毛。叶片卵形至披针形，边缘具粗锯齿或羽状深裂，裂片先端钝或圆，边缘具不规则锯齿，叶面疏被白色或黄白色柔毛，叶背密被柔毛。头状花序直径 2~20cm，单生或数个聚生茎顶；总苞片狭杯状；舌状花白色、黄色、红色、黄红色或稀紫色；管状花黄色，檐部 5 裂齿；花药基部钝或微尖。瘦果狭倒卵形，长 3~5mm，直径 1.5~2.5mm，密被毛，或瘦果不发育。

【采收加工】头状花序：9~11 月花盛开时分批采收，鲜用、阴干或焙干，或熏、蒸后晒干。幼嫩茎叶：春、夏季萌发后随时可采，鲜用。

【食用方法】头状花序可凉拌、炒食、做馅、制饼、做糕、煮粥，也可泡酒、制茶饮；幼嫩茎叶可煮粥。

【性味功用】**头状花序（菊花）**：甘、苦，微寒。散风清热，平肝明目，解毒消肿；用于外感风热或风温初起，发热头痛，眩晕，目赤肿痛，疔疮肿毒。**幼嫩茎叶（菊花苗）**：甘、微苦，凉。清肝明目；用于头风眩晕，目生翳膜。**叶（菊花叶）**、**根（菊花根）**亦可入药。

【现代研究】菊花头状花序富含蛋白质、腺嘌呤、氨基酸、胆碱、叶黄素、硒、铬、镍、锰及多种维生素等，含樟脑、桉叶素、龙脑、咖啡酸、绿原酸、芹菜素、刺槐苷、木犀草素、大波斯菊苷、葡萄糖苷、菊苷及多糖类成分等。其中，绿原酸具有显著的抗菌、抗病毒作用；木犀草素具有显著的清除自由基和保护细胞能力；菊花多糖可以通过促进有益的肠道菌群生长，调节肠道微生态平衡和免疫系统。

【适宜人群】菊花适宜高血压，尤其是肝阳上亢或肝火旺盛导致的头痛、眩晕、目赤肿痛、烦躁者，风热感冒初起，有发热、头痛、咳嗽等症状患者服用。

【使用注意】脾胃虚弱、虚寒泄泻者慎用菊花。

【附　　方】**（1）治高血压：**白菊花 15g，红枣 3 粒，水煎服。（《福建药物志》）

（2）治久患头风头痛、眩晕：杭菊花 60g，枸杞子 60g，绍兴酒适量，浸泡 10~20 日，去渣过滤，再加蜂蜜适量，每日早晚各饮 1 小杯。（《食物中药与便方》）

（3）清目宁心：甘菊新长嫩头丛生叶，摘来洗净，细切，入盐同米煮粥，食之。（《遵生八笺》）

蘘　荷

Zingiber mioga (Thunb.) Rosc.

·科　名　姜科 Zingiberaceae	·属　名　姜属 *Zingiber*
·生活型　多年生草本	·花果期　花期 8~10 月，果期 11~12 月
·生　境　山坡	·分　布　南京、无锡（宜兴）等地有栽培

植株

花

嫩花序（蘘荷花）

【释　　名】《说文解字》曰：“蘘，蘘荷也。一名葍蒩。”《植物名实图考》记载：“蘘荷，嘉草也，其叶如荷，故名‘以荷’；其功除蛊，故名‘以嘉’。”其茎芽与莲子心形态相似，故名“蘘荷”。野生于山谷，植株形态与生姜相近，故又名“野生姜”。

【识别要点】根状茎圆柱状，淡黄色。叶两侧排列，披针形或狭长椭圆形，基部渐狭成短柄；叶舌膜质，2裂。穗状花序直立，由根状茎抽出，椭圆形；花序梗无至长达15cm，被鳞片状鞘；苞片披针形或椭圆形，顶端常带紫色，短于花冠管；花萼一侧开裂；花冠淡黄色；唇瓣下弯，3裂，中裂片中部黄色，边缘白色，两侧裂片小。蒴果卵状，熟时3瓣裂。种子黑色，被白色假种皮。

【采收加工】嫩花序：夏季花未开时采摘，鲜用。根茎：夏、秋季采收，鲜用或切片晒干。

【食用方法】嫩花序用沸水烫至半熟，切碎，用姜、青椒、盐等稍腌后挤去水分，加调料凉拌，也可直接炒、烧、炮，或盐渍、酱腌。

【性味功用】**根茎（蘘荷）**：辛，温。活血调经，祛痰止咳，解毒消肿；用于月经不调，痛经，跌打损伤，咳嗽气喘，痈疽肿毒，瘰疬。**花（蘘荷花）**、**果实（蘘荷子）**亦可入药。

【现代研究】蘘荷嫩花序富含蛋白质、脂肪、纤维素、胡萝卜素、核黄素、维生素和多种矿物质，含正十六烷酸、角鲨烯、芳樟醇、雪松醇及多糖类成分等。其中，蘘荷多糖通过清除亚硝酸盐而抑制强致癌物质亚硝酸胺的形成，从而减小机体细胞癌变的概率；角鲨烯对食管癌、胃癌、肺癌等癌症具有一定的抑制作用，同时还可增强白细胞的代谢活动，对肿瘤化疗等所致的白细胞减少症有较好疗效；芳樟醇具有抗细菌、抗真菌和抗病毒作用。

【适宜人群】囊荷嫩花序适宜寒性胃痛、腹痛、痛经以及有跌打损伤者食用。

【使用注意】阴虚内热或实热炽盛者不宜食用囊荷嫩花序。

【附　　方】**治跌打损伤：**鲜囊荷根茎 15~30g，水煎服，或晒干研粉，用黄酒冲服，每次 9~15g。（《浙江民间常用草药》）

黄花菜

Hemerocallis citrina Baroni

·科　名　百合科 Liliaceae	·属　名　萱草属 *Hemerocallis*
·生活型　多年生丛生草本	·花果期　花期 8~10 月，果期 11~12 月
·生　境　山坡、山谷草丛中	·分　布　全省各地有野生和栽培

植株

花序

花

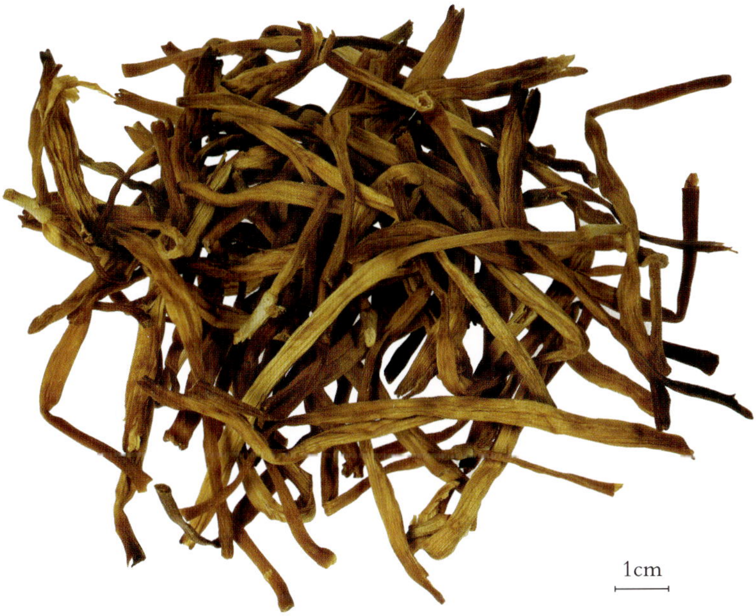

花蕾（金针菜）

【释　名】本种的花蕾金黄色，且可作菜肴，故名“黄花菜”；因其花蕾多以干制品保存，呈细条状，故又名“金针菜”“金针花”。

【识别要点】根近肉质，中下部常有纺锤状膨大。基生叶深绿色，宽线形。花茎基部三棱形，上部圆柱状，有分枝；螺壳状聚伞花序排成圆锥状，花多达几十朵；花午后开放，次日午前凋萎；花被淡黄色，有时在花蕾时顶端带黑紫色，合生，长 8~16cm；花被管长 3~5cm，花被裂片向外反卷。蒴果钝三棱形椭圆状。种子黑色，有棱。

【采收加工】花蕾：6 月下旬至 8 月上旬每日上午 5~10 时采摘，选择花蕾个大饱满、质地松、花嘴欲裂未裂、色泽发黄、三条接缝明显者，从花蒂和薹梗连接处折断，蒸后晒干。

【食用方法】花蕾经蒸晒加工后可烧、拌、炒、煮、炝、腌、扒、煎、炖、焖、蒸及做汤、做馅、做粥，也可作火锅料。

【性味功用】**花蕾（金针菜）**：甘，凉。清热利湿，宽胸解郁，凉血解毒；用于小便短赤，黄疸，胸闷心烦，少寐，痔疮便血，疮痈。**根（萱草根）**、**嫩苗（萱草嫩苗）**亦可入药。

【现代研究】黄花菜花蕾富含蛋白质、脂肪、糖类、氨基酸、膳食纤维、卵磷脂、维生素及钾、钙、锰等矿物质，含大黄酸、黄花蒽醌、山柰酚、槲皮素、萱草酮及生物碱类、多糖类成分等。其中，卵磷脂能清除动脉里的沉积物，对注意力不集中、脑动脉阻塞有特殊疗效，也有良好的镇静安眠作用，对抑郁症有一定效果；黄花菜多糖具有抗氧化、抗癌、降血脂等重要功能。

【适宜人群】金针菜适宜情志不畅、精神抑郁、神经衰弱者，心慌气短、阳痿早泄者，咯血、呕血、便血、痔疮等各种出血患者，产后少乳或乳汁不通者及肿瘤患者食用。

【使用注意】黄花菜新鲜花蕾中含有秋水仙碱，可造成胃肠道中毒症状，故不能生食。

【附　　方】**（1）治痔疮出血：**黄花菜30g，红糖适量，煮熟，早饭前1小时服，连服3~4日。（《福建药物志》）

（2）治失眠：金针菜30g，水煮半小时去渣，加冰糖再煮2分钟，睡前1小时饮服。（《食物中药与便方》）

番红花

Crocus sativus L.

·科　名　鸢尾科 Iridaceae　　·属　名　番红花属 *Crocus*

·生活型　多年生草本　　·花果期　花期10~11月，果期11~12月

·特　性　喜温暖湿润的气候，怕酷热，耐寒，适宜向阳处的疏松肥沃、富含腐殖质、排水良好的沙壤土

·分　布　苏南与苏中地区有零星栽培

植株

球茎

花

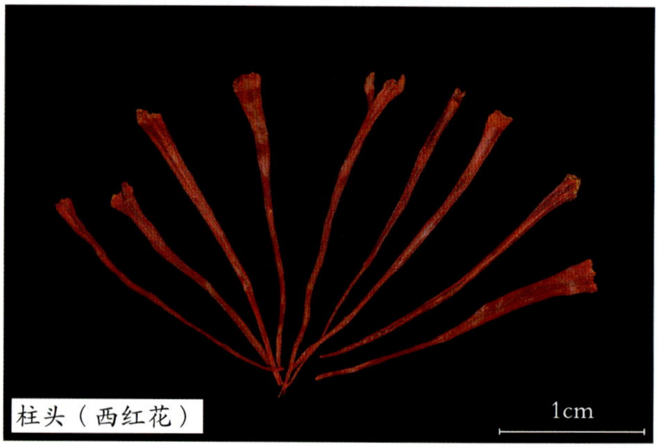

柱头（西红花）

【释　　名】花柱色红而形态似红花，本品来源于西方番地，故名“番红花”“西红花”；原产西班牙、伊朗等国，经由印度引进我国，以我国西藏为集散地，古代误以为西藏所产，故又名“藏红花”。

【识别要点】球茎扁圆球状，外有黄褐色的膜质包被。叶基生，条形，灰绿色，边缘反卷；叶丛基部包有 4 或 5 片膜质的鞘状叶。花茎甚短，不伸出地面；花 1 或 2 朵，花被裂片 6，2 轮排列，内、外轮花被裂片皆为倒卵形，基部常合生成花被管，花被管细长；雄蕊直立，花药黄色，顶端尖，略弯曲；花柱橙红色，上部 3 分枝，柱头略扁，有浅齿，较雄蕊长。蒴果椭圆状。

【采收加工】柱头：10~11 月下旬选晴天早晨日出时采收，花整朵采下，再摘取柱头，随即晒干，或在 55~60℃下烘干，除去杂质，备用。

【食用方法】柱头可泡茶，也可搭配鸡蛋烹食。

【性味功用】**柱头（西红花）**：甘，平。活血化瘀，解郁安神，凉血解毒；用于痛经，经闭癥瘕，月经不调，产后瘀阻，跌扑损伤，忧郁痞闷，惊悸，温病发斑，麻疹。

【现代研究】番红花柱头富含类胡萝卜素、胡萝卜素、氨基酸等，含藏花素、西红花酸、藏红花苦苷、藏红花醛、西红花苦素、番红花苷 1–4、反式和顺式番红花二甲酯、α- 菠固醇、山柰酚、槲皮素、咖啡酸及多糖类成分等。其中，藏红花苷类对多种中枢神经系统疾病（如癫痫、惊厥、失眠、神经退行性疾病等）以及多种心血管疾病（如高血压、动脉粥样硬化等）有很好的疗效；藏红花醛具有止痛、抗过敏、抑制血小板聚集等作用。

【适宜人群】西红花适宜血瘀、血热患者食用。

【使用注意】孕妇禁用西红花。

【附　　方】**（1）治月经不调：**番红花 3g，黑豆 150g，红糖 90g，水煎服。（《青岛中草药手册》）

（2）治各种痞结：藏红花，每服 1 朵，冲汤下。忌食油荤、盐，宜食淡粥。（《本草纲目拾遗》）

（3）治跌打损伤：番红花 3g，煎汁，加白酒少许，外洗患处。（《青岛中草药手册》）

五、果实种子类

银 杏

Ginkgo biloba L.

·科　名　银杏科 Ginkgoaceae　　·属　名　银杏属 *Ginkgo*

·生活型　落叶乔木　　·花果期　花期 3~4 月，种熟期 9~10 月

·特　性　喜温暖湿润的气候，喜阳，耐寒，耐旱，忌涝，适宜土层深厚的沙壤土

·分　布　全省各地有栽培

植株（雌株）

雄球花

雌球花

果实

去外种皮的种子（白果）

【释　　名】因其形似小杏而核色银白也，故名“银杏”；种皮骨质色白，故又名“白果”；叶形似鸭脚掌，故又名“鸭脚板”；本品生长缓慢，树龄较长，《花镜》云“言公种而孙始得食也”，故又名“公孙树”。

【识别要点】树皮淡灰色，深纵裂；雌雄异株，雄株长枝常斜上伸展，雌株长枝较开展或下垂；短枝密被叶痕。叶扇形，具多数叉状并列细脉，上缘有波状缺刻，有时中部浅裂或深裂；在短枝上簇生。雄球花 4~6，生于短枝顶端叶腋或苞腋，下垂；雌球花数个，生于短枝叶丛中，淡绿色，梗常分 2 叉。种子椭圆状，外种皮熟时有臭味，淡黄色或橘黄色，被白粉，中种皮骨质，白色，内种皮膜质，黄褐色。

【采收加工】种子：秋季成熟时采收，除去肉质外种皮，洗净，稍蒸或略煮后，烘干。叶：秋季尚绿时采收，及时干燥。

【食用方法】成熟种子可作干果食用，也可作配菜炒食。

【性味功用】**成熟种子（白果）**：甘、苦、涩，平；有毒。敛肺定喘，止带缩尿；用于痰多喘咳，带下白浊，遗尿尿频。**叶（银杏叶）**：甘、苦、涩，平。活血化瘀，通络止痛，敛肺平喘，化浊降脂；用于瘀血阻络，胸痹心痛，中风偏瘫，肺虚咳喘，高脂血症，高血压，冠心病，心绞痛。**根和根皮（白果根）**亦可入药。

【现代研究】银杏种子富含蛋白质、脂肪、糖类及钾、磷、镁等矿物质，含白果酸、白果醇、银杏二酚等成分。银杏叶含银杏内酯、莽草酸、白果双黄酮、异白果双黄酮及甾醇类成分等。其中，银杏内酯及双黄酮成分对冠心病、心绞痛、脑梗死等有较好疗效，可降低人体血液中胆固醇水平，防止动脉硬化。

【适宜人群】白果适宜带下、遗精等患者食用。银杏叶适宜心脑血管疾病如高血压、高脂血症、动脉硬化、冠心病、脑梗死等患者服用。

【使用注意】白果生食有毒，咳嗽痰稠者慎用。有实邪者忌用银杏叶。

【附　　方】**（1）治支气管哮喘，肺结核咳嗽：**白果仁 9~12g（炒、去壳），加水煮熟，加入砂糖或蜂蜜，连汤食之。（《食物中药与便方》）

（2）治梦遗：银杏 3 粒，酒煮食，连服 4~5 日。（《湖南药物志》）

（3）治小儿腹泻：白果 2 个，鸡蛋 1 个，将白果去皮研末，鸡蛋打破一孔，装入白果末，烧熟食。（内蒙古《中草药新医疗法资料选编》）

榧

Torreya grandis Fort. ex Lindl.

·科　名	红豆杉科 Taxaceae	·属　名	榧树属 *Torreya*
·生活型	常绿乔木	·花果期	花期 4 月，种熟期翌年 10 月
·特　性	喜凉爽多雾、潮湿的环境，适宜疏松肥沃、排水良好的酸性或微酸性壤土		
·分　布	苏南地区有栽培		

枝条

果实

成熟种子（榧子）

【释　　名】《本草纲目》曰："榧亦作棑，其木名文木，斐然章采，故谓之榧。"因本品木材肌理有纹彩，故名"榧"。药用其种子，故又名"榧子"。因其种仁炒食味极香，故又名"香榧子"，简称"香榧"。

【识别要点】树皮不规则纵裂；一年生枝绿色，二年生或三年生枝黄绿色、淡褐黄色或暗绿黄色，稀淡褐色。叶线形，交叉对生，排成 2 列，长 1.1~2.5cm，先端凸尖，基部圆或微圆，叶面无隆起的中脉，有 2 条纵槽，叶背气孔带常与中脉带等宽，绿色边带与气孔带等宽或稍宽。雌雄异株；雄球花单生于叶腋；雌球花成对生于叶腋，无梗。种子椭圆状，全包于淡紫褐色肉质假种皮中，顶端微凸。

【采收加工】种子：秋季成熟时采摘，除去肉质假种皮，取出种子，洗净，晒干。

【食用方法】种子可作干果直接食用，也可炒食、榨油或入素羹。

【性味功用】**成熟种子（榧子）**：甘、涩，平。杀虫消积，润燥通便，润肺止咳；用于钩虫病，蛔虫病，绦虫病，小儿疳积，肺燥咳嗽，肠燥便秘，痔疮。**根皮（榧根皮）**、**球花（榧花）**、**枝叶（榧枝叶）**亦可入药。

【现代研究】榧种子富含维生素及碘等矿物质，含亚油酸、棕榈酸等挥发油类成分，多糖类、脂肪油类、生物碱类、甾醇类、鞣质类成分及草酸等。其中，脂肪油为治疗肠道寄生虫的主要成分；生物碱类成分对治疗淋巴瘤有一定疗效。

【适宜人群】榧子适宜一般人群，尤其适宜肠道寄生虫、便秘、痔疮人群食用。

【使用注意】榧子不宜多食，脾虚泄泻者不宜食用。

【附　　方】（1）**治蛔虫、钩虫、蛲虫、姜片虫、绦虫病等：**香榧炒熟，每日早晨空腹时适量嚼食（30~60g）。（《食物中药与便方》）

（2）**治痔疾，疝气，小便频数，小儿疳积，夜盲症等：**每日嚼食香榧7粒。（《食物中药与便方》）

芡

Euryale ferox Salisb.

·科　名　睡莲科 Nymphaeaceae	·属　名　芡属 *Euryale*
·生活型　一年生大型水生草本	·花果期　花期7~8月，果期8~9月
·生　境　池塘、湖泊	·分　布　全省各地有栽培

植株

果实纵剖面

叶背面

花

雌花与雄花

【释　　名】本品为木质

头相通，故

果熟期8月

【识别要点】茎纤细，缠

先端圆或微

上部有雄花

内弯；雌花

雄蕊6~9。

白色瓤状果

【采收加工】果实：8~9

泡透后晒干

茎部，除去

【食用方法】成熟果实可

【性味功用】**近成熟果实**

于脘胁胀痛

利尿通淋，

热，咽喉疼

亦可入药。

【现代研究】木通果实富

含齐墩果酸

毛细血管通

症化学中介

去皮种仁（鸡头米）

成熟种仁（芡实）

【释　　名】李时珍云“芡可济俭歉，故谓之芡”，本品药食两用，在灾荒、歉收之年可以救荒，故名“芡”；可食用部位为种子，故又名“芡实”；宿萼呈喙状，连同果实形似鸡头，故又名“鸡头莲”“鸡头米”；其叶似莲，花托膨大、多刺，故又名“刺莲藕”“刺莲蓬实”。

【识别要点】叶2型；初生叶沉水，较小，椭圆状圆形，基部2裂；后生叶浮水，革质，圆形或盾状心形，直径可达1m，叶缘有1小凹缺，叶面皱褶不平，叶背紫红色，两面叶脉分叉处有硬刺。叶柄、花柄、花萼、果实外均密被硬刺；萼片直立或稍开展，内面紫色，外面绿色；花瓣紫红色，数轮，向内渐小至变成雄蕊状；无花柱，柱头盘状，凹陷，红色。浆果暗紫红色。种子球形，成熟后黑色。

【采收加工】种仁：秋末冬初果实成熟时采收，击碎果皮，取出种子，再除去硬壳（外种皮），鲜用或晒干。叶柄和花茎：夏季采收，鲜用或晒干。根茎：秋季采收，洗净，鲜用或晒干。

【食用方法】种仁可煮食、酿酒、制芡实茶，也可提取淀粉，用于加工芡实糕等保健食品；叶柄和花茎去皮后可作蔬菜炒食；根茎肥大，含有淀粉，可煮食或制淀粉。

【性味功用】**成熟种仁（芡实）**：甘、涩，平。益肾固精，补脾止泻，除湿止带；用于遗精滑精，遗尿尿频，脾虚久泻，白浊，带下。**根茎（芡实根）**：咸、甘，平。散结止痛，止带；用于疝气疼痛，无名肿毒，带下。**花茎（芡实茎）**：咸、甘，平。清虚热，生津液；用于虚热烦渴，口干咽燥。**叶（芡实叶）**亦可入药。

【现代研究】芡种仁富含淀粉、蛋白质、脂肪、维生素及钙、磷、铁、硒等矿物质，含亚油酸、角鲨烯及黄酮类、多酚类、多糖类成分等。其中，芡实多糖具有抗疲劳作用；芡实提取物能够抑制胃黏膜中有害自由基的生成，从而保护胃黏膜；水煎液能够通过降低尿蛋白改善肾损伤，延缓糖尿病性

【适宜人群】
【使用注意】
【附　　方】

木

·科　名	木
·生活型	落
·生　境	灌
·分　布	南 淮

植株

【适宜人群】预知子适宜一般人群，尤其适宜肝胃不和、脘腹疼痛、消化不良及肿瘤患者食用。木通适宜小便不利、咽喉肿痛、乳汁不通患者服用。

【使用注意】滑精、气弱、津伤口渴及孕妇慎用木通。

【附　　方】**（1）治中寒腹痛、疝痛：**八月瓜 30g，小茴香 12g，水煎服。（《四川中药志》1979 年）

（2）治心经有热，唇焦面赤，小便不通：木通、连翘各三钱，水盅半，灯心十茎，煎八分服。（《医宗必读》）

（3）治血淋，小便赤涩疼痛：木通 15g，生地黄 30g，粳米 100g，先煎前两味，去渣，入米煮粥，空腹食。（《中国药膳大辞典》）

榆　树

Ulmus pumila L.

·科　名	榆科 Ulmaceae	·属　名	榆属 *Ulmus*
·生活型	乔木	·花果期	花期 3 月，果期 4 月
·生　境	山坡、丘陵、村落房屋前后	·分　布	全省各地

花序

果序

未成熟果实（榆钱）

【释　　名】《本草纲目》谓“按王安石《字说》云：榆沈俞柔，故谓之榆”，古时用榆皮的黏汁给运输工具助滑，汁液非常柔软，润滑效果很好，故名“榆树”；常生于家宅旁，故又名“家榆”；所结翅果形圆似古币中的小麻钱，故又名“榆钱”。

【识别要点】树皮粗糙，小枝无木栓翅。叶片椭圆形或椭圆状披针形，叶面无毛，叶背幼时被短柔毛，后无毛或脉腋有毛，叶缘有单锯齿，很少重锯齿。早春发叶前开花；数朵簇生成聚伞花序；花被钟形，4~5 裂；雄蕊 4~5。翅果近圆形或宽倒卵形，长 1.2~2cm，无毛，顶端凹缺；果核位于翅果中部或近中部，很少接近凹缺处；果柄长约 2mm。

【采收加工】未成熟果实：春季未出叶前采摘，除去杂质，鲜用。果实或种子：4~6 月成熟时采摘，果实需除去果翅，晒干。树皮：夏、秋季剥下，去粗皮。根皮：秋季采收，鲜用或晒干。

【食用方法】未成熟果实可做面食、炒食、凉拌、做汤；果实或种子可榨油食用；树皮可磨成面粉，作醋原料。

【性味功用】**果实或种子（榆荚仁）**：甘、微辛，平。安神健脾，清热利水，消肿杀虫；用于神经衰弱，失眠，食欲不振，带下，小便不利，水肿，小儿疳热羸瘦，烫火伤，疮癣。**树皮、根皮（榆白皮）**：甘，微寒。解毒消肿，安神，利小便；用于关节炎及创伤，神经衰弱，失眠，体虚浮肿等。**叶（榆叶）、花（榆花）、枝（榆枝）、茎皮部的涎汁（榆皮涎）**亦可入药。

【现代研究】榆树未成熟果实富含蛋白质、脂肪、糖类、烟酸、维生素 C 等。其中，所含的烟酸、种子油具有清热解毒、杀虫消肿的作用，可灭杀多种人体寄生虫，同时还可利尿消肿。

【适宜人群】榆树未成熟果实适宜一般人群，尤其适宜失眠、食欲不振、带下、小便不利、水肿等患者食用。

【使用注意】胃及十二指肠溃疡患者不宜食用榆树未成熟果实。胃气虚寒者慎服榆白皮。

【附　　方】**（1）治体虚白带：**榆钱和白面蒸发糕吃。（《山西中草药》）

（2）治身体暴肿满：榆皮捣屑，随多少，杂米作粥食，小便利。（《备急方》）

（3）治体虚浮肿：榆叶、榆树皮各适量，取新鲜鲤鱼 1 条（250~500g，去肠杂，洗净），将上药塞满鱼腹，水煮，食肉喝汤。（《安徽中草药》）

大　麻

Cannabis sativa L.

·科　名	桑科 Moraceae	·属　名	大麻属 *Cannabis*
·生活型	一年生草本	·花果期	花期 5~6 月，果期 7~8 月
·特　性	喜温暖的气候，适宜排水良好的沙壤土和黏性壤土		
·分　布	徐州（丰县）、盐城（大丰、阜宁、射阳）、扬州（宝应、高邮）等地有栽培		

植株

雄花序

雌花序

雌花

果序

果实（火麻仁）

【释　　名】“麻”为会意字，“广”表示房子，“林”指树木枝条，本品植株高大，茎皮纤维长而坚韧，古代人们将其茎枝砍劈回家，用于制麻，也有传说因其叶有毒，具麻醉作用，故名“大麻”；茎枝在民间多作引火用，故又名“火麻”；种子外包有黄褐色苞片，被称为“黄麻仁”，故又名“黄麻”；汉使张骞自大宛得“胡麻”，为作区分，故又名“汉麻”。

【识别要点】茎直立，密生短柔毛，皮层有纤维。掌状复叶，小叶 3~11，几无柄，披针形至线状披针形，先端渐尖，叶面有糙毛，叶背密生灰白色毡毛；叶柄细，密被灰白色贴伏毛。花雌雄异株；雄花黄绿色，排列成长而疏散的圆锥花序，花被和雄蕊各 5；雌花丛生于叶腋，绿色，花被 1，紧贴子房，每花有卵形膜质苞片 1；花柱 2。瘦果扁卵形，外包宿存黄褐色苞片；果皮坚脆，表面具细网纹。

【采收加工】果实：10~11 月果实大部分成熟时割取果株，晒干，脱粒，扬净。

【食用方法】果实可煎汤、煮粥。

【性味功用】**果实（火麻仁）**：甘，平。润燥滑肠，利水通淋，活血；用于血虚津亏，肠燥便秘，风痹，消渴，风水，脚气病，热淋，痢疾，月经不调，疮癣，丹毒等。**根（麻根）**、**茎皮部纤维（麻皮）**、**叶（麻叶）**亦可入药。

【现代研究】大麻果实富含脂肪油、蛋白质、维生素、卵磷脂、葡萄糖及钙、镁等矿物质，含脂肪油类、甾醇类、烯类成分等。其中，不吸收脂肪油在肠中分解为脂肪酸，刺激肠壁，增加分泌，加快蠕动，具有润肠通便的作用；所含蛋白质具有免疫调节作用。

【适宜人群】火麻仁适宜便秘人群食用。

【使用注意】脾肾不足之便溏、阳痿、遗精、带下者慎服火麻仁。果实中含有微量毒蕈碱，具有一定的毒性，不宜大剂量或长期服用。

【附　　方】**（1）治老人、小儿以及产妇大便秘结：**火麻仁15g（小儿6~9g），炒香研末，米汤调和，一次服下。如大便不下，第二天再服，以便通为度。（《食物中药与便方》）

（2）治老人风痹，水肿腹大，便秘：取大麻仁250g，研碎，加水滤过取汁，和入粳米两合，煮稀粥，再加葱、椒少许，空心服。（《食物中药与便方》）

无花果

Ficus carica L.

·科　名　桑科 Moraceae　　·属　名　榕属 *Ficus*

·生活型　落叶灌木或小乔木　　·花果期　花期5~6月，果熟期8~9月

·特　性　喜温暖湿润的气候，耐瘠，抗旱，适宜向阳、土层深厚、疏松肥沃、排水良好的沙壤土或黏质壤土

·分　布　全省各地有栽培

植株

果实侧面

果实正面

果实纵剖面

成熟果实（无花果）

【释　　名】花隐藏于囊状花托内，从外观来看只见果而不见花，故名“无花果”；鲜果含白浆，味甜美，故又名“奶浆果”“蜜果”；果实成熟时中间呈紫红色，故又名“红心果”。

【识别要点】有乳汁；树干皮暗褐色，皮孔明显；茎多分枝，小枝直立，粗壮无毛。叶互生；叶片厚纸质，常掌状 3~5 深裂，边缘波状或具不规则钝齿，叶背有小钟乳体及短毛，掌状脉；托叶三角状卵形，脱落后形成环状托叶痕。雌雄异株；雄花和瘿花同生一聚花果内壁，雄花位于近口部。隐花果单生叶腋，大而呈梨形，顶端中部下陷，成熟时紫红色、黑紫色或黄色。

【采收加工】果实：夏、秋季摘取，成熟果实鲜用或晒干，未成熟青色果实放于沸水中烫过，立即捞起，晒干或烘干。

【食用方法】果实成熟后可鲜食或制成糖水，也可用于煮粥、煮汤，或制果干、果酱、果脯、蜜饯、果酒等。

【性味功用】**果实（无花果）**：甘，凉。清热生津，健脾开胃，解毒消肿；用于咽喉肿痛，燥咳声嘶，乳汁稀少，肠热便秘，食欲不振，消化不良，泄泻，痢疾，痈肿，癣疾等。**叶（无花果叶）、根（无花果根）**亦可入药。

【现代研究】无花果果实富含蛋白质、脂肪、糖类、维生素、粗纤维、氨基酸、胡萝卜素及钙、磷、铁等矿物质，含枸橼酸、无花果蛋白酶、果胶、β- 谷甾醇及多糖成分等。其中，无花果多糖具有抗氧化活性；β- 谷甾醇具有抗肿瘤作用；果胶能有效改善排便，改善肠道环境。

【适宜人群】无花果适宜一般人群，尤其适宜消化不良、便秘、痔疮、乳汁稀少、高脂血症、高血压、冠心病、动脉硬化以及癌症患者食用。

【使用注意】脂肪肝、糖尿病患者不宜食用无花果，脾胃虚寒、大便稀溏者慎服。

【附　　方】**（1）治肺热音嘶：**无花果干果15g，水煎，调冰糖服。（《福建中草药》）

（2）治缺乳：无花果60g，树地瓜根60g，金针花根120~180g，奶浆藤60g，炖猪前蹄服；或无花果120g，奶参120g，墨鱼角30g，炖五花肉服。（《重庆草药》）

（3）治大便秘结：鲜无花果适量，嚼食；或干果捣碎煎汤，加生蜂蜜适量，空腹时温服。（《安徽中草药》）

薜　荔

Ficus pumila L.

·科　名　桑科 Moraceae	·属　名　榕属 *Ficus*
·生活型　常绿攀缘或匍匐灌木	·花果期　花期6月，果熟期10月
·生　境　攀缘于树干、岩石或墙壁上	·分　布　全省各地

植株

营养叶

托叶

果实

果实

果实切片（木馒头）

【释　　名】“薜荔”原指具有山芹清香、形态似石菖蒲的一种香草，《本草拾遗》始用于指代本种；果实形态似馒头，故又名“木馒头”；果实之内多生种子，与莲蓬多籽之状相似，故又名“木莲藤”，简称“木莲”；古人认为其不开花而结实，具有灵异色彩，故又名“鬼馒头”；榕果中种子可制凉粉，故又名“凉粉藤”。

【识别要点】植株具乳汁；小枝有棕色茸毛。叶 2 型，无花序托的枝上的叶片小而薄，心状卵形；生花序托的枝上的叶片较大而厚，革质，卵状椭圆形，叶面无毛，叶背有短柔毛，网脉明显，凸起成蜂窝状；托叶 2，被黄褐色丝状毛，合生，包围顶芽，脱落后小枝上留有环状痕迹。隐花果单生于叶腋；瘿花果梨形或倒卵形；雌花果近球形，果顶端平截，中部略具短尖头或脐状突起，果下部渐窄。

【采收加工】果实：秋季成熟时采收，洗净鲜用，或将熟时采收，投入沸水浸 1 分钟，鲜用或晒干。

【食用方法】成熟果实经揉搓挤压后水洗加工，可制作凉粉食用，或炖菜、制果品饮料。

【性味功用】**果实（木馒头）**：甘，平。补肾固精，清热利湿，活血通经，催乳，解毒消肿；用于肾虚遗精，阳痿，小便淋浊，久痢，痔血，肠风下血，闭经，乳汁不下，咽喉痛，痄腮，痈肿，疥癣等。**茎、叶（薜荔）、根（薜荔根）、乳汁（薜荔汁）**亦可入药。

【现代研究】薜荔果实富含蛋白质、脂肪、纤维素、糖类、维生素及钙、磷、铁等矿物质，含薜荔苷、芦丁、脱肠草素、佛手柑内酯、蒲公英赛醇、乙酸酯、β- 谷甾醇及有机酸类成分等。其中，多种有机酸、脱肠草素、芦丁、蒲公英赛醇、乙酸酯等可用于治疗痈肿疮疖、跌打损伤等；大量的酸性物质具有收涩作用，可治疗遗精、阳痿等。

【适宜人群】木馒头适宜乳汁不下、产后腰痛、腰肌劳损、扭伤疼痛者，以及阳痿、遗精者食用。

【使用注意】胃及十二指肠溃疡患者不宜食用木馒头，脾胃功能较差者不宜多食，出血疾病患者及孕妇忌用。

【附　　方】**（1）治淋证：** 薜荔果心加冷开水绞汁成冻状，白糖水冲服。（《湖南药物志》）

（2）治乳汁不通： 木馒头 2 个，猪前蹄 1 个，烂煮食之，并饮汁尽，一日即通，无子妇人食之，亦有乳也。（《濒湖集简方》）

柘　树

Cudrania tricuspidata (Carr.) Bur. ex Lavallee

·科　名　桑科 Moraceae	·属　名　柘属 *Cudrania*
·生活型　落叶灌木或小乔木	·花果期　花期 5~6 月，果熟期 9~10 月
·生　境　阳光充足的荒地、山坡林缘和路旁	·分　布　全省各地

植株

雄花序

果序

果实

【释　　名】该树适合生长在山岭石缝之中，“柘”字形从木从石，故名“柘树”；本品为桑之属，故又名“柘桑”；植株有乳状液汁，故又名“奶桑”；木材全体黄色或淡黄棕色，茎皮汁液可作为黄染料，故又名“黄桑”；木材致密坚韧，故又名“铁骨子”；小枝具坚硬棘刺，故又名“刺桑”；古代“文章”指错杂的色彩或花纹，本种木材纹理细腻清晰，故又名“文章树”。

【识别要点】植株有乳汁。老树干皮淡灰色，呈不规则的薄片状剥落；幼枝有细毛，后脱落，略具棱，有硬刺。叶片卵形、倒卵形或菱状卵形，全缘或偶3裂；托叶小，分离，侧生，脱落后无痕迹。雌雄异株；花排列成球形头状花序，单生或成对腋生。聚花果近球形，肉质，橙红色。

【采收加工】果实：秋季将成熟时采收，切片，鲜用或晒干。

【食用方法】果实可生食或酿酒。

【性味功用】**果实（柘树果实）**：苦，平。清热凉血，舒筋活络；用于跌打损伤，痈肿，腰腿痛。**木材（柘木）**、**根（穿破石）**、**枝及叶（柘树茎叶）**亦可入药。

【现代研究】柘树果实富含糖类、氨基酸、维生素等，含黄酮素、桑色素、γ- 氨基丁酸等成分。其中，γ- 氨基丁酸有较好的降血压、降血糖、抗癌作用。

【适宜人群】柘树果实适宜疮痈肿毒、腰腿痛及跌打损伤患者食用。

【使用注意】脾胃虚寒、便溏者不宜食用柘树果实。

【附　　方】（1）**治跌打损伤**：将柘树成熟果实切片晒干，研粉，每次1调羹，用黄酒吞服，每日2次，连用5~6天。（《浙江民间常用草药》）

（2）**治下肢流火（急性淋巴管炎）**：穿破石根皮（鲜）90g，威灵仙15g，猪瘦肉120g，水炖，服汤食肉。（《江西草药》）

桑

Morus alba L.

·科　名	桑科 Moraceae	·属　名	桑属 *Morus*
·生活型	小乔木或灌木	·花果期	花期4~5月，果期5~7月
·生　境	山林中或路旁	·分　布	全省各地有野生和栽培

植株（湖桑）

雌花序

雌花

植株（果桑）

果序

雄花

冻干果穗（桑椹）

烘干果穗（桑椹）

【释　　名】古有神树名“叒”，而蚕所食树叶之树在古人眼里也是一种神树，与“叒”非一种，在“叒”字下加木以区分，故名“桑”“桑树”；因蚕喜食其叶，故又名“蚕桑”；果实紫黑色，古时用“黮”代表其果实颜色，“黮”同“椹”“葚”；故又名“桑椹树”“桑葚树”。

【识别要点】树皮灰黄色或黄褐色；冬芽红褐色，有覆瓦状鳞片；幼枝有毛。叶片卵形至阔卵形，边缘有锯齿或多种分裂，叶面无毛，有光泽，叶背绿色，脉上有疏毛，脉腋间有簇毛；托叶 2，早落，脱落后小枝上无痕迹。花单性，雌雄异株；为腋生的柔荑花序；雄花序密被白色柔毛；雌花序花柱不明显或无，柱头 2，细长。果成熟时紫红色或黑色。

【采收加工】果穗：5~7 月变红或黑时采收，鲜用、晒干或略蒸后晒干。叶：秋季霜降后采收，鲜用或晒干。嫩枝：枝叶旺盛时采收，晒干或低温烘干。根皮：春、秋季挖取部分侧根，趁鲜刮去黄棕色栓皮，纵向剖开，用木槌轻击，使皮部和木心分离，取出白色的内皮，晒干。

【食用方法】果穗可生食，也可制果干、煮粥或泡酒；桑叶焯水后浸泡，可以拌凉菜、炒食、煮粥等，也可以制茶。

【性味功用】**果穗（桑椹）：**甘、酸，寒。滋阴养血，生津，润肠；用于肝肾不足和血虚精亏的头晕目眩，腰酸耳鸣，须发早白，失眠多梦，津伤口渴，内热消渴，肠燥便秘。**叶（桑叶）：**苦、甘，寒。疏散风热，清肺润燥，清肝明目；用于风热感冒，风温初起，发热头痛，汗出恶风，咳嗽胸痛，肺燥干咳无痰，咽干口渴，风热及肝阳上扰，目赤肿痛等。**嫩枝（桑枝）：**微苦，平。祛风湿，通经络，行水气；用于风湿痹痛，中风半身不遂，水肿脚气，肌体风痒。**根皮（桑白皮）：**甘，寒。泻肺平喘，利水消肿；用于肺热喘咳，水饮停肺，胀满喘急，水肿脚气，小便不利等。**根（桑根）**亦可入药。

【现代研究】桑椹富含糖类、蛋白质、脂肪、纤维素、氨基酸、色素、胡萝卜素、维生素及钾、钠、氯等矿物质，含桑椹红色素等花色苷类及多糖类成分，还含 1- 脱氧野尻霉素、芦丁、桉叶素、樟脑、亚油酸等。桑叶富含糖类、脂肪、氨基酸、维生素和矿物质等，含桑苷、桑黄酮、槲皮素、绿原酸、胆碱及酚类、多糖类成分等。其中，桑椹红色素对大肠埃希菌有较强的抑制作用；桑椹花色苷可显著抑制羟基自由基诱导的晚期糖基化末端产物的形成，从而预防糖尿病；1- 脱氧野尻霉素具有 α- 竞争性抑制酸性葡萄糖苷酶，可表现出高效降血糖作用。

【适宜人群】桑椹适宜一般人群，尤其适宜早衰、脱发、眼睛干涩、失眠、便秘、遗精、盗汗者，免疫力低下或患有“三高”的老年慢性病患者食用。桑叶适宜肺燥伤肺、咳嗽痰少、风热感冒、目赤肿痛、头晕眼花、高血压者服用。

【使用注意】脾胃虚寒、便溏者及孕妇、儿童不宜多食桑椹。肺寒无火及风寒咳嗽者禁用桑白皮。桑叶性苦寒，脾胃虚寒，有寒痰、湿痰者不宜多用。

【附　　方】**（1）治体虚贫血：**桑椹、枸杞子各 30g，加入黑米熬粥食用。（《饮食精粹新编》）

（2）治风湿性关节炎：白桑椹 500g，白酒 1000ml，将桑椹放入酒中浸 1 周，滤渣，每日早晚各服 15ml。（《饮食精粹新编》）

（3）治过肥者：久服桑枝茶，逐湿，令人瘦。（《鲟溪单方选》）

（4）治自汗，盗汗：霜桑叶 30g，水煎代茶饮。（《饮食精粹新编》）

（5）治肾炎水肿：桑白皮、玉米须、冬瓜皮各 15g，水煎，每日 2 次服用。（《饮食精粹新编》）

胡　桃

Juglans regia L.

·科　名　胡桃科 Juglandaceae	·属　名　胡桃属 *Juglans*
·生活型　落叶乔木	·花果期　花期 4~5 月，果熟期 9~10 月
·特　性　喜凉爽干燥的气候，耐旱，耐寒，适宜阳光充足、土层深厚、肥沃湿润的中性沙壤土	
·分　布　全省各地有栽培	

植株

枝条

雌花序

果实

果实及种子

【释　　名】因植物来源于古时羌胡地区，果实形状如桃，故名“胡桃”“羌桃”；又因其可食用的果肉部分乃其核，而“胡”与“核”音近，故又名“核桃”。

【识别要点】树皮浅纵裂；幼枝有密毛。奇数羽状复叶；小叶全缘，基部歪斜，背面侧脉腋簇生短柔毛。雄性柔荑花序下垂；苞片、小苞片及花被片均被腺毛；雄蕊 6~30；雌性穗状花序单生或聚生于枝端；花柱 2，内侧羽毛状。果序短，下垂，有核果 1~3；果近球形，无毛，果核皱曲，有 2 条纵棱。种仁肥厚，脑状，被黄白色或黄褐色的种皮。

【采收加工】种子：秋季果实成熟时采收，除去肉质果皮，晒干，再除去核壳和木质隔膜。叶：5~10 月采收，鲜用或晒干。

【食用方法】种子可生食、炒食，也可煮粥；叶可煎茶，制成保健饮料。

【性味功用】**成熟种子（核桃仁）**：甘，温。补肾益精，温肺定喘，润肠通便；用于肾阳不足，虚寒喘嗽，腰痛脚弱，尿频，遗尿，阳痿，滑精，肠燥便秘，石淋，疮痈瘰疬。**叶（胡桃叶）**：苦、涩，平。收敛止带，杀虫，消肿；用于带下，疥癣，象皮腿。**嫩枝（胡桃枝）、果核内的木质隔膜（分心木）、花（胡桃花）、未成熟果实的外果皮（胡桃青皮）、未成熟的果实（青胡桃果）、成熟果实的内果皮（胡桃壳）、根或根皮（胡桃根）、树皮（胡桃树皮）**亦可入药。

【现代研究】胡桃种子富含蛋白质、糖类、氨基酸、胡萝卜素、维生素 B_1、维生素 B_2、烟酸及钙、磷、铁等矿物质，含脂肪油、油酸、亚油酸、β- 谷甾醇等成分。其中，脂肪油可加快体重增长，增加血清白蛋白，减少胆固醇在肠内的吸收，影响其体内合成，促进胆固醇在肝内降解，预防心血管疾病，还具有缓泻作用，可用于祛除绦虫。

【适宜人群】核桃仁适宜肾虚、久咳喘促、便秘、高脂血症患者食用。

【使用注意】痰火积热，阴虚火旺及大便溏泄者不宜食用核桃仁，不宜与浓茶同服。

【附　　方】**（1）治肾虚耳鸣，遗精：**核桃仁 3 个，五味子 7 粒，蜂蜜适量，于睡前嚼服。（《贵州草药》）

（2）治血寒凝滞不行，筋骨酸痛：以胡桃肉 30 枚，浸酒饮之。如不饮酒者，以胡桃肉，早晚各食 2 枚，白汤过下，七日愈。（《简便方》）

（3）治白带过多：胡桃树叶 10 片，加鸡蛋 2 个，煎服。（苏医《中草药手册》）

杨　梅

Myrica rubra (Lour.) Sieb. et Zucc.

·科　名	杨梅科 Myricaceae	·属　名	杨梅属 *Myrica*
·生活型	常绿灌木或小乔木	·花果期	花期 4 月，果熟期 6~7 月
·特　性	喜温暖湿润、多云雾的气候，稍耐荫，适宜土层深厚、疏松肥沃、排水良好的酸性黄壤土		
·分　布	南京、无锡、苏州等地有栽培		

果枝

雌花序

果实（杨梅）

【释　　名】其果实形如水杨子（茜草科水团花属植物）成熟的紫红色花球，而味似梅，故名“杨梅”；多生于山坡或山谷林中，故又名“山杨梅”。

【识别要点】树冠圆球形。叶片革质，倒卵状披针形或倒卵状长椭圆形，全缘，叶背密生金黄色腺体。花单性，异株；无花被；雄花花序穗状，单生或数条丛生于叶腋；雌花花序单生于叶腋；雌花每苞片有 1 花；每花有 4 枚卵形小苞片，密生覆瓦状排列；子房卵形。核果球形，有小疣状突起，熟时深红色、紫红色或白色，味甜酸。

【采收加工】果实：6~7 月果熟时采摘，鲜用或烘干。

【食用方法】果实可生食，也可加工成杨梅罐头、果酱、蜜饯、果汁、果干、果酒等。

【性味功用】**果实（杨梅）**：酸、甘，温。生津除烦，和中消食，解酒，涩肠，止血；用于烦渴，呕吐，呃逆，胃痛，食欲不振，食积腹痛，饮酒过度，腹泻，痢疾，衄血，头痛，跌打损伤，骨折，烫火伤。**种仁（杨梅核仁）**、**树皮**、**根皮或根（杨梅树皮）**、**叶（杨梅叶）**亦可入药。

【现代研究】杨梅果实富含纤维素、维生素、脂肪、果胶、氨基酸及矿物质等，含草酸、柠檬酸等有机酸类成分、黄酮醇类成分及花青素等。其中，多种有机酸能提高胃酸度，增进食欲，促进消化；纤维素能刺激肠道蠕动，治疗便秘；维生素 C 能直接参与糖代谢和氧化还原过程，增强毛细血管的通透性，并能降血脂等。

【适宜人群】杨梅适宜一般人群，尤其适宜烦热口渴、饮酒过度及肥胖者食用。

【使用注意】杨梅多食损齿，肝火旺者不宜食。

【附　　方】**（1）治胃肠胀痛**：杨梅入盐腌渍，越久越好，用时取出数颗，以开水泡服。（《泉州本草》）

（2）治痧气腹痛，吐泻：杨梅酒半杯，或吃酒浸杨梅 2~3 个（杨梅酒制法为取鲜杨梅若干，浸入高粱烧酒，以浸没杨梅为度，密封备用）。（《食物中药与便方》）

栗

Castanea mollissima Bl.

·科　名	壳斗科 Fagaceae	·属　名	栗属 *Castanea*
·生活型	落叶乔木	·花果期	花期 5 月，果熟期 9~10 月
·特　性	喜光，喜温暖湿润的气候，适应性强，对土壤要求不严		
·分　布	全省各地有栽培		

枝条

雌花序

雄花序

果枝

果实

【释　　名】甲骨文“栗”是因该植物树上结满刺球状的果实象形而来，逐步演变成今之“栗”字，故名“栗”；因其果肉板实，故又名“板栗”。

【识别要点】小枝有灰色短毛或散生长茸毛。叶片卵状椭圆形或椭圆状披针形，常一侧斜而不对称，边缘有锯齿，齿端芒状，叶背有灰白色星状短茸毛或近无毛；托叶卵形，被长毛及腺毛。雄花序直立，生于枝条上部；雌花集生于雄花序基部，1~3 花发育结实；雌花的柱头顶生，细点状。壳斗球形，具分枝针刺，刺密生星状毛，内包（1）2（3）果；坚果半球形或扁球形，直径 1.5~4.5cm。

【采收加工】果实：10 月成熟后采收，经日晒、人工敲打脱去总苞，鲜用或晒至失水 30%~40%。

【食用方法】果实可生食、炒食，或作配菜炖食，也可脱壳磨粉制糕点、豆腐等副食品。

【性味功用】**种仁（板栗）**：甘、微咸，平。益气健脾，补肾强筋，活血消肿，止血；用于脾虚泄泻，反胃呕吐，脚膝酸软，筋骨折伤肿痛，瘰疬，吐血，衄血，便血。**外果皮（栗壳）**、**树根或根皮（栗树根）**、**花或花序（栗花）**、**总苞（栗毛球）**、**树皮（栗树皮）**、**叶（栗叶）**、**内果皮（栗荴）**亦可入药。

【现代研究】栗种仁富含蛋白质、脂肪、糖类、烟酸、胡萝卜素、维生素 C、维生素 B_1、维生素 B_2 及钙、磷、钾等矿物质，含欧栗球蛋白及多糖类成分等。其中，欧栗球蛋白具有促肾细胞生长和抗肿瘤作用；板栗多糖具有良好的抗疲劳、抗氧化、抗动脉血栓形成作用。

【适宜人群】板栗适宜一般人群，尤其适宜肾虚、冠心病、免疫力低下、口腔溃疡患者食用。

【使用注意】婴幼儿、脾胃虚弱、腹胀、消化不良、风湿病患者不宜多食板栗。

【附　　方】**（1）治幼儿腹泻：**栗子磨粉，煮如糊，加白糖适量喂服。（《食物中药与便方》）

（2）治老人肾虚腰痛：用栗子同牡狗腰子、葱、盐煮食。（《食物本草》）

荞　麦

Fagopyrum esculentum Moench

·科　名　蓼科 Polygonaceae	·属　名　荞麦属 *Fagopyrum*
·生活型　一年生草本	·花果期　花期 5~9 月，果期 6~10 月
·特　性　耐瘠，耐酸，耐旱，适应性强	·分　布　全省各地有栽培

植株

花序

成熟种子（荞麦）

【释　　名】茎弱而翘然，易长易收，磨面如麦，故名"荞麦"；为区别于苦荞麦，故又名"甜荞"。

【识别要点】叶片卵状三角形，基部心形或戟形，全缘；下部叶具长叶柄；托叶鞘膜质，偏斜。花簇密集，排成短总状花序；花序梗细长，一侧具小突起；苞片小，卵形，每苞内有花3~5朵；花柄无关节；花被淡红色或白色，5深裂，裂片椭圆形，长3~4mm；雄蕊8，近等长，2轮；花柱3，柱头头状；花盘腺体状。瘦果卵形，有3锐棱，顶端渐尖，暗褐色，光滑。

【采收加工】种子：霜降前后成熟时采收，收割全草，打下种子，筛去杂质，晒干。

【食用方法】种子可煮粥，也可加工成面粉食用。

【性味功用】**种子（荞麦）**：甘、微酸，寒。健胃，健脾消积，下气宽肠，解毒敛疮；用于肠胃积滞，泄泻，痢疾，绞肠痧，白浊，带下，自汗，盗汗，疱疹，丹毒，痈疽，发背，瘰疬，烫火伤。**茎叶（荞麦秸）**、**叶（荞麦叶）**亦可入药。

【现代研究】荞麦种子富含蛋白质、脂肪、膳食纤维、糖类、维生素及钙、磷、铁、镁等矿物质，含泛酸及黄酮类成分等。其中，膳食纤维素有通便、开胃宽肠、下气消积的作用；泛酸能降低血脂，预防高血压和心脏病；丰富的镁具有抗血栓的作用；所含黄酮类成分具有抗菌、消炎、止咳、平喘、祛痰作用。

【适宜人群】荞麦适宜一般人群，尤其适宜糖尿病、高血压、高脂血症及动脉粥样硬化患者食用。

【使用注意】脾胃虚弱、腹泻者不宜多食荞麦。

【附　　方】**（1）治高血压，眼底出血，毛细血管脆性出血，紫癜：**鲜荞麦叶 30~60g，藕节 3~4 个，水煎服。（《全国中草药汇编》）

（2）治盗汗：荞麦粉早晨作汤圆，空心服，不用油盐。（《方症汇要》）

中华猕猴桃

Actinidia chinensis Planch.

·科　名	猕猴桃科 Actinidiaceae	·属　名	猕猴桃属 *Actinidia*
·生活型	落叶藤本	·花果期	花期 5~6 月，果熟期 8~10 月
·生　境	山坡林缘或灌丛中	·分　布	南京、无锡（宜兴）等地

枝条

花序

花

果实

【释　　名】产于我国本土，果实颜色似桃，表皮被毛如猕猴，且猕猴喜食，故名“中华猕猴桃”；大型落叶藤本，果实多为椭圆形，形状似梨，故又名“藤梨”“猕猴梨”。

【识别要点】嫩枝密被灰白色茸毛或黄褐色或锈色硬刺毛；髓白色，片层状。叶近圆形或宽倒卵形，边缘有芒状小齿，叶背密生灰白色或浅褐色星状茸毛。雌雄异株，花1~3朵生于叶腋，呈聚伞花序；花瓣5~6，初时乳白色，后变橙黄色，宽倒卵形，有短爪；雄蕊多数，花药黄色；子房卵圆形，密被黄棕色茸毛，花柱丝状，多数。浆果近球形、卵形或长圆形，密被有分枝的黄棕色长柔毛。

【采收加工】果实：8月底至10月下旬陆续成熟，当种皮表面呈红褐色、具光泽、种壳变硬时采摘，鲜用或晒干。

【食用方法】果实可生食，也可制果酱、制果脯、酿酒以及炒菜和腌菜，或开发多种深加工产品。

【性味功用】**果实（猕猴桃）**：酸、甘，寒。调中理气，生津润燥，解热除烦，健胃，通淋；用于烦热，消渴，肺热干咳，消化不良，食欲不振，呕吐，烧烫伤，湿热黄疸，石淋，痔疮。**根（猕猴桃根）**、**藤或藤中的汁液（猕猴桃藤）**、**枝叶（猕猴桃枝叶）**亦可入药。

【现代研究】猕猴桃果实富含蛋白质、脂肪、氨基酸、膳食纤维及维生素等，含谷胱甘肽、血清促进素、猕猴桃碱、大黄素、β-谷甾醇、中华猕猴桃蛋白酶及多糖类成分等。其中，蛋白质和膳食纤维素有清热降火、润肠通便的作用；多糖类成分有很强的抗菌、调节免疫作用；精氨酸能阻止血栓形成，防治心脑血管疾病；抗突变成分谷胱甘肽有抗癌作用；血清促进素具有稳定情绪、宁神安心的作用。

【适宜人群】猕猴桃适宜一般人群，尤其适宜便秘、消化不良、肿瘤及心脑血管疾病患者食用。

【使用注意】糖尿病、脾胃虚寒、泄泻者不宜食用猕猴桃。孕妇慎用猕猴桃根。

【附　　方】（1）**治消化不良：**猕猴桃果、炒山楂各 15g，煎服。（《安徽中草药》）

（2）**治烦热口渴：**猕猴桃果实 30g，水煎服。（《青岛中草药手册》）

咖啡黄葵

Abelmoschus esculentus (L.) Moench

·科　名	锦葵科 Malvaceae	·属　名	秋葵属 *Abelmoschus*
·生活型	一年生草本	·花果期	花期 6~8 月，果熟期 9~10 月
·特　性	喜温暖气候及光照充足条件，适宜肥沃土壤	·分　布	全省各地有栽培

植株

花

果实

幼嫩果实（秋葵）

【释　　名】形态似葵，花色黄，其种子曾作为咖啡豆替代品，故名“咖啡黄葵”；秋季嫩果可作为蔬菜，故又名“秋葵”“黄秋葵”；叶子像鸡脚，故又名“鸡脚葵”；果实形态似羊角，种子球形似豆，故又名“羊角豆”。

【识别要点】全株疏被硬毛。茎幼时疏生刺毛。叶片近圆形或圆肾形，掌状3~7浅裂，裂片宽卵形，边缘有粗齿；托叶线形。花单生叶腋；小苞片8~10，线形，宿存；花萼佛焰苞状，顶端5齿裂，密被星状短茸毛；花冠黄色，漏斗形，内面基部紫色，花瓣倒卵形。蒴果柱状尖塔形，长10~20cm，顶端具长喙，疏被粗硬毛。种子多数，近圆形。

【采收加工】幼嫩果实：秋、冬季由绿色变为黄褐色时采摘；种子：9~10月果成熟时采摘，脱粒，晒干。

【食用方法】幼嫩果实做蔬菜炒食；种子炒熟磨粉，为茶或咖啡代用品，亦可食用。

【性味功用】**幼嫩果实（秋葵）**：淡，寒。利咽，通淋，下乳，调经，健脾和胃，补虚强肾；用于咽喉肿痛，小便淋涩，产后乳少，月经不调，胃脘不适，食积不化。**种子（秋葵子）**：甘，寒。补脾健胃，活血化瘀，生肌消痈；用于胃脘不适，食积不消，疮疖痈肿，跌打挫伤。**花（秋葵花）**、**叶（秋葵叶）**亦可入药。

【现代研究】咖啡黄葵幼嫩果实富含蛋白质、脂肪、糖类、胡萝卜素、维生素及钙、铁、锰、锌、硒等矿物质，含黏液物质LM及黄酮类成分等。秋葵子富含氨基酸、脂肪等，含油酸、亚油酸、棕榈酸、咖啡碱等成分。其中，黏液物质LM是一种天然激素物质，可消除疲劳，促进胃蠕动，分泌的黏蛋白能保护胃黏膜，改善消化不良，降低胆固醇，预防心血管疾病、慢性胃病；

所含黄酮类化合物能调节内分泌，有抗衰老、抗疲劳的作用。

【适宜人群】秋葵适宜一般人群，尤其适宜高血压、高脂血症、高血糖、小便不利、月经不调、产后乳少等患者食用。

【使用注意】胃肠虚寒、腹泻者不宜多食秋葵，孕期禁食。

【附　　方】**（1）防治小便淋涩，产后乳汁稀少：**秋葵 3 根，洗净，切小段，鸡蛋 2 颗，打匀，锅内放入适量的食用油，中火炒秋葵至六成熟，加入蛋液翻炒，焖 1 分钟，加入适量的盐、胡椒粉炒匀。（《中华食疗本草》）

（2）治咽喉热痛：秋葵花、辛夷花（包）各 6~9g，薄荷 3g，水煎服。（《中华食疗本草》）

葫　芦

Lagenaria siceraria (Molina) Standl.

·科　名	葫芦科 Cucurbitaceae	·属　名	葫芦属 *Lagenaria*
·生活型	一年生攀缘草本	·花果期	花期 6~7 月，果期 7~8 月
·特　性	喜温暖的气候，不耐低温，喜光，适宜富含腐殖质且保肥和保水力强的壤土		
·分　布	全省各地有栽培		

植株

雄花

雌花

果实

幼果横剖面

幼果纵剖面

【释　　名】“壶”“卢”本为两种盛酒盛饭的器皿，因本品的形状和用途都与之相似，所以人们便将“壶”“卢”合成为一词，作为其名称，故名“壶卢”，现在多用同音词“葫芦”替代；与瓜类植物形态相近，故又名“葫芦瓜”。

【识别要点】植株被黏毛。卷须 2 裂。叶片心状卵形，稍裂或 3~5 浅裂，边缘具不规则齿，两面均被微柔毛；叶柄长，顶端有腺体 2。花单生叶腋；雌雄同株；雄花花柄细，较叶柄长；花萼 5 裂，萼齿锥形；花冠辐状，白色，裂片边缘皱曲，顶端稍凹陷而有细尖；雄蕊 3，花药内藏、黏合，药室折曲；柱头 3，2 裂。果实有茸毛或光滑，卵圆形，中间缢细，成熟时外壳变硬，中空；种子白色，顶端平截或有 2 角。

【采收加工】嫩果：开花后 15~20 天开始分批采收，鲜用，或 8~10 月采摘已成熟但外皮尚未木质化的果实，去皮用。

【食用方法】嫩果可作菜凉拌、炒食。

【性味功用】**果实（壶卢）**：甘、淡，平。利水，消肿，通淋，散结；用于水肿，腹水，黄疸，消渴，淋病，痈肿。**种子（壶卢子）**、**老熟果实或果壳（陈壶卢瓢）**、**茎、叶、花、须（壶卢秧）**亦可入药。

【现代研究】葫芦嫩果富含蛋白质、脂肪、胰蛋白酶、胡萝卜素、维生素及钙、磷、钾、硒等矿物质，含葫芦素等成分。其中，葫芦素有提高免疫力、抗肿瘤、护肝、抗炎等作用；所含胰蛋白酶有降血糖作用。

【适宜人群】葫芦嫩果适宜尿路感染、黄疸、糖尿病、小便不利者食用。

【使用注意】脾胃虚寒者、泄泻者慎服。

【附　　方】**（1）治高血压，烦热口渴，肝炎黄疸，尿路结石：**鲜葫芦捣烂绞汁，以蜂蜜调服，每服半杯至1杯，每日2次；或煮水服亦可。（《食物中药与便方》）

（2）治脚气浮肿：葫芦瓜30g，鲫鱼60~120g，煮食。（《湖南药物志》）

苦　瓜

Momordica charantia L.

·科　名　葫芦科 Cucurbitaceae	·属　名　苦瓜属 *Momordica*
·生活型　一年生攀缘状柔弱草本	·花果期　花期5~9月，果期8~10月
·特　性　喜温，喜湿，耐热，不耐涝	·分　布　全省各地有栽培

植株

雄花

果实

未成熟果实（苦瓜）

【释　　名】本品属瓜类，果实具有特殊的苦味，故名“苦瓜”；因其性寒凉，故又名“凉瓜”；果实成熟后色泽艳丽，表面具有瘤状突起，似荔枝，故又名“锦荔枝”。

【识别要点】茎卷须不分裂。叶肾形或近圆形，5~7 深裂，裂片有粗齿或再分裂，基部弯缺半圆形。雌雄同株；花单生叶腋；苞片肾形或圆形，生于雄花花柄中下部；花冠黄色，裂片倒卵形；雄蕊 3，药室“S”形折曲，贴生在萼筒喉部。果实长椭圆形，两端渐细，有 10 条不整齐的纵向瘤状突起，成熟时橘黄色，顶部 3 瓣裂。种子包于红色肉质的假种皮内，两端各有小齿 3，两面有雕纹。

【采收加工】果实：夏、秋季未成熟或近成熟时采摘，鲜用或切片晒干。

【食用方法】果实未成熟时可作蔬食，亦可腌渍、加工煮水，成熟后的红色假种皮可生食。

【性味功用】**果实（苦瓜）**：苦，寒。祛暑涤热，明目，解毒；用于暑热烦渴，消渴，目赤肿痛，痢疾，疮痈肿毒。**种子（苦瓜子）**、**花（苦瓜花）**、**叶（苦瓜叶）**、**茎（苦瓜藤）**、**根（苦瓜根）**亦可入药。

【现代研究】苦瓜果实富含蛋白质、糖类、多种维生素等，含苦瓜苷、苦味素及奎宁等成分。其中，苦瓜苷和苦味素能增进食欲，健脾开胃；苦瓜苷具有良好的降血糖作用；活性蛋白质和大量维生素 C 能提高机体免疫功能，具有抗癌功效。

【适宜人群】苦瓜适宜糖尿病、急性痢疾、疮肿、热病烦渴、目赤肿痛、小便短赤者食用。

【使用注意】脾胃虚寒、腹泻便溏、痞闷胀满、食欲不振者不宜食用苦瓜，孕妇、经期妇女忌食。

【附　　方】（1）**治中暑暑热：**鲜苦瓜截断去瓤，纳好茶叶再合起，悬挂阴干，用时取 6~9g 煎汤，或切片泡开水代茶服。（《泉州本草》）

（2）**治烦热消渴引饮：**苦瓜绞汁，调蜜冷服。（《泉州本草》）

小苦瓜

Momordica charantia L. var. *abbreviata* Ser.

·科　名	葫芦科 Cucurbitaceae	·属　名	苦瓜属 *Momordica*
·生活型	一年生攀缘状柔弱草本	·花果期	花期 5~9 月，果期 8~10 月
·特　性	喜温，喜湿，耐热，不耐涝	·分　布	全省各地有栽培

植株

雌花

果实

种子

近成熟果实（金铃子）

【释　　名】本品较苦瓜短小，故名“小苦瓜”；果实表面瘤状突起如癞蛤蟆表皮，茎藤及叶似葡萄，故又名“癞葡萄”；果实成熟时色黄如金铃，故又名“金铃子”。

【识别要点】茎卷须不分裂。叶片肾形或近圆形，5~7 深裂，裂片有粗齿或再分裂，基部弯缺半圆形。雌雄同株；雌雄花均单生叶腋，苞片肾形或圆形，生于花柄中下部；萼齿 5；花冠黄色，辐状，裂片倒卵形；雄蕊 3，药室“S”形折曲；雌花柱头 3。果实较小，纺锤形，有不整齐的纵向瘤状突起，成熟时橘红色，顶部 3 瓣裂。种子包于红色肉质的假种皮内，两端各有小齿 3，两面有雕纹。

【采收加工】果实：花后 10~12 天近成熟时或外果皮变红后采收，鲜用或切片晒干。

【食用方法】果实可作蔬食，亦可腌渍，成熟果肉和红色假种皮可生食。

【性味功用】**近成熟果实（金铃子）**：苦，寒。清热解毒，滋阴生津，补气益血，强筋健骨；用于气血虚弱，肺虚久咳，肝肾阴虚，心悸盗汗，腰腿酸痛，筋骨无力。

【现代研究】小苦瓜果实富含蛋白质、粗纤维、多肽、维生素及多种氨基酸等，含黄酮类、皂苷类、多糖类成分等。其中，黄酮类化合物为强抗氧化剂，具有清除自由基、抗衰老、抗炎、抑菌、降低胆固醇含量等多种生理功效；癞葡萄皂苷、水溶性粗多肽等具有降血糖作用。

【适宜人群】小苦瓜果实适宜糖尿病、高血压、便秘、免疫力低下者食用。

【使用注意】小苦瓜果实不宜多食，脾胃虚寒、腹泻便溏、痞闷胀满者慎服，孕妇、经期妇女不宜食用。

【附　　方】**治小儿痢疾：**小苦瓜数条，捣烂取汁，和蜜适量，日服 1~2 次。（《中医进补全书》）

丝　瓜

Luffa cylindrica (L.) Roem.

·科　名	葫芦科 Cucurbitaceae	·属　名	丝瓜属 *Luffa*
·生活型	一年生攀缘藤本	·花果期	花期 6~10 月，果期 7~11 月
·特　性	喜温，耐热，耐湿，喜阳光充足	·分　布	全省各地有栽培

植株

雄花

雌花正面

雌花侧面

幼果

成熟果实

成熟果实的维管束（丝瓜络）

成熟种子（丝瓜子）

【释　　名】本品属瓜类，果实老熟后，内部维管束形成网状丝络，故名“丝瓜”；果实内部丝络纵横交错如天罗（张在空中捕鸟的网），故又名“天罗瓜”；丝络可以用来刷锅洗碗，故又名“洗锅罗瓜”。

【识别要点】卷须 2 至多裂，被短柔毛。叶片掌状 5~7 裂，裂片三角形或披针形，中裂片长，基部深心形，边缘有锯齿。雌雄同株；雄花组成总状花序，花瓣黄色，里面基部密被长柔毛，具数条隆起的脉，全缘或啮蚀状，雄蕊 5，药室多回折曲；雌花单生，花萼裂片 5，萼筒短。果实长圆柱形，光滑，长 20~50cm，成熟时果肉内有强韧的纤维如网状，3 室，顶孔开裂。种子边缘有膜质狭翅。

【采收加工】果实：夏、秋季幼嫩时采摘，鲜用，老果秋后采摘，晒干。种子：秋季果实老熟后采收，将种子筛出，晒干。成熟果实的维管束：夏、秋季果实成熟、果皮变黄、内部干枯时采收，除去外皮及果肉，洗净，晒干，除去种子。

【食用方法】果实幼嫩时可作蔬菜炒食、煮汤、凉拌等；种子可榨油。

【性味功用】**果实（丝瓜）**：甘，凉。清热化痰，凉血解毒；用于热病身热烦渴，咳嗽痰喘，肠风下血，痔疮出血，血淋，崩漏，痈疽疮疡，乳汁不通，无名肿毒，水肿。**种子（丝瓜子）**：苦，寒。清热，利水，通便，驱虫；用于水肿，石淋，肺热咳嗽，肠风下血，痔漏，便秘，蛔虫病。**成熟果实的维管束（丝瓜络）**：甘，平。祛风，通经活络，活血下乳，解毒消肿；用于胸胁疼痛，风湿痹痛，经脉拘挛，乳汁不通，肺热咳嗽，痈肿疮毒，乳痈。**果皮（丝瓜皮）、瓜蒂（丝瓜蒂）、花（丝瓜花）、叶片（丝瓜叶）、茎（丝瓜藤）、根（丝瓜根）**亦可入药。

【现代研究】丝瓜果实富含蛋白质、脂肪、糖类、胡萝卜素、维生素、黏液质、瓜氨酸及钙、镁、磷、铁等矿物质，含苦味素及皂苷类、脂肪酸类成分等。

其中，皂苷类、脂肪酸类成分有抗病毒、抗过敏的作用。

【适宜人群】丝瓜适宜身热烦渴、胸胁胀痛、产后乳汁不通、乳痈等患者食用。

【使用注意】脾胃虚寒或肾阳虚弱者不宜多食丝瓜。脾虚者及孕妇慎服丝瓜子。

【附　　方】**（1）治筋骨疼痛：**生丝瓜切片，晒干，研末，每次3g，用酒吞服。（《贵州草药》）

（2）治乳少不通：丝瓜络30g，无花果60g，炖猪蹄或猪肉服。（《四川中药志》1979年）

冬　瓜

Benincasa hispida (Thunb.) Cogn.

·科　名	葫芦科 Cucurbitaceae	·属　名	冬瓜属 *Benincasa*
·生活型	一年生蔓性草本	·花果期	花期6~9月，果期8~9月
·特　性	喜温，耐热，不耐旱	·分　布	全省各地有栽培

植株

雄花正面

雌花侧面

果实

成熟种子（冬瓜子）

【释　　名】本品属瓜类，因其果实耐贮藏，可食至冬日，故名“冬瓜”；果实经霜后，外皮变白，如涂白粉，故又名“白冬瓜”“白瓜”；果实形状如枕头，故又名“枕瓜”。

【识别要点】除叶片、花冠被稀疏毛，其他部位均有黄褐色硬毛及长柔毛；茎有棱，卷须2~3裂。叶片肾状圆形，掌状5~7浅裂或中裂，先端急尖，基部深心形，边缘有小齿。雌雄同株；花大，单生叶腋；花萼宽钟形，裂片5，反折；花冠辐状，黄色，裂片全缘；雄花柄基部常有苞片1，雄蕊3，药室3回折曲；雌花柱头3，2裂。果实绿色，常被白粉，长圆柱状，大型。种子扁平，有环边。

【采收加工】果实：花谢后30~35天，果实未成熟、皮质变硬、表面出现白色蜡粉时及时采摘，或于坐果后60天果实成熟时采摘，鲜用。外层果皮：食用冬瓜时收集，切下外果皮，洗净，晒干。

【食用方法】未成熟果实可作蔬菜炒食，亦可煲汤、腌渍及制成糖果。

【性味功用】**果实（冬瓜）**：甘、淡，微寒。利尿，清热，化痰，生津，解毒；用于水肿胀满，淋证，脚气病，痰喘，暑热烦闷，消渴，痈肿，痔漏，丹石毒、鱼毒、酒毒。**外层果皮（冬瓜皮）**：甘，凉。清热利水，消肿；用于水肿胀满，小便不利，暑热口渴，小便短赤，泄泻，疮肿。**种子（冬瓜子）**、**果瓤（冬瓜瓤）**、**叶（冬瓜叶）**、**藤茎（冬瓜藤）**亦可入药。

【现代研究】冬瓜果实富含蛋白质、膳食纤维、糖类及钙、磷、铁、锌、钾等矿物质，含丙醇二酸等成分。其中，丙醇二酸能有效抑制糖类转化为脂肪，防止人体发胖。冬瓜种子富含脂肪、蛋白质、氨基酸等，含尿酶、胡芦巴碱及皂苷类成分等。

【适宜人群】冬瓜未成熟果实适宜肾病、水肿、脚气病、糖尿病、冠心病、动脉粥样硬化、高血压患者食用。

【使用注意】脾胃虚寒者不宜多食冬瓜未成熟果实。因营养不良而致虚肿者慎用冬瓜皮。

【附　　方】**（1）治水肿：**鲤鱼1头（590g以上），煮熟取汁，和冬瓜、葱白作羹食之。（《本草述校注》）

（2）治哮喘：未脱花蒂的小冬瓜1个，剖开填入适量冰糖，入蒸笼内蒸取水，饮服三四个月即效。（《中医秘验方汇编》）

（3）治夏日暑热口渴，小便短赤：冬瓜皮、西瓜皮等量，煎水代茶饮。（《四川中药志》1960年）

黄　瓜

Cucumis sativus L.

·科　名	葫芦科 Cucurbitaceae	·属　名	黄瓜属 *Cucumis*
·生活型	一年生蔓生或架生草本	·花果期	花期6~9月，果期8~10月
·特　性	喜温暖、潮湿、强光照，适宜土层深厚、土质肥沃、有机质丰富、通气性良好的微酸性至中性土壤		
·分　布	全省各地有栽培		

植株

雌花序

雄花

雌花

幼嫩果实

果实（黄瓜）

【释　　名】本品属瓜类，果实老熟时变黄，故名“黄瓜”；汉时张骞从西域引入，故又名“胡瓜”；果实表面有具刺尖的瘤状突起，故又名“刺瓜”。

【识别要点】全体有粗毛。卷须不分叉；茎和叶柄均有棱。单叶，叶片心状卵形，3~5 角或浅裂，基部弯缺半圆形，边缘有锯齿或缘毛；叶柄粗壮。花多单性同株；雄花数朵簇生于叶腋，花萼裂片钻形，有长毛，花冠黄色，花丝近无，药隔伸出，雄蕊 3；雌花单生，花萼和花瓣与雄花同。果实长椭圆形，表面光滑或有短刺、瘤。种子椭圆形，扁平，白色。

【采收加工】果实：4 月中旬至 6 月下旬果实膨大、果皮深绿色且有光泽、皮刺变白、顶梢出现淡绿色条纹时采收，以清晨采摘为宜，鲜用。

【食用方法】果实未成熟时可生食，也可作蔬菜炒食、煮汤、凉拌，或腌渍为酱菜。

【性味功用】**果实（黄瓜）**：甘，凉。清热，利水，解毒；用于热病口渴，小便短赤，水肿尿少，水火烫伤，汗斑，痱疮，肥胖，高血压，高脂血症。**果皮（黄瓜皮）、种子（黄瓜子）、藤茎（黄瓜藤）、叶片（黄瓜叶）、根（黄瓜根）及果皮与朱砂、芒硝混合制成的白色结晶性粉末（黄瓜霜）**亦可入药。

【现代研究】黄瓜果实富含蛋白质、脂肪、糖类、丙氨酸、精氨酸和谷氨酰胺、胡萝卜素、维生素及钾、钙、磷、铁等矿物质，含丙醇二酸等成分。其中，胡萝卜素 A 有明显利尿、除湿、滑肠、镇痛作用；丙醇二酸能抑制糖类物质转化为脂肪，对肥胖者和高血压患者有利；丙氨酸、精氨酸和谷氨酰胺对肝脏病人，尤其对酒精性肝硬化患者有一定的辅助治疗作用。

【适宜人群】黄瓜适宜高血压、糖尿病、高脂血症、动脉硬化、肝病、热病、水肿以及肥胖者食用。

【使用注意】脾胃虚寒者不宜过多食用黄瓜，中寒吐泻及病后体弱者慎用。

【附　　方】（1）**治小儿热痢：**嫩黄瓜同蜜食 10 余枚，良。（《海上名方》）
（2）**治水肿：**黄瓜皮 15~30g，水煎服。（《内蒙古中草药》）

西　瓜

Citrullus lanatus (Thunb.) Matsum. et Nakai

·科　名	葫芦科 Cucurbitaceae	·属　名	西瓜属 *Citrullus*
·生活型	一年生蔓生藤本	·花果期	花期 5~7 月，果期 7~9 月
·特　性	喜阳光充足，不耐寒，适宜排水良好的沙壤土		
·分　布	全省各地有栽培		

植株

卷须

雄花

成熟种子（西瓜子）

【释　　名】本品属瓜类，五代时胡峤自西域引入，故名“西瓜”；因其性寒凉，故又名“寒瓜”。

【识别要点】茎、枝、叶柄、花冠外密被白色或淡黄褐色长柔毛；卷须2裂。叶片宽卵形至卵状长椭圆形，一至二回羽状深裂。花单性同株；雄花单生或簇生，花萼裂片钻形，萼筒短，花冠辐状，黄色，裂片近全缘，雄蕊3，药室线形，折曲；雌花柱头3，肾形，各2裂。果实近球形或长椭圆形，较大，不裂，外皮绿色，有的具深绿条纹，肉厚多汁，红色、黄色或白色。种子多数，光滑。

【采收加工】果瓤：夏季果实成熟时采收，开花至成熟需经过30~35天，中晚熟品种则需35~40天，鲜用。种仁、外层果皮：食用果瓤时收集，切取果皮，削去内层柔软部分，洗净，晒干，种子洗净，晒干，去壳，取仁。果皮和皮硝混合制成的白色结晶性粉末：夏季选用重3~3.5kg的果实，切开瓜蒂，挖出部分果瓤，装满皮硝，盖上切下的瓜蒂，用竹签钉牢，挂于阴凉通风处，待瓜皮外面析出白霜时刮下即可。

【食用方法】果瓤可作水果生食，或榨汁；种仁可炒食或榨油；外层果皮可作菜食。

【性味功用】**果瓤（西瓜）**：甘，寒。清热除烦，解暑生津，利尿；用于暑热烦渴，热盛津伤，小便不利，喉痹，口疮。**种仁（西瓜子仁）**：甘，平。清肺化痰，和中润肠；用于久嗽，咯血，便秘。**外层果皮（西瓜皮）**：甘，凉。清热，解渴，利尿；用于暑热烦渴，小便短少，水肿，口舌生疮。**果皮和皮硝混合制成的白色结晶性粉末（西瓜霜）**：咸，寒。清热泻火，利咽，消肿止痛；用于喉风，喉痹，白喉，口疮，牙疳，久嗽咽痛，目赤肿痛，水肿，腹水。**种皮（西瓜子壳）、根、叶或藤茎（西瓜根叶）**亦可入药。

【现代研究】西瓜果瓤富含蛋白质、氨基酸、蛋白酶、脂肪、糖类、膳食纤维、胡萝卜素、维生素及钙、磷、铁、钾等矿物质。其中，瓜氨酸、精氨酸有利尿、降血压作用；蛋白酶成分可促进蛋白质的分解和吸收，生津止渴，改善胃肠功能，增进食欲；所含的维生素具有平衡血压、调节心脏功能、预防癌症的作用；西瓜种仁的皂苷类成分具有降血压、缓解急性膀胱炎的作用。

【适宜人群】西瓜适宜一般人群，尤其适宜高血压、水肿、口疮患者食用，适宜在盛夏酷暑、发热烦渴、急性高热不退、口干多汗、烦躁时食用。

【使用注意】糖尿病患者不宜多食西瓜。中寒湿盛者不宜食用西瓜、西瓜皮。虚寒患者忌用西瓜霜。

【附　　方】（1）**治中暑，小便不利：**西瓜汁适量，冲莲子心汤服。（《安徽中草药》）

（2）**治心烦口渴，胃热苔糙：**西瓜汁、鲜生地黄汁各适量，饮用。（《安徽中草药》）

南　瓜

Cucurbita moschata (Duch. ex Lam.) Duch. ex Poiret

·科　名　葫芦科 Cucurbitaceae　　·属　名　南瓜属 *Cucurbita*

·生活型　一年生蔓生草本　　·花果期　花期 7~8 月，果期 9~10 月

·特　性　喜温，耐旱性强，适宜肥沃、中性或微酸性沙壤土

·分　布　全省各地有栽培

植株

雌花

雄花正面

雄花侧面

果实

成熟种子（南瓜子）

【释　　名】本品属瓜类，自南番引入，故名“南瓜”“番瓜”；昔人误以为本品传自倭（古代称日本），故又名“倭瓜”。

【识别要点】茎具棱和沟，通常在节上生根；卷须稍粗壮，3~5 裂，密被短刚毛和茸毛。叶片宽卵形或卵圆形，边缘有细齿，两面密生粗糙毛，沿边缘及叶面有白色斑块或点。花雌雄同株，单生，黄色；雄花花萼筒钟形，裂片线形，上部扩大成叶状；花冠有皱纹，边缘尤甚，且微向上卷；雌花花萼裂片顶端显著叶状。果实常有数条纵沟，瓜蒂扩大成喇叭状五角形。种子灰白色，边缘薄。

【采收加工】果实：夏、秋季开花后 15~20 天未成熟时采摘，成熟果实于果皮变黄时采摘，鲜用。种子：食用成熟果实时收集，洗净，晒干。嫩茎：幼嫩时采摘，宜选茎尖，鲜用。南瓜花：6~7 月开花时采收，鲜用或晒干。

【食用方法】果实未成熟时可作蔬菜炒食，成熟果实可制糕点、煲汤、蒸食、煮粥等；种子可炒食；嫩茎、花可作蔬菜炒食、煮汤。

【性味功用】**果实（南瓜）：**甘，平。解毒消肿；用于肺痈，哮证，痈肿，烫伤，毒蜂蜇伤。**种子（南瓜子）：**甘，平。杀虫，下乳，利水消肿；用于绦虫病、蛔虫病、血吸虫病、钩虫病、蛲虫病，产后缺乳，产后手足浮肿，百日咳，痔疮。**花（南瓜花）：**甘，凉。清湿热，消肿毒；用于黄疸，痢疾，咳嗽，痈疽肿毒。**瓜蒂（南瓜蒂）、茎（南瓜藤）、果瓤（南瓜瓤）、卷须（南瓜须）、叶（南瓜叶）、根（南瓜根）**亦可入药。

【现代研究】南瓜果实富含维生素、膳食纤维、蛋白质、精氨酸、瓜氨酸、果胶及钙、钾、钴等矿物质。其中，膳食纤维具有良好的降脂减脂效果和通便作用；果胶具有杀菌、止痢、降低血液胆固醇的含量，起到防止动脉硬化的作用；钴是胰岛细胞所必需的微量元素，可促使糖尿病患者正常分泌胰岛素；瓜氨酸能增强免疫力。南瓜种子富含氨基酸、脂肪油、蛋白质、胡萝卜素及多种维生素，含脂肪酸等成分。其中，所含脂肪酸可有效防治前列腺疾病。

【适宜人群】南瓜适宜一般人群，尤其适宜高脂血症、高血压、冠心病患者食用。南瓜子适宜蛔虫病、蛲虫病、绦虫病、钩虫病、血吸虫病、前列腺肥大、水肿者及产后缺乳者食用。

【使用注意】气滞湿阻者、黄疸、胃热者不宜食用南瓜。

【附　　方】**（1）治糖尿病：**南瓜 250g（煮熟），每晚服食，5 天后，每日早、晚各吃 250g。（《大众医学》）

（2）治血吸虫病：南瓜子炒黄，碾细末，每日服 60g，分 2 次，加白糖，开水冲服，以 15 天为 1 个疗程。（《验方选集》）

（3）治产后缺乳：南瓜子 60g，研末，加红糖适量，开水冲服。（《青岛中草药手册》）

栝　楼

Trichosanthes kirilowii Maxim.

·科　名　葫芦科 Cucurbitaceae　　·属　名　栝楼属 *Trichosanthes*

·生活型　多年生攀缘草本　　·花果期　花期 5~8 月，果期 8~10 月

·生　境　向阳山坡、山脚、石缝、田野草丛中　　·分　布　全省各地

植株

花正面

花侧面

果实

成熟种子（瓜蒌子）

【释　　名】古称果蠃，《本草纲目》曰：“蠃与蓏同。许慎云，木上曰果，地上曰蓏。此物蔓生附木，故得兼名。”称“果蓏”，亦即“果蠃”，音转，故名“栝楼”；属于瓜类，“楼”从“艹”，故又名“瓜蒌”；本品青时如瓜，黄时如熟柿，故又名“柿瓜”。

【识别要点】块根肥厚，圆柱状。茎被白色柔毛；卷须顶端 2~5 裂。叶片近圆形或心形，长、宽均 7~20cm，常 3~5（~7）掌状浅裂、中裂或不分裂，裂片常再浅裂，边缘有疏齿或缺刻状。雌雄异株；雄花呈总状花序，苞片边缘有齿，花萼筒长约 3.5cm，裂片全缘，花冠辐状，白色，5 深裂，顶端流苏状，雄蕊 3，药室对折；雌花单生，花柱 3 裂。果实不开裂，近球形。种子卵状椭圆形，扁平。

【采收加工】种子、果瓤、果皮：果实成熟后采收，用刀将成熟果实切成 2~4 瓣至瓜蒂处，果瓤鲜用，种子放入盆内，反复搓洗，晒干，果皮平放晒干或用绳子吊起晒干。根：秋、冬季采挖，洗净，除去外皮，切段或纵剖成瓣，晒干。嫩叶：春季萌发后随时可采，鲜用。果实：9 月下旬至 10 月上旬表面有白粉、呈浅黄色时采摘，在距果实 15cm 处连茎剪下，悬挂通风干燥处晾干。

【食用方法】种子炒熟后可作为休闲食品；块根提取淀粉可用于酿酒，或制作烧饼、煎饼、面条等面食；果瓤可煮粥、做馅；嫩叶可炒食、做汤。

【性味功用】**成熟种子（瓜蒌子）：**甘、微苦，寒。清肺化痰，润肠通便；用于痰热咳嗽，肺虚燥咳，肠燥便秘，疮痈肿毒。**根（天花粉）：**甘、微苦，微寒。清热生津，润肺化痰，消肿排脓；用于热病口渴，消渴多饮，肺热燥咳，疮疡肿毒。**成熟果实（瓜蒌）：**甘、微苦，寒。清热化痰，宽胸散结，润燥滑肠；用于肺热咳嗽，痰浊黄稠，胸痹心痛，结胸痞满，乳痈，肺痈，肠痈，消渴，便秘，痈肿疮毒。**成熟果皮（瓜蒌皮）：**甘、微苦，寒。清肺化痰，利气宽胸散结；用于肺热咳嗽，胸胁痞痛，咽喉肿痛，乳癖乳痈。

【现代研究】栝楼种子富含脂肪、氨基酸、蛋白质、维生素及钙、铁、锌等矿物质，含油酸、亚油酸、栝楼酸、花生四烯酸、栝楼仁二醇、β- 谷甾醇、栝楼素及黄酮类、挥发油类成分等。根富含淀粉、蛋白质等，含皂苷类、多糖类成分等。嫩叶富含糖类、蛋白质、粗纤维及钾、镁、磷等矿物质。其中，花生四烯酸是人体合成前列腺素的必需物，能调节脂代谢；半胱氨酸能裂解痰液黏蛋白，使痰液黏度下降而易于咳出；天冬氨酸可减少炎性分泌物；天花粉蛋白能终止中期妊娠，对绒毛膜癌细胞、HIV 病毒具有一定的抑制作用等；天花粉多糖有明显的免疫调节作用，具有显著的抗肿瘤和细胞毒活性。

【适宜人群】瓜蒌适宜咳嗽痰黄、痰稠难咯、痰热结胸、胸膈痞满、胸痹、结胸者，肺痈吐脓、肠痈、肠燥便秘、乳痈肿痛者服用。

【使用注意】少数病人服用瓜蒌及天花粉会出现过敏症状；脾胃虚寒、大便溏泄者慎服瓜蒌及天花粉，禁与乌头同服，孕妇禁服天花粉。

【附　　方】**（1）治胃气痛：**瓜蒌1个，取仁炒熟，煎酒服，连服六七日。（《万氏秘传外科心法》）

（2）治大便燥结：栝楼子、火麻仁各9g，水煎服。（《山西中草药》）

（3）治肾虚消渴无方可治者：天花粉、大黑豆（炒）各等分，上为末，面糊丸如梧桐子大，每服百粒，以黑豆汤吞下。（《卫生家宝》）

（4）治胸闷咳嗽：栝楼果皮15g，陈皮9g，枇杷叶（去毛）9g，水煎服，冰糖为引。（《江西草药》）

油芥菜

Brassica juncea (L.) Czern. var. *gracilis* Tsen et Lee

·科　名　十字花科 Cruciferae	·属　名　芸苔属 *Brassica*
·生活型　一年生草本	·花果期　花期4~5月，果期5~6月
·特　性　喜温暖气候，适宜肥沃土壤	·分　布　全省各地有栽培

植株

花

果序

果实

【释　　名】“芥”通“葪”，有棘刺之义，棘刺可引申为“激刺”，本品种子用于榨油，嫩叶作菜食用，味辛辣刺激，故名“油芥菜”，简称“油菜”；本品植株较高大，故又名“高油菜”“大油菜”。

【识别要点】茎、叶密被刺毛。基生叶较小而窄狭，长圆形或倒卵形，叶缘有缺刻和明显锯齿，有明显的短柄，叶面稍皱缩。总状花序初时伞房状，结果时延长；萼片内轮的2片基部有时呈囊状；花瓣黄色，上部倒卵形，下部有爪；短雄蕊基部内侧和长雄蕊外侧各有腺体1个；雌蕊柱头头状，有时截形或2浅裂。长角果圆柱形或有棱，顶端有长喙，成熟时开裂。种子近球形或稍扁，黄色或红褐色。

【采收加工】种子：6~7月果实成熟变黄时采收，割取全株，晒干，打下种子，筛除杂质，晒干。嫩茎叶：夏、秋季采摘，鲜用或晒干。

【食用方法】种子可榨油，也可磨粉后做调味品；嫩茎叶可作蔬菜炒食，或腌制为酱菜。

【性味功用】**种子（芥子）：**辛，热。温中散寒，豁痰开窍，通络消肿；用于胃寒呕吐，心腹冷痛，咳喘痰多，口噤，耳聋，喉痹，风湿痹痛，肢体麻木，闭经，痈肿，瘰疬。**嫩茎和叶（芥菜）：**辛，温。利肺豁痰，消肿散结；用于寒饮咳嗽，痰滞气逆，胸膈满闷，砂淋，石淋，牙龈肿烂，乳痈，痔肿，冻疮，漆疮。

【现代研究】油芥菜种子含对羟基苯乙腈及挥发油类成分。其中，所含挥发油具有抗肿瘤的作用，对羟基苯乙腈是镇咳的主要成分。嫩茎叶富含蛋白质、脂肪、膳食纤维、胡萝卜素、维生素等，含胆碱、乙酰胆碱、芥菜酸钾等成分。其中，胆碱、乙酰胆碱、芥菜酸钾有降血压、降血脂作用；膳食纤维能宽肠通便；胡萝卜素能明目。

【适宜人群】芥子适宜咳喘、胸闷患者食用。芥菜适宜食欲不振、便秘、高胆固醇患者食用。

【使用注意】目疾、疮疡、痔疮、便血及阴虚火旺者慎食油芥子和芥菜。

【附　　方】**（1）治上气喘咳，时有咳嗽：**芥子二两，百合二两，上件药，捣罗为末，炼蜜和丸，如梧桐子大，不计时候，以新汲水下七丸。（《太平圣惠方》）

（2）治脱肛：野油芥菜500g，用木杵和瓦钵捣烂取汁，继用第2次淘米的米泔水和适量白糖调服。（《湖南中医杂志》）

（3）治咳嗽气喘，胸膈满闷：芥子10g，大米100g，将芥子放入锅中，加清水适量，浸泡5~10分钟后，水煎取汁，加入大米煮粥至熟即可，每日1剂，连续2~3天。（《食药本草应用精要》）

桃

Prunus persica (L.) Batsch

·科　名　蔷薇科 Rosaceae　　·属　名　李属 *Prunus*

·生活型　小乔木　　·花果期　花期 3~4 月，果期 6~9 月

·特　性　喜光，不耐阴，喜温和气候，适宜土层深厚、富含腐殖质、排水良好、疏松肥沃及保水肥能力强的土壤

·分　布　全省各地有栽培

植株

花侧面

花正面

花枝

果实

树脂

果实（桃子）

树脂（桃胶）

【释　　名】《本草纲目》记载："桃性早花，易植而子繁，故字从木、兆。十亿曰兆，言其多也。"本种为乔木，果实繁多，"兆"本义为多，故名"桃"。

【识别要点】树皮有时具分泌树脂；小枝无毛；冬芽被柔毛，2或3个簇生。幼叶在芽中对折；叶片卵状披针形或椭圆状披针形，先端渐尖，边缘具单锯齿；叶柄或叶边常具腺体。花常单生，近先叶开放；花托杯钟状；萼片卵形，被柔毛；花瓣常粉红色；花药绯红色；雌蕊1，子房上位，1室，胚珠2。核果有茸毛，纵沟明显，不开裂；果肉多汁；核极硬，有不规则的深沟及孔穴。

【采收加工】果实：在夏季近成熟时分期采收，用手掌握全果轻轻掰下，鲜用。种子：食用果实时收集果核，打碎果壳，取出种子，晒干。花：3~4月将开放时采摘，鲜用或阴干。树皮中分泌的树脂：夏季采收，用刀切割树皮，待树脂溢出后收集，水浸，洗去杂质，晒干。幼枝：夏季采收，切段，晒干，或随剪随用。

【食用方法】果实多生食，也可加工制作罐头、果脯、果干和果酱等；种子可作干果食用；花可用于煮粥、泡酒、和面做饼等；树皮中分泌出来的树脂可蒸食或煮粥。

【性味功用】**果实（桃子）**：甘、酸，温。生津，润肠，活血，消积；用于津少口渴，肠燥便秘，闭经，积聚。**种子（桃仁）**：苦、甘，平。活血祛瘀，润肠通便；用于痛经，血滞经闭，产后瘀滞腹痛，癥瘕结块，跌打损伤，瘀血肿痛，肺痈，肠痈，肠燥便秘。**花（桃花）**：苦，平。利水通便，活血化瘀；用于小便不利，水肿，痰饮，脚气病，砂石淋，便秘，癥瘕，闭经，癫狂，疮疹。**树皮中分泌出来的树脂（桃胶）**：苦，平。和血，通淋，止痢；用于血瘕，石淋，乳糜尿，痢疾腹痛，糖尿病。**幼枝（桃枝）**：苦，平。活血通络，解毒杀虫；用于心腹疼痛，风湿关节痛，腰痛，跌打损伤，疮癣。**果实上的毛（桃毛）、叶（桃叶）、根或根皮（桃根）**亦可入药。

【现代研究】桃果实富含蛋白质、糖类、纤维素、维生素 A、维生素 C 及铁、钾等矿物质，含有机酸类、挥发油类成分等。其中，铁元素可用于缺铁性贫血的辅助治疗；有机酸和纤维素可促进胃肠蠕动和消化液分泌，有利于增强食欲和消化食物；含钾多钠少，具有一定利水作用。

【适宜人群】桃子适宜水肿、便秘人群食用。

【使用注意】糖尿病患者不宜食用桃子，胃肠功能不良者及老人、小孩不宜多食。无瘀滞者及孕妇禁服桃仁。桃花不宜久服，孕妇忌服桃花、桃枝。

【附　　方】**（1）治食郁久，胃脘有瘀血作痛：**生桃仁连皮细嚼，以生韭菜捣自然汁一盏送下。（《万病回春》）

（2）治音哑：瘪桃干 7 个（煅炭存性），研末，大枣 30g，煎水冲服。（《安徽中草药》）

（3）治浮肿腹水，脚气足肿，大便干结，小便不利：白桃花焙燥，研细末，每次 2~3g，蜂蜜冲水调服，以大便水泻为度。桃花导泻，对肠壁无刺激性，且不腹痛，能排出大量水分。（《食物中药与便方》）

（4）治疮疹黑黡，发搐危困：桃胶煎汤饮之，一方以水熬成膏，温酒调下，无时。（《小儿卫生总微论方》）

梅

Prunus mume (Sieb.) Sieb. et Zucc.

·科　名　蔷薇科 Rosaceae	·属　名　李属 *Prunus*
·生活型　小乔木，稀灌木	·花果期　花期 2~3 月，果期 5~6 月
·特　性　喜阳，耐寒，耐旱，适宜肥沃土壤	·分　布　全省各地有栽培

植株

花

果实

成熟果实（梅子）

熏制果实（乌梅）

【释　　名】“媒”意为联系、调和，音通“梅”，本品果实人人爱吃，能调和众人口味，故名“梅”；果实入药，熏制后色黑，故又名“乌梅”；果实味酸，故又名“酸梅”。

【识别要点】小枝绿色，无毛。叶片宽卵形至椭圆形，边缘有细密锯齿，幼时两面被柔毛，老时叶背脉腋具柔毛。花单生或2朵簇生，先叶开放；花托杯钟状，常带紫红色；萼片花后常不反折，无毛或被柔毛；花瓣倒卵形。核果近球状，有纵沟，熟时绿白色至黄色，有短柔毛，味酸，果肉黏核；核椭圆状，顶端圆形而有小突尖，两侧微扁，腹面和背棱上均有纵沟，具蜂窝状孔穴。

【采收加工】果实：夏季未成熟或成熟时采摘，鲜用，或近成熟时采摘，低温烘干后闷至色变黑。花蕾：初春未开放时采摘，低温烘干。

【食用方法】成熟果实可生食，或加工为干湿梅、咸梅干、话梅、糖青梅、梅脯、梅酱、鲜梅汁、梅晶固体饮料、乌梅和酸梅汤，还可制酒、醋、糖、果浆、果冻、点心、梅汁精，梅卤等；花蕾可用于制茶、饮料、糕点，也可泡酒、煮粥、做馅等。

【性味功用】**近成熟果实（乌梅）**：酸、涩，平。敛肺止咳，涩肠止泻，止血，生津，安蛔；用于肺虚久咳，久泻久痢，尿血便血，崩漏，虚热消渴，蛔厥腹痛，疮痈胬肉。**未成熟果实（青梅）**：酸，平。利咽，生津，涩肠止泻，利筋脉；用于咽喉肿痛，喉痹，津伤口渴，泻痢，筋骨疼痛。**花蕾（梅花）**：微酸，平。疏肝和中，化痰散结；用于肝胃气痛，郁闷心烦，梅核气，瘰疬疮毒。**种仁（梅核仁）、叶（梅叶）、根（梅根）、带叶枝条（梅梗）**亦可入药。

【现代研究】梅果实富含蛋白质、脂肪、糖类、氨基酸、维生素及钾、钙、磷、铁、镁等矿物质，含柠檬酸、苹果酸等有机酸类，熊果酸等三萜类，黄酮类，糖醛类成分等。其中，所含有机酸可使葡萄糖的效力增加 10 倍，有减缓、驱除疲劳等功效；熊果酸具镇静、抗炎、抗菌、抗溃疡、抗肿癌、降低血糖等多种生物效应，还具有明显的抗氧化功能。

【适宜人群】梅果实适宜小便不利者，尤其适宜肝肾亏虚、阴虚烦热者食用。

【使用注意】胃酸过多者慎用乌梅，乌梅、青梅不宜多食久食。

【附　　方】**（1）治咯血：**乌梅不以多少，煎汤，调百草霜，一服愈。（《朱氏集验方》）

（2）治新久赤白痢疾：盐霜梅（白梅）3 个，以黄泥包，于慢火内煨干，研为细末。用米汤调下。（《古今医统》）

（3）治夏季痧气，腹痛呕吐，泻痢（包括肠炎、食物中毒性胃肠病）：未熟青梅若干，放置瓶中，用高粱烧酒浸泡，以浸没青梅，高出 3~6cm 为度，密封 1 个月后即可食用，此酒越陈越好。每次饮用适量，或吃酒浸的青梅 1 个。（《食物中药与便方》）

（4）治妊娠呕吐：梅花 6g，开水冲泡，代茶饮。（《浙江药用植物志》）

杏

Prunus armeniaca L.

·科　名	蔷薇科 Rosaceae	·属　名	李属 *Prunus*
·生活型	乔木	·花果期	花期 3~4 月，果期 5~7 月
·特　性	喜光，耐旱，抗风，适应性强	·分　布	全省各地有栽培

枝条

花

成熟果实（杏子）

种子（苦杏仁）

【释　　名】《本草纲目》云“杏字篆文象子在木枝之形”，故名“杏”。

【识别要点】一年生小枝浅红褐色。幼叶在芽内席卷；叶片宽卵形至近圆形，先端急尖或短尖头，有圆钝锯齿；叶柄基部常具腺体。花单生，先叶开放，近无柄；花托杯钟状，紫红色；萼片卵形，花后反折；花瓣白色带红晕；子房上位。核果不裂，近球状，有沟，熟时黄白色或黄红色，常带红晕，有细柔毛；果肉多汁；核扁球状，坚硬，背面平滑，沿腹缝线有深沟，果熟时不粘果肉。种子扁球状，味甜或苦。

【采收加工】果实：夏季果皮绿色褪尽、果肉尚硬、八成熟时采收，鲜用。种子：夏季果实成熟时采收，除去果肉和核壳，取出种子，晒干。

【食用方法】果实可生食，还可煮粥、煲汤，制成蜜饯、杏脯、果酱、果酒、果醋、罐头等；种子味甘者可煮食、炒食或榨油，做糕点、杏仁茶、杏仁露等。

【性味功用】**果实（杏子）**：酸、甘，温。润肺定喘，生津止渴；用于肺燥咳嗽，津伤口渴。**种子（苦杏仁）**：苦，微温。降气化痰，止咳平喘，润肠通便；用于咳嗽气喘，胸满痰多，肠燥便秘。**叶（杏叶）**、**花（杏花）**、**枝条（杏枝）**、**树皮（杏树皮）**、**根（杏树根）**亦可入药。

【现代研究】杏果实富含糖类、蛋白质、胡萝卜素、维生素、氨基酸及钙、磷等矿物质，含黄酮类成分等。其中，维生素 A 和 β- 胡萝卜素有养肝明目、缓解眼睛疲劳的作用；黄酮类化合物能够预防心脏病和减少心肌梗死。

【适宜人群】杏子适宜肺燥咳嗽、津伤口渴者食用。

【使用注意】杏子不宜多食。因苦杏仁苷可以分解成有毒的氢氰酸，故不宜生食或大量煮食苦杏仁，以免中毒；阴虚咳嗽及大便溏泻者禁服苦杏仁。

【附　　方】**（1）治肺病虚弱，老年咳嗽，干咳无痰：**甜杏仁炒熟，每日早、晚嚼食 7~10 粒，或加砂糖一同捣烂研细，开水冲服，每日 2 次。（《食物中药与便方》）

（2）治咳嗽，气喘：苦杏仁每日 10g，水煎服。一般都配合他药作复方用之。（《食物中药与便方》）

李

Prunus salicina Lindl.

·科　名	蔷薇科 Rosaceae	·属　名	李属 *Prunus*
·生活型	乔木	·花果期	花期 3~4 月，果熟期 7~8 月
·特　性	喜光，耐旱性强，耐涝性差	·分　布	全省各地有栽培

枝条

叶

花

果实（李子）

【释　　名】罗愿《尔雅翼》云：“李乃木之多子者，故字从木、子。”得名与其结果较多的特征有关，故名“李”。唐代韦述《两京记》：“东都嘉庆坊有李树，其实甘鲜，为京都之美，故称嘉庆李。今人但言嘉庆子。”故又名“嘉庆子”。

【识别要点】顶芽缺，腋芽单生；幼叶在芽内席卷；单叶互生，叶片倒卵形至椭圆状倒卵形或长圆状披针形，有细钝的重锯齿，叶基部常有小腺体2个。花2~4朵，常3朵簇生，有柄，先叶开放；花托杯钟状；萼片长圆状卵形，无毛；花瓣白色，长圆状倒卵形；雌蕊无毛。核果卵球状，果柄着生处的果体基部内陷，下部有沟，有白粉，熟时绿色、黄色或紫红色；果核卵圆状或长卵圆状，有皱纹。

【采收加工】果实：6~8月干燥的气候条件，选择李子果皮由绿色转为该品种特有的颜色、表面有一薄层果粉、果肉仍较硬时，用手指捏住果梗从果枝上将果实摘下。树脂：植株生长繁茂季节采收，晒干。

【食用方法】果实多生食，也可煮粥，或加工制作果汁、果酒、罐头、果脯等；树脂可蒸食或煮粥。

【性味功用】**果实（李子）**：甘、酸，平。清热，生津，消积；用于虚劳骨蒸，消渴，阴虚内热，食积。**树脂（李树胶）**：苦，寒。清热，透疹，退翳；用于麻疹透发不畅，目生翳障。**种子（李核仁）**、**根（李根）**、**花（李子花）**、**叶（李树叶）**、**根皮（李根皮）**亦可入药。

【现代研究】李果实富含糖类、蛋白质、氨基酸、胡萝卜素、维生素及钙、磷、铁等矿物质。其中，维生素 B_{12} 有促进血红蛋白再生的作用，对贫血者有益；多种氨基酸对于治疗肝硬化腹水有效。种子含苦杏仁苷和脂肪油，具有显著的利水、降血压作用。

【适宜人群】李子适宜一般人群，尤其适宜慢性肝病、贫血、阴虚内热、骨蒸劳热、糖尿病患者食用。

【使用注意】李子不宜多食，脾胃虚弱者慎服。

【附　　方】**（1）治骨蒸劳热，或消渴引饮：**鲜李子捣绞汁冷服。（《泉州本草》）

（2）治胃痛呕恶：李子干果实30g，鲜鱼腥草根120g，厚朴15~18g，水煎，冲红糖，早、晚饭前各服1次。（《天目山药用植物志》）

（3）治麻疹不透：李树胶15g，煎汤，每日服2次，每次半茶盅。（徐州《单方验方新医疗法选编》）

樱　桃

Cerasus pseudocerasus (Lindl.) G. Don

·科　名　蔷薇科 Rosaceae　　·属　名　樱属 *Cerasus*

·生活型　小乔木　　·花果期　花期3~4月，果期5月

·特　性　耐涝性差，不耐盐碱，适宜地下水位低、不易积水的地块

·分　布　全省各地有栽培

植株

花枝

花萼

幼果

成熟果实（樱桃）

【释　　名】果形似桃而较小，“婴”意为小，加“木”指代为木本，故名“樱桃”；云莺喜欢含食，故又名“莺桃”“含桃”；果实圆润如珠，故又名“樱珠”。

【识别要点】树皮灰白色，幼枝绿色。叶片宽卵形至椭圆状卵形，边缘有大小不等的重锯齿，叶面无毛或稍有毛，叶背疏生柔毛；叶柄长 0.7~1.5cm，被疏柔毛，先端有大腺体 1 或 2 个；托叶披针形，有羽裂腺齿，早落。花序伞房状或近伞形，有花 3~6 朵，先叶开放；花柄长 0.8~2cm，被疏柔毛；花托杯筒状，有短柔毛；花瓣白色或淡粉红色，卵形，先端下凹或 2 裂；花柱与雄蕊近等长，无毛。核果近球状，红色。

【采收加工】果实：5 月中旬后可陆续采收，采收时带果柄，轻摘轻放，鲜用。

【食用方法】果实可生食，也可榨汁，或制成果酱、罐头、果酒等。

【性味功用】**果实（樱桃）**：甘、酸，温。补脾益肾；用于脾虚泄泻，肾虚遗精，腰腿疼痛，四肢不仁。**果核（樱桃核）**、**果实浓汁（樱桃水）**、**花（樱桃花）**、**叶（樱桃叶）**、**枝条（樱桃枝）**、**根（樱桃根）**亦可入药。

【现代研究】樱桃果实富含蛋白质、糖类、维生素及钙、磷、铁等矿物质，含花青素等黄酮类、鞣花酸等有机酸类成分等。其中，鞣花酸可消除致癌物质，预防癌症；维生素 A、花青素和维生素 E 都是有效的抗氧化剂，对消除肌肉酸痛有较好的作用，对痛风、关节炎、高血压等病有特殊的食疗效果；铁元素可促进血红蛋白的再生，防治缺铁性贫血，增强体质等。

【适宜人群】樱桃适宜脾胃气虚、饮食不香、消化不良、风湿性腰腿痛、四肢麻木不仁、风湿病、瘫痪、缺铁性贫血者食用。

【使用注意】樱桃不宜多食，阴虚火热者不宜食用，大便干燥、口臭、鼻衄及热证者、糖尿病患者慎食。

【附　　方】**（1）防治喉症**：樱桃 500g，熬水或泡酒服。（江西《草药手册》）
（2）治疹发不出：樱桃水 1 杯，略温灌下。（《本草纲目拾遗》引《不药良方》）

茅　莓

Rubus parvifolius L.

·科　名	蔷薇科 Rosaceae	·属　名	悬钩子属 *Rubus*
·生活型	落叶蔓生状灌木	·花果期	花期 5~6 月，果期 7~8 月
·生　境	丘陵、向阳山坡、路旁或灌木丛中	·分　布	全省各地

植株

花序

花

果序

【释　　名】本种果实为球状聚合果，符合"莓类"果实特征，植株枝、叶柄、花萼等均生有稀疏不等的针刺或倒生皮刺，尖锐如矛，故名"茅莓"。郭璞注："藨，即莓也。""藨"同"蔍"，《说文解字》曰："薅，拔去田草也。"本品花开之时多为除草季节，故又名"薅田藨"。"琐"为细小之义，本品花小，粉红色，似梅花，故又名"红琐梅""红梅消"。

【识别要点】枝、叶柄、小叶柄、花序梗、花柄和花萼外面被柔毛和稀疏钩状小皮刺或针刺。复叶具小叶 3（5）；托叶线形；小叶片菱状宽卵形或倒卵形，边缘具不整齐或缺刻状的粗圆重锯齿，叶面疏被柔毛，叶背密被灰白色绒毛。伞房花序，稀顶生花序呈短总状；苞片线形，被柔毛；萼片卵状披针形或三角状卵形；花瓣卵圆形或长圆形，粉红色或紫红色。聚合果卵球状，成熟时红色。

【采收加工】果实：7~8 月陆续成熟变红时及时采摘，鲜用。嫩叶：春季萌发后随时可采，鲜用。根：秋、冬季至次春采挖，除去须根及泥沙，鲜用或晒干。

【食用方法】果实可生食，供酿酒及制醋等；嫩叶可生食，或晒干后代茶。

【性味功用】**根（茅莓根）**：苦、涩，微寒。活血消肿，祛风利湿；用于跌扑损伤，痈肿，风湿痹痛。**地上部分（茅莓）**亦可入药。

【现代研究】茅莓果实富含糖类、蛋白质、氨基酸、维生素 C、矿物质等，含乌苏酸、蔷薇酸等有机酸类成分。嫩叶含鞣质类、挥发油类成分等。根富含铁、锰、锌等矿物质，含乌苏酸、蔷薇酸、悬钩子皂苷 R_1、棕榈酸、槲皮苷等成分。其中，悬钩子皂苷 R_1 有保护多巴胺能神经元作用；叶中的挥发油对大肠埃希菌、巴氏杆菌有一定的抑制作用，为抑菌的主要成分。

【适宜人群】茅莓果实适宜风湿性关节炎、跌打损伤等患者食用。

【使用注意】非热证、湿热者不宜服用茅莓根，孕妇禁用。

【附　　方】（1）**治泌尿系统结石：**茅莓鲜根 120g，洗净，切片，加米酒 120g、水适量，煮 1 小时，去渣取汁，2 次分服，每日 1 剂，服至排出结石或症状消失为止。（《全国中草药汇编》）

（2）**治跌打损伤：**茅莓根 15g，甘草 6g，以黄酒和水等量煎服。（《食物中药与便方》）

插田泡

Rubus coreanus Miq.

·科　名	蔷薇科 Rosaceae	·属　名	悬钩子属 *Rubus*
·生活型	落叶或半常绿蔓状灌木	·花果期	花期 5~6 月，果期 7~8 月
·生　境	山坡、路旁或灌丛中	·分　布	苏南地区

植株

托叶及刺

花序

【释　　名】郭璞注："藨，即莓也。""藨"同"藨"，"藨"音转为"泡"，植物花开时间为插秧季节，故名"插田泡""插田藨"。果熟时紫黑色，故又名"乌藨子"。茎上有刺如悬钩，原植物在朝鲜有分布，故又名"高丽悬钩子"。

【识别要点】植株无腺毛，枝具钩状扁平皮刺。复叶具（3）5小叶；小叶片卵形，先端渐尖或急尖，两面仅沿脉疏被短柔毛，边缘有不整齐粗锯齿或缺刻状粗锯齿，顶生小叶有时3浅裂；托叶线状披针形，基部与叶柄合生。伞房花序顶生；萼片卵状披针形，果期宿存，花后反折；花瓣淡红色至深红色，雌蕊多数，分离。聚合果近球状，成熟时深红色至紫黑色。

【采收加工】果实：7~8月变红或紫黑色成熟时采摘，鲜用或晒干。

【食用方法】果实可生食，也可熬糖、酿酒、制醋、制果汁和果酱等。

【性味功用】**果实（插田泡果）**：甘、酸，温。补肾固精，平肝明目；用于阳痿，遗精，遗尿，带下，不孕症，胎动不安，风眼流泪，目生翳障。**部分地区作覆盆子用**。**根（倒生根）**、**叶（插田泡叶）**亦可入药。

【现代研究】插田泡果实富含糖类、维生素C、蛋白质、粗脂肪、氨基酸等，含枸橼酸、柠檬酸等有机酸类成分及覆盆子苷、色素苷等。其中，有机酸类成分为其发挥固涩功能的主要活性成分，既能抗感染，又能收涩小便，减少小便次数。

【适宜人群】插田泡果适宜肾虚遗精、阳痿早泄、宫冷不孕及带下疾病者食用。

【使用注意】阴虚有火、小便短涩不利、便秘者不宜食用插田泡果。

【附　　方】**（1）治吐泻**：高丽悬钩子果30g，生嚼。（《湖南药物志》）

（2）治风眼流泪：大乌泡果（鲜品）30g，煎水，以热气熏患眼，汤液内服，每日3次。（《草木便方今释》）

蓬　蘽

Rubus hirsutus Thunb.

·科　名　蔷薇科 Rosaceae　　·属　名　悬钩子属 *Rubus*

·生活型　半常绿灌木　　·花果期　花期 3~4 月，果期 5~6 月

·生　境　山坡、荒地、疏林下或灌丛中

·分　布　南京、无锡（宜兴）、常州（金坛）、苏州、连云港、镇江（句容）

植株

花侧面

幼嫩果实

花正面

成熟果实

【释　　名】李时珍曰：“藤叶繁衍，蓬蓬累累，异于覆盆。”故名“蓬蘽”。此种生于丘陵之间，故又名“陵蘽”。

【识别要点】枝、叶轴、叶柄、花柄和花萼均被柔毛、腺毛和稀疏小皮刺。复叶具 3~5 小叶；托叶基部与叶柄合生；小叶片卵形或宽卵形，边缘具不整齐尖锐重锯齿。花单生于侧枝顶端，稀腋生；花瓣倒卵形或近圆形，白色，基部具爪；雌蕊多数，分离；萼片卵状披针形，顶端长尾尖，花后反折。聚合果近圆球状，成熟时鲜红色。

【采收加工】果实：8 月下旬至 11 月中旬由绿变红、果肉稍软、果蒂疏松时及时采摘，鲜用或晒干。根：夏、秋季采挖，洗净，晒干。

【食用方法】果实可生食，或作食用原料加工为果汁、果酱、果酒、果冻，也可制茶。

【性味功用】**果实（蓬蘽）**：甘、酸，温。补肾益精，缩尿。用于尿频，遗尿，阳痿，遗精，滑精，不育，目暗不明，须发早白。**根（三月泡根）**：甘、微苦，

平。祛风活络，清热镇惊；用于小儿惊风，风湿筋骨痛。**叶（三月泡叶）**亦可入药。

【现代研究】蓬蘽果实富含氨基酸、糖类、果胶、维生素和铁、锌、锰等矿物质，含亚油酸、枸橼酸、苹果酸、水杨酸等成分。其中，锰是构成机体内精氨酸酶、脯氨酸酶的成分，又能激活辅酶、醛缩酶等；亚油酸具有降低血液中胆固醇，减少胆固醇在血管壁上沉积等显著的生理活性。

【适宜人群】蓬蘽适宜尿频、尿急等人群食用。

【使用注意】糖尿病及久患便秘者不宜多食蓬蘽。

【附　　方】**治风湿关节痛：**三月泡根 30~60g，水煎加酒或与猪脚炖服。（《全国中草药汇编》）

掌叶覆盆子

Rubus chingii Hu

·科　名　蔷薇科 Rosaceae	·属　名　悬钩子属 *Rubus*
·生活型　落叶灌木	·花果期　花期 3~4 月，果期 5~6 月
·生　境　山坡、路旁、疏林下或灌木丛中	·分　布　南京（高淳、溧水）、无锡（宜兴）等地

植株

茎刺

花

果实

不同成熟度的果实

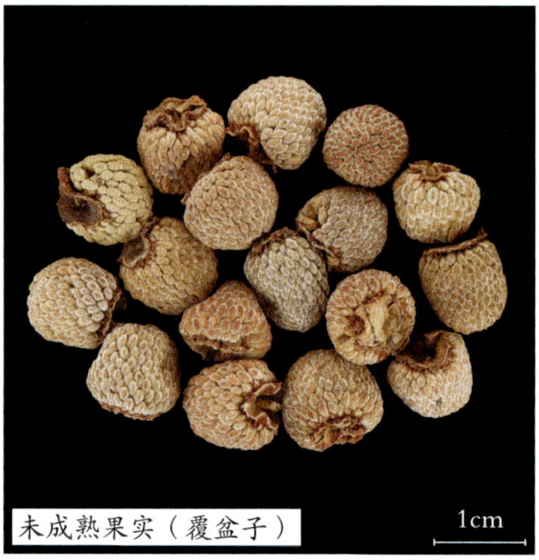

未成熟果实（覆盆子）

【释　　名】叶呈掌状裂，果实聚生成倒覆盆状；因具益肾缩尿之效，服后可使溺器覆置不用，遂名“掌叶覆盆子”。主产于华东，亦称“华东覆盆子”。郭璞注：“藨，即莓也。”“藨”通“薦”，“竻”言多刺，本品茎具密刺，故又呼“竻薦子”。

【识别要点】枝无毛，疏生小皮刺。单叶互生，叶片近圆形，具掌状脉，掌状（3）5（7）深裂；托叶线状披针形，基部与叶柄合生。花单生于侧枝顶端或叶腋；萼片卵形或卵状长圆形，先端具尖头，密被柔毛；花瓣椭圆形或卵状长圆状，白色。聚合果近圆球状，成熟时红色，密被灰白色柔毛；小果核有皱纹。

【采收加工】果实：4~6月已饱满、绿色、半成熟时采收，除去梗、叶，鲜用，或沸水中稍浸后置烈日下晒干。

【食用方法】果实可生食，也可制糖或酿酒。

【性味功用】**未成熟果实（覆盆子）**：甘、酸，温。补肝益肾，固精缩尿，明目；用于阳痿早泄，遗精滑精，宫冷不孕，带下清稀，尿频遗溺，目视昏暗，须发早白。**叶（覆盆子叶）**、**根（覆盆子根）**亦可入药。

【现代研究】掌叶覆盆子果实富含葡萄糖、果糖、果胶、维生素、17种氨基酸和多种矿物质等，含覆盆子酮、鞣花酸等酚类，花青素等黄酮类，雌激素等甾体类，生物碱类、皂苷类、蒽醌类、内酯类、香豆素类、鞣质类、挥发油类成分及枸橼酸、苹果酸等。其中，雌激素样作用能促进前列腺分泌激素；覆盆子酮有明显降血糖作用；鞣花酸可以消除络氨酸酶和过氧化氢酶的活性，抑制黄褐斑的形成；花青素具有抗氧化作用。

【适宜人群】掌叶覆盆子果实适宜肾虚之人（阳痿、遗精、早泄、小便频数、夜间多尿或遗尿、带下者）、肝虚之人（目暗不明、视物不清者）食用。

【使用注意】性功能亢进、小便短涩者不宜食用；阴虚火旺，小便短赤者禁服覆盆子。

【附　　方】**（1）治阳痿：**覆盆子、韭菜子等分，研细末，炼蜜为丸，每日 12g，分 2 次服。（《食物中药与便方》）

（2）治小儿肾虚遗尿：覆盆子 30g，用水 2 碗，以文火煎至 1 碗，去渣取汤，再用药汤煮瘦猪肉 60~90g，不加作料，文火煮熟，肉和汤同时吃下，每日服 1 次，一般 2~3 次可治愈。（《中医杂志》）

山　莓

Rubus corchorifolius L. f.

·科　名	蔷薇科 Rosaceae	·属　名	悬钩子属 *Rubus*
·生活型	落叶灌木	·花果期	花期 4~5 月，果期 5~6 月
·生　境	向阳山坡、路边、沟谷、疏林下或灌木丛中	·分　布	全省各地

枝条

花序枝

花

果实

【释　　名】属莓一类植物，常生长在丘陵山地，故名“山莓”；茎上有刺如钩，故又名“悬钩子”。

【识别要点】枝疏生微弯小皮刺。单叶，叶片卵形或卵状披针形，叶面沿脉被柔毛，叶背幼时密被柔毛，叶缘不分裂或有时 3 浅裂，不育枝叶常 3 裂，边缘有不整齐重锯齿，叶柄疏生小皮刺，幼时被柔毛，托叶基部与叶柄合生。花单生或 3 朵着生于短枝或腋生。花柄、花萼均被柔毛；花瓣白色；雌蕊多数，分离；子房上位。聚合果圆球状或卵球状，成熟时红色，密被柔毛，萼片宿存。

【采收加工】果实：夏季饱满近成熟、尚呈绿色时采收，鲜用或开水烫后晒干。

【食用方法】果实可生食，或制成蜜饯、果酱、果冻及酿酒。

【性味功用】**果实（山莓）**：酸、微甘，平。醒酒止咳，化痰解毒，收涩；用于醉酒，痛风，丹毒，烫火伤，遗精，遗尿。**根（山莓根）**、**茎叶（山莓叶）**亦可入药。

【现代研究】山莓果实富含糖类、蛋白质、维生素、17 种氨基酸及多种矿物质等，含东莨菪内脂等香豆素类，芦莱素等黄酮类，有机酸类，以及茶多酚、豆甾醇、β- 谷甾醇、胡萝卜苷、山莓素等成分。其中，黄酮类成分、东莨菪内脂、茶多酚等具有抗炎作用。

【适宜人群】山莓果实适宜醉酒、痛风、前列腺增生、丹毒、疮痈等人群食用。

【使用注意】糖尿病患者不宜多食。

【附　　方】**治遗精**：山莓干果实 15~20g，水煎服。（《福建中草药》）

高粱泡

Rubus lambertianus Ser.

·科　名　蔷薇科 Rosaceae	·属　名　悬钩子属 *Rubus*
·生活型　半常绿藤状灌木	·花果期　花期 8~9 月，果期 10~11 月
·生　境　山沟、路旁、疏林下或灌丛中	·分　布　全省各地

枝条

花

果序

【释　　名】本品属莓一类植物，“藨”为“莓”之意，“泡”与“藨”音近，又因果序似高粱果穗，故名“高粱泡”“高粱藨”；果实十月成熟变红，故又名“十月红”“十月莓”。

【识别要点】枝有小皮刺，幼时有短柔毛或近无毛。单叶互生；叶片纸质，宽卵形或卵形，稀长圆状卵形，顶端渐尖，边缘 3~5 浅裂或呈波状，有细锯齿；托叶离生，线状深裂，常早落。圆锥花序顶生，生于小枝上部叶腋的花序常近总状，有时仅数朵簇生于叶腋；花序梗、花柄和花萼均被灰白色柔毛；苞片与托叶相似；萼片卵状披针形；花瓣倒卵形，白色；雄蕊多数。聚合果近圆球状，成熟时红色。

【采收加工】果实：10~11 月成熟变红时采收，鲜用；根：全年可采，除去茎叶，洗净，切碎，鲜用或晒干。

【食用方法】果实可生食，或加工成果汁、果酒等。

【性味功用】**根（高粱泡）**：苦、涩，平。祛风清热，凉血止血，活血祛瘀；用于风热感冒，风湿痹痛，半身不遂，咯血，衄血，便血，崩漏，闭经，痛经，产后腹痛，疮疡。**叶（高粱泡叶）**亦可入药。

【现代研究】高粱泡果实富含维生素 B_2、烟酸、维生素 E_4、二聚物及锌、铁、硒等矿物质。

【适宜人群】高粱泡果实适宜风热感冒、月经不调、易出血、疮疡肿痛等患者食用。

【使用注意】不宜过多食用高粱泡果实。

【附　　方】**（1）治感冒：**（高粱泡）根 30g，或加芦根 30g，水煎服。（《江西草药》）

（2）治疟疾：高粱泡根 30g，酒水各半煎，冲鸡蛋或红糖服。（《福建药物志》）

（3）治异常子宫出血：高粱泡根 60g，黑豆 60g，水煎服。（《全国中草药汇编》）

黑　莓

Rubus spp.

·科　名　蔷薇科 Rosaceae	·属　名　悬钩子属 *Rubus*
·生活型　落叶灌木	·花果期　花期 4~5 月，果期 5~7 月
·特　性　喜光，对温度适应范围广，对土壤无特殊要求	
·分　布　扬州（仪征）、南京（溧水、江宁）、常州（溧阳）、连云港（赣榆）等地有栽培	

植株

枝刺

花序

成熟果实（黑莓）

【释　　名】属树莓一类植物，果实成熟后色黑，故名“黑莓”。

【识别要点】枝拱形或攀缘，常在触地处生根，疏生皮刺；掌状复叶互生，具3~5小叶，叶柄疏生皮刺，小叶有短柄；顶生小叶宽椭圆形，先端圆钝，基部宽楔形或近圆形，叶缘有粗锯齿，侧生小叶偏斜。总状花序顶生；花瓣5，白色、粉红色或红色；雄蕊多数，长于雌蕊，花药紫色；雌蕊多数，离生，子房上位，无毛。聚合果近球形，肉质，成熟时黑色或暗紫红色，无毛，花萼宿存。

【采收加工】果实：夏、秋季成熟变黑时采收，鲜用。

【食用方法】果实可生食，也可加工成果汁、果冻、果酱、果酒、糖浆、糕点、罐头、速冻干果等。

【性味功用】**果实（黑莓）**：甘、酸，微温。补肝肾，生津止渴，健脾益胃，润肠通便；用于咽喉炎。**叶（黑莓叶）**亦可入药。

【现代研究】黑莓果实富含花色素、果酸、超氧化物歧化酶（SOD）、纤维素、17种氨基酸、维生素及硒等矿物质。其中，维生素C、维生素E、硒、超氧化物歧化酶与氨基酸等都是抗衰老成分，具有延年益寿、轻身驻颜的功效；维生素 K 可促进肝脏合成凝血物质，改善凝血功能。

【适宜人群】一般人皆可食用黑莓。

【使用注意】糖尿病患者不宜食用黑莓。

【附　　方】**治消化不良：**黑莓鲜果频频食之。（《中医食方食品概论》）

金樱子

Rosa laevigata Michx.

·科　名	蔷薇科 Rosaceae	·属　名	蔷薇属 *Rosa*
·生活型	常绿攀缓状灌木	·花果期	花期 4~6 月，果期 7~11 月
·生　境	向阳山坡、路旁或灌丛中		
·分　布	南京（溧水）、无锡（宜兴）、常州、苏州（常熟）、镇江（句容）等地		

植株

花

果实

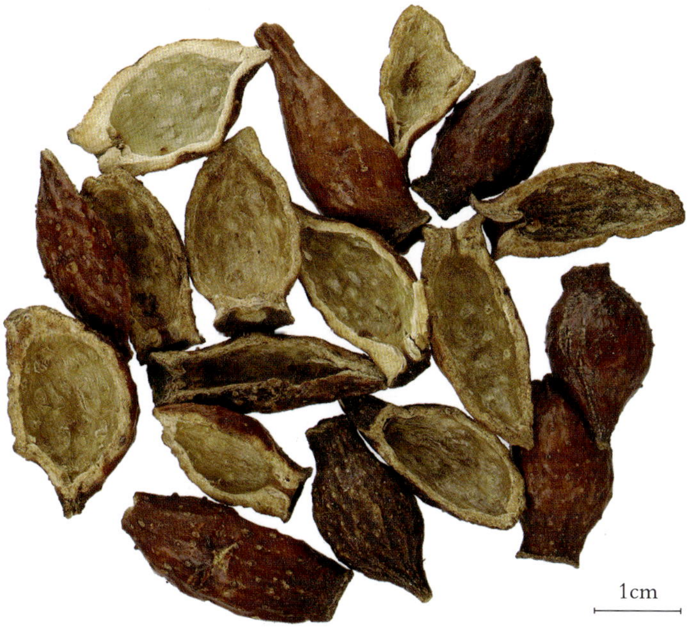

去籽的成熟果实（金樱子肉）

【释　　名】果实形似小口大腹的“罂”（古代一种酒器），表面为橙黄色，故名“金樱子”；成熟果实味甜似蜂糖，果实表面有小刺，故又名“蜂糖罐”“糖刺果”。

【识别要点】小枝无毛，疏生皮刺，幼时被腺毛。复叶有小叶3（5）；小叶片革质；叶柄和叶轴有皮刺和腺毛；托叶披针形，基部与叶柄合生，边缘有细齿。花单生叶腋；花柄、花托杯和萼片均密生刺毛和腺毛；萼片卵状披针形，先端常延长扩展成叶片状，花后宿存；花瓣白色，宽倒卵形，先端微凹。聚合瘦果，果梨状或倒卵球状，成熟时紫褐色，密生刺毛。

【采收加工】果实：10~11月成熟变红时采摘，晾晒后放入桶内搅拌，擦去毛刺，纵剖挖去瘦果及绒毛，晒干。

【食用方法】果实可生食，也可泡茶、浸酒、煮粥，还可加工成糖浆、果晶、饮料。

【性味功用】**成熟果实（金樱子）**：酸、甘、涩，平。固精缩尿，涩肠止泻，固崩止带；用于遗精，滑精，遗尿，尿频，久泻，久痢，白浊，崩漏带下。**根或根皮（金樱根）**、**叶（金樱叶）**亦可入药。

【现代研究】金樱子果实富含柠檬酸、苹果酸、树脂、维生素C等，含多糖类、鞣质类、皂苷类成分等。其中，水溶性多糖等成分能清除超氧阴离子自由基，发挥抗氧化作用；多糖对大肠杆菌等有较强的抑制作用，从而具有抗炎作用；鞣质类成分具有收敛、止泻作用。

【适宜人群】金樱子果实适宜肾虚所致的男子遗精、滑精、尿频、遗尿者，女子白带过多、崩漏、子宫脱垂者，脾虚久泻久痢、脱肛者食用。

【使用注意】小便不利、便秘、实火、邪热者不宜食用金樱子果实。

【附　　方】**（1）治男子遗精：**金樱子 90g，山黄精 120g（九蒸九晒），鲜猪瘦肉 120g，加水炖，去渣，取汤及肉，分两次服，每日服 1 剂。（《吉水草药汇编》）

（2）治男子下消、滑精，女子带下：金樱子（去毛、核）30g，水煎服，或和猪膀胱，或入冰糖炖服。（《闽东本草》）

草　莓

Fragaria× ananassa (Weston) Duchesne

·科　名	蔷薇科 Rosaceae	·属　名	草莓属 *Fragaria*
·生活型	多年生草本	·花果期	花期 4~5 月，果期 6~7 月
·特　性	喜光，耐阴，喜水怕涝，适宜肥沃疏松、透水通气的中性或微酸性、微碱性土壤		
·分　布	全省各地有栽培		

植株

果实

花

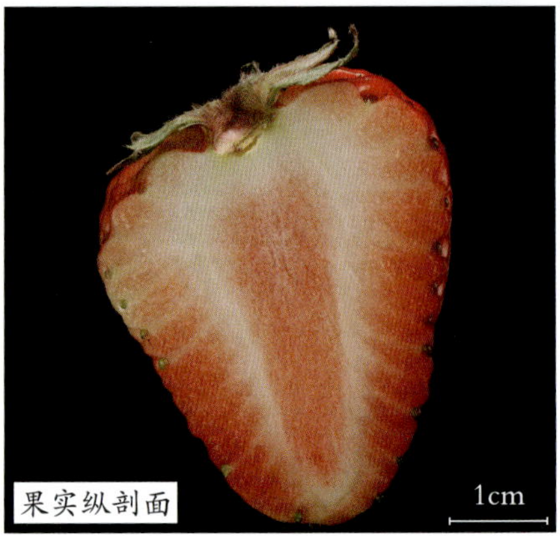

果实纵剖面

成熟果实（草莓）

【释　　名】“艹”与“每”合在一起本义指“苔藓”，栽培本品时，为保持果实的清洁，常用苔藓将植株垫高，故名“草莓”。

【识别要点】茎和叶柄均密被黄色开展柔毛。匍匐茎常于花后抽出。三出复叶；顶生小叶片倒卵形或菱形，边缘有缺刻状锯齿，侧生小叶片基部偏斜。聚伞花序；萼片5，副萼与萼片同数且互生，较萼片小；花瓣白色，雌蕊多数，分离。聚合果（果托）卵状或卵圆状，成熟时鲜红色，肉质多汁，宿存萼片紧贴果实；瘦果小，尖卵形，光滑。

【采收加工】聚合果：开花后30天早晨露水干后的上午11时之前，或傍晚天气转凉时分批采摘，用手捏住果实下部，抬起后轻轻扭转，使其从萼片与果梗连接处断裂，洗净，鲜用或烘干。

【食用方法】聚合果可生食，也可榨汁、制果干，或加工成果酱、果酒、饮料和罐头等。

【性味功用】**果实（草莓）**：甘、微酸，凉。清凉止咳，健胃消食，生津润肺，养血润燥，解酒；用于口渴，食欲不振，消化不良，干咳无痰，烦热干渴，小便浊痛，醉酒。

【现代研究】草莓聚合果富含氨基酸、糖类、胺类、果胶、蛋白质、维生素及钙、铁、锌等矿物质。含鞣花酸等有机酸类成分、红色素等。其中，维生素A可降低自由基对人体的氧化程度，能有效防治皱纹；维生素C具有明显的降血脂及预防动脉粥样硬化和其他血管疾病的作用；胺类物质可对白血病、再生障碍性贫血等血液病起辅助治疗作用；红色素作为抗氧化物质，具有缓解眼睛疲劳的效果；天冬氨酸有一定的降脂作用；鞣花酸可以提高免疫力，美白牙齿和皮肤；果胶和维生素可预防坏血病，防治动脉硬化、冠心病、高血压、脑出血等。

【适宜人群】草莓适宜一般人群，尤其适宜风热咳嗽、咽喉肿痛、夏季烦热口干、高血压、高脂血症、心脑血管疾病患者食用。

【使用注意】脾胃虚寒、腹泻者不宜食用草莓。

【附　　方】**（1）治糖尿病，消渴尿多：**鲜草莓频频食之。（《食物中药与便方》）

（2）治小便频数，遗精遗尿：草莓干品 10~20g，覆盆子干品 10g，韭菜子（炒）5g，芡实 10g。水煎，加糖，每日 2~3 次分服。（《食物中药与便方》）

山　楂

Crataegus pinnatifida Bunge

·科　名　蔷薇科 Rosaceae	·属　名　山楂属 *Crataegus*
·生活型　落叶乔木	·花果期　花期 5~6 月，果熟期 9~10 月
·生　境　山坡林缘或灌丛中	·分　布　连云港（云台山）等地，全省各地有栽培

植株

【释　　名】本品生于山林中，果实味道似木桃，酸涩且多渣，故名“山楂”；果实味酸涩，故又名“酸楂”。

【识别要点】小枝无毛，有短刺或无。叶片宽卵形或三角状卵形，基部截形或宽楔形，两侧各有 3~5 对羽状深裂片，基部 1 对裂片分裂较深，边缘有不规则锐锯齿，叶背沿叶脉或脉间有柔毛。伞形花序具多花；花序梗、花柄、萼片均具长柔毛；萼片三角状卵形或披针形；花瓣白色；雄蕊 20；花柱 3~5；心皮大部分与花托合生。梨果深红色，近球状，直径 1~1.5cm，外面有斑点，具 3~5 小核；萼片宿存。

【采收加工】果实：9~10 月陆续成熟，果实皮色发红、果点明显时采收，鲜用或切片干燥。叶：夏、秋季采收，嫩叶于春季采收，晾干。花：5~6 月采摘，晒干。

【食用方法】果实可生食，也可泡茶，或加工成果酱、果糕、果酒饮料等；嫩叶或花可煎茶饮。

【性味功用】**成熟果实（山楂）**：酸、甘，微温。消食健胃，行气散瘀，化浊降脂；用于肉食积滞，脘腹胀痛，泄泻痢疾，血瘀痛经、经闭，产后腹痛、恶露不净，睾丸肿痛，胸痹心痛，疝气疼痛。**叶（山楂叶）**：酸，平。止痒，敛疮，降血压；用于漆疮，溃疡不敛，高血压。**花（山楂花）**：苦，平。降血压；用于高血压。**种子（山楂核）**、**根（山楂根）**、**木材（山楂木）**亦可入药。

【现代研究】山楂果实富含维生素 C、矿物质等，含槲皮素等黄酮类，绿原酸、熊果酸等有机酸类，脂肪酸类、多酚类、三萜类、甾体类、鞣质类、磷脂类成分等。其中，有机酸类成分是消食开胃、降血脂、抗动脉粥样硬化的药效成分；黄酮类化合物为抗氧化的主要活性成分；脂肪酸类成分能促进脂肪消化，对胃肠功能有一定调节作用。

【适宜人群】山楂适宜肉食积滞所致脘腹胀满、嗳气吞酸、腹痛便溏者，小儿乳食积滞者，泻痢腹痛、疝气痛者，瘀滞胸胁痛、痛经、瘀血经闭、产后瘀阻者食用，亦适合高血压、高脂血症、冠心病人群食用。

【使用注意】胃酸分泌过多者不宜食用山楂，脾胃虚弱而无积滞者及孕妇慎服。

【附　　方】**（1）治食肉不消：**山楂肉 124g，水煮食之，并饮其汁。（《简便单方》）

（2）治产妇恶露不净，腹中疼痛，或儿枕作痛：山楂百十个，打碎煎汤，入砂糖少许，空心温服。（《日用本草》）

（3）治高血压：山楂叶，水煎代茶饮。（《陕西中草药》）

山里红

Crataegus pinnatifida Bunge var. *major* N. E. Br.

·科　名　蔷薇科 Rosaceae	·属　名　山楂属 *Crataegus*
·生活型　落叶乔木	·花果期　花期 5~6 月，果熟期 9~10 月
·生　境　山坡灌丛中	·分　布　无锡、连云港等地，全省各地有栽培

枝条

花序侧面

花序正面

新鲜果实（鲜食山楂）

果实切片（山楂药材）

【释　　名】本品生于山林中，果实成熟时呈深亮红色，故名“山里红”“红果”；植物形态与山楂相近，但果实较大，故又名“大山楂”。

【识别要点】小枝无毛，有短刺或无。叶片较大，叶片宽卵形或三角状卵形，基部截形或宽楔形，常两侧各有 3~5 对羽状裂片，分裂较浅，边缘有不规则锐锯齿，叶背沿叶脉或脉间有柔毛。伞房花序具多花；花序梗、花柄、萼片均具长柔毛；萼片三角状卵形或披针形；花瓣白色；雄蕊 20；花柱 3~5；心皮大部分与花托合生。梨果近球状，直径 2~2.5cm，深亮红色，外面有斑点，具 3~5 小核；萼片宿存。

【采收加工】参见“山楂”。

【食用方法】参见“山楂”。

【性味功用】参见“山楂”。

【现代研究】参见“山楂”。

【适宜人群】参见“山楂”。

【使用注意】参见“山楂”。

【附　　方】参见“山楂”。

野山楂

Crataegus cuneata Sieb. et Zucc.

·科　名　蔷薇科 Rosaceae	·属　名　山楂属 *Crataegus*
·生活型　落叶灌木，有时乔木状	·花果期　花期 5~6 月，果熟期 9~11 月
·生　境　山地灌丛中	·分　布　全省丘陵山区

植株

托叶

花序

果枝

成熟果实（野山楂）

【释　　名】植物形态与山楂相近，但本品为灌木，多野生，故名“野山楂”；多分布于长江以南地区，故又名“南山楂”；本品较山楂叶片小，故又名“小叶山楂”。

【识别要点】分枝密，有细刺，嫩枝有柔毛。叶片宽倒卵形或倒卵状长圆形，先端急尖，基部楔形，下延至叶柄，具不规则重锯齿，先端常 3 或少数 5 或 7 浅裂；叶柄两侧有翼；托叶镰刀状。伞房花序；花序梗、花柄、萼片均具柔毛；花瓣白色，基部具爪；雄蕊 20；花柱 4 或 5；心皮大部分与花托合生。梨果红色或黄色，近球状，顶端常有宿存萼，基部有苞片，内有 4 或 5 小核。

【采收加工】果实：9~10 月果皮变红、果点明显时采收，用剪刀剪断果柄或摘下，横切成两瓣，鲜用或切片后晒干。嫩叶：春季萌发后随时可采，烘干。

【食用方法】果实可生食，也可酿酒或制果酱、果糕、蜜饯；嫩叶可代茶。

【性味功用】**果实（野山楂）**：酸、甘，微温。健脾消食，活血化瘀；用于食滞肉积，脘腹胀痛，产后瘀痛，漆疮，冻疮。**叶（山楂叶）**：酸，平。止痒，敛疮，降血压；用于漆疮，溃疡不敛，高血压。**种子（山楂核）**、**根（山楂根）**、**木材（山楂木）**亦可入药。

【现代研究】野山楂果实富含维生素 C、蛋白质、脂肪酶等，含金丝桃苷、槲皮素、花青素等黄酮类成分，萜类、多糖类、酚酸类、鞣质类、皂苷类成分及 β- 谷甾醇等。其中，脂肪酶能促进脂肪消化，对胃肠功能具有一定调节作用；黄酮类及三萜酸类具有降血压作用；槲皮素可保护过氧化氢诱导血管内皮细胞的损伤及修复。

【适宜人群】野山楂果实适宜肉食积滞而致胃脘饱满胀痛、产后恶露不净、痰饮痞满、小儿脾虚久泻、高血压、高脂血症、冠心病人群食用。

【使用注意】脾胃虚弱者不宜多食野山楂果实。

【附　　方】**治小肠疝气，肠炎下痢，肠疝痛等：**野山楂 15~30g，水煎后加赤砂糖适量，每日 2~3 次分服。（《食物中药与便方》）

枇　杷

Eriobotrya japonica (Thunb.) Lindl.

·科　名　蔷薇科 Rosaceae　　·属　名　枇杷属 *Eriobotrya*

·生活型　常绿小乔木　　·花果期　花期 10~12 月，果熟期翌年 5~6 月

·特　性　喜温暖湿润的气候，耐盐碱，适宜排水良好、富含腐殖质的中性或酸性土壤

·分　布　全省各地有栽培

植株

花序

果序

成熟果实（枇杷）

【释　　名】本品叶子形似乐器琵琶（古时写作“枇杷”），故名“枇杷”；果实初生时青卢色，形似橘，故又名“卢橘”。

【识别要点】小枝密生锈色或灰棕色绒毛。叶片革质，披针形、长倒卵形或长椭圆形，叶面皱，羽状网脉明显，上部边缘有疏锯齿，叶背密生灰棕色绒毛。圆锥花序花顶生，花多而紧密；花序梗、花柄、萼筒密生锈色绒毛；萼片三角状卵形，果期宿存；花瓣白色，基部有爪；柱头头状。梨果圆球状，黄色或橘黄色，外有锈色柔毛，后脱落，5 室，每室种子 1 或 2。

【采收加工】果实：春、夏季果皮变黄成熟时分批采收，鲜用。叶：全年均可采收，刷去叶背绒毛，晒至七八成干时，扎成小把，再晒干。

【食用方法】果实可生食，也可制成蜜饯、罐头及酿酒等。

【性味功用】**果实（枇杷）**：甘、酸，凉。润肺，下气，止渴；用于肺燥咳嗽，吐逆，烦渴。**叶（枇杷叶）**：苦，微寒。清肺止咳，降逆止呕；用于肺热咳嗽，阴虚劳嗽，胃热呕逆，烦热口渴，肺风面疮，气逆喘急。**花（枇杷花）**、**种子（枇杷核）**、**根（枇杷根）**、**叶的蒸馏液（枇杷叶露）**、**树干的韧皮部（枇杷木白皮）**亦可入药。

【现代研究】枇杷果实富含丰富的胡萝卜素、纤维素、果胶、糖类、B 族维生素、维生素 C、脂肪、蛋白质及钙、钠、钾、铁、磷等矿物质，含枸橼酸、苹果酸等有机酸类成分及苦杏仁苷等。其中，纤维素和果胶等可促进肠道蠕动，辅助排便；丰富的维生素有助于减轻肝脏炎症，维持肝功能正常；有机酸能刺激消化腺分泌，对增进食欲、促进消化吸收、止咳解暑有明显效果。

【适宜人群】枇杷适宜肺痨咳嗽、胸闷多痰者及坏血病患者食用。

【使用注意】脾虚、腹泻者不宜食用枇杷。胃寒呕吐及风寒咳嗽者禁服枇杷叶。

【附　　方】**（1）治肺热咳嗽：**鲜枇杷肉 60g，冰糖 30g，水煎服。（《福建药物志》）

（2）治肺风咳逆：干枇杷叶 30g，芫荽菜、前胡各 15~18g，艾叶 5 片，水煎，冲红糖，早晚顿服。（《天目山药用植物志》）

沙　　梨

Pyrus pyrifolia (Burm. f.) Nakai

·科　名　蔷薇科 Rosaceae　　·属　名　梨属 *Pyrus*

·生活型　乔木　　·花果期　花期 4 月，果熟期 7~8 月

·特　性　喜光，喜温暖湿润气候，耐寒，耐水湿，适宜疏松、肥沃、排水良好的微酸性至微碱性土壤

·分　布　全省各地有栽培

枝条

叶

花

幼果

成熟果实（砀山梨）

【释　　名】乔木，果实性冷利，多食易导致腹泻，取“利”代表其含义，古代野生品种的果肉沙粒感重，故名“沙梨”。

【识别要点】枝有时有枝刺，嫩枝及叶片的两面、叶柄、花序梗、花柄均具长柔毛，后脱落。叶片卵形，先端长渐尖，基部圆形至心形，边缘具刺芒状锐锯齿。伞形总状花序，多生于短的侧枝顶端；花瓣白色，卵形，先端蚀齿状；雄蕊 20，花药深红色；花柱（4）5，离生；子房下位；萼片边缘有腺齿。果实近圆球状，浅褐色，有浅色斑点，石细胞较多，2~5 室，每室种子 1 或 2。

【采收加工】果实：8~9 月果皮呈现该品种固有的颜色且有光泽和香味、种子变为褐色、果柄易脱落时采摘，鲜用。

【食用方法】果实可生食或榨汁，也可制成罐头、果脯等。

【性味功用】**果实（梨）**：甘、微酸，凉。润燥，生津，清热，化痰，清肺，止咳；用于肺燥咳嗽，热病烦躁，消渴，痰热惊狂，噎膈，目赤胬肉，烫火伤，疮疡，口燥咽干。**叶（梨叶）**、**花（梨花）**、**果皮（梨皮）**、**树枝（梨枝）**、**树皮（梨木皮）**、**木材烧成的灰（梨木灰）**、**根（梨树根）**亦可入药。

【现代研究】沙梨果实富含蛋白质、脂肪、糖类、果胶、粗纤维、胡萝卜素、B 族维生素及铁等矿物质，含鞣酸、有机酸类成分等。其中，糖类、有机酸类成分可止咳生津、清心润喉、降火解暑，又可润肺、止咳、化痰，对感冒、咳嗽、急慢性支气管炎患者有效；鞣酸成分及丰富的 B 族维生素能保护心脏，减轻疲劳，增强心肌活力，降血压；果胶含量高，有助于消化，通利大便。

【适宜人群】沙梨适宜咽喉发痒干痛、小儿百日咳、久咳患者食用。

【使用注意】脾虚便溏、寒痰咳嗽、糖尿病、产妇、经期中的女性不宜食用沙梨。

【附　　方】**（1）治卒咳嗽：**以一颗梨，刺作五十孔，每孔内以椒一粒，以面裹，于热火灰中煨令熟，出，停冷，去椒食之。（《食疗本草》）

（2）治小儿痰嗽：甜梨一个，入硼砂一分，纸包水湿火煨，熟吃。（《鲁府禁方》）

苹　果

Malus pumila Mill.

·科　名	蔷薇科 Rosaceae	·属　名	苹果属 *Malus*
·生活型	落叶乔木	·花果期	花期 3~4 月，果熟期 7~10 月
·特　性	喜光，耐寒，不耐瘠薄，适宜土质疏松、深厚肥沃、排水良好的中性或微酸性沙壤土		
·分　布	全省各地有栽培		

果枝

花枝

花

成熟果实（苹果）

【释　　名】原产于印度，名称来源于梵语“bimba”，音译为“频婆”“苹婆”，果实可食用，故名“苹婆果”，简称“苹果”；古称“柰”，像其果实缀于树上的形态；因其果实香甜，能招来林中禽鸟，故又名“林禽”“来禽”。

【识别要点】嫩枝密生绒毛。叶片在芽中呈席卷状，卵形、椭圆形或椭圆状长圆形，边缘锯齿粗。伞房花序多生于短的侧枝顶端；萼片三角状披针形或卵形，长于花托杯，顶端渐尖，两面密生绒毛；花瓣倒卵形，白色，待放时带粉红色；雄蕊 20；花柱 5，基部合生，子房下位。梨果扁球状，直径 5cm 以上，两端微下凹，3~5 室，每室有种子 1 或 2；果柄粗短；萼片宿存。

【采收加工】果实：9~11 月果实陆续成熟，当果实充分发育，已表现出该品种特有的色泽，种子变褐色，形、色、味俱全，九成熟时采收，轻拿轻放，避免损伤果实，鲜用。

【食用方法】果实可生食，亦可制果干、果脯、果酱、果酒、果醋等，果渣还可用于提制果胶。

【性味功用】**果实（苹果）**：甘、酸，凉。生津润肺，除烦，益胃，醒酒，止泻，通便；用于津少口渴，脾虚泄泻，食后腹胀，饮酒过度，妊娠恶阻，暑热烦渴，肠燥便秘。**叶（苹果叶）**、**果皮（苹果皮）**亦可入药。

【现代研究】苹果果实富含维生素、果胶、膳食纤维、果酸及铁、镁等矿物质，含多糖、鞣酸、类黄酮等成分。其中多糖、果酸、类黄酮、维生素 C、维生素 E 等营养成分能够帮助分解体内多余的脂肪，避免身体过度发胖，减轻心脏负担；果酸和维生素能有效吸附胆固醇，使之随着粪便排出，降低心血管疾病发生的风险；鞣酸是肠道收敛剂，它可减少肠液分泌而使粪便内水分减少，从而有止泻的作用；果胶有软化大便、缓解便秘的作用。

【适宜人群】苹果果实适宜慢性胃肠炎、便秘、癌症、贫血、维生素 C 缺乏症、慢性腹泻、高血压、高脂血症患者食用。

【使用注意】苹果果实不宜多食，过量服用易腹胀，胃寒、糖尿病患者不宜食用。

【附　　方】**（1）治消化不良，少食腹泻，或久泻而脾阴不足：** 苹果 30g，山药 30g，共研细末，每次 15~20g，加白糖适量，用温开水送服。（《食疗本草学》）

（2）治胃阴不足，咽干口渴： 鲜苹果 1000g，捣烂取汁，熬成稠膏，加蜂蜜适量混匀，每次 1 汤匙，温开水送服。（《食疗本草学》）

决　明

Cassia obtusifolia L.

·科　名	豆科 Leguminosae	·属　名	决明属 *Cassia*
·生活型	一年生亚灌木状草本	·花果期	花期 7~9 月，果期 10 月
·特　性	喜温暖湿润的气候，不耐寒冷，怕霜冻，对土壤要求不严，宜选向阳地块，以肥沃的壤土栽培为好		
·分　布	全省各地有栽培		

植株

叶

花

成熟种子（决明子）

【释　　名】本品种子具有明目功效，“决”意为一定、必定，故名“决明”；因其属草本植物，为与石决明相区别，故又名“草决明”；种子形状似马蹄，故又名“马蹄决明”；荚果细长弯曲，成对生于叶腋，状似羊角，故又名“羊角豆”。

【识别要点】一回偶数羽状复叶互生，小叶 3 对；叶柄无腺体，在两小叶之间的叶轴上有 1 个棒状腺体；小叶片倒卵形至倒卵状长圆形。花通常 2，腋生；花冠黄色，花瓣倒卵形，最下面的 2 瓣稍长；发育雄蕊 7，花药四方形，顶孔开裂，花丝短于花药；子房无柄，被白色柔毛。荚果线形细长圆柱状，近四棱形。种子多数，近菱形，淡褐色，有光泽。

【采收加工】种子：秋季果实成熟时采收，地上部分晒干，打下种子，除去杂质。嫩叶：春季开花前采摘，鲜用。

【食用方法】种子可泡茶或煮粥；嫩叶可炒食、凉拌、蒸食等。

【性味功用】**成熟种子（决明子）**：苦、甘、咸，微寒。清肝明目，润肠通便；用于目赤涩痛，羞明泪多，头痛眩晕，目暗不明，大便秘结。**全草或叶（野花生）**亦可入药。

【现代研究】决明种子富含维生素 A 与铁、锌、铜等矿物质，含大黄酚、大黄素、大黄酸、决明素、决明松、决明内酯、萘并吡喃酮苷及结合型蒽醌类成分等。其中，结合型蒽醌类化合物是其致泻的主要成分；大黄酚和萘并吡喃酮苷是保肝的主要成分；决明素不仅有降血压作用，还可控制体内血清胆固醇的含量，防止动脉粥样硬化斑块的形成。

【适宜人群】决明子适宜高血压、高脂血症、便秘性肥胖、肝肾不足而产生眼疾者食用。

【使用注意】气虚不足、脾胃虚寒及便溏者慎服决明子，孕妇不宜服用。

【附　　方】**（1）治夜盲症：**决明子、枸杞子各9g，猪肝适量，水煎，食肝服汤。（《浙江药用植物志》）

（2）治习惯性便秘：决明子18g，郁李仁18g，沸水冲泡代茶。（《安徽中草药》）

蚕　豆

Vicia faba L.

·科　名	豆科 Leguminosae	·属　名	野豌豆属 *Vicia*
·生活型	一年生草本	·花果期	花期4~6月，果期7~9月
·特　性	喜温暖湿润的气候，对土壤要求不严	·分　布	全省各地有栽培

植株

花序

花

嫩荚果及种子（蚕豆）

【释　　名】本品属豆类，果实形状如老蚕，且于农家养蚕时节成熟，故名“蚕豆”；本品为外来物种，原产于亚洲西南部和非洲北部，为张骞出使西域时引入，故又名“胡豆”；古时四川为其主要产地，故又名“川豆”。

【识别要点】茎直立，具 4 棱，中空，无毛。偶数羽状复叶；叶轴顶端卷须不发达，针状；托叶大，边缘有不整齐锯齿。总状花序腋生，花序梗和花柄极短；花冠旗瓣白色带红，有紫色的脉纹，翼瓣白色，基部具 1 块大型黑色斑晕。荚果圆柱状，大而肥厚。种子间稍缢缩，内有白色海绵状横隔膜。

【采收加工】种子：4 月中旬至 6 月陆续成熟，在开花后 25~30 日、豆荚饱满肥大、籽粒软嫩呈深绿色、种脐尚未转黑前采收，鲜用或晒干；或果实成熟呈黑褐色时采收，拔取全株，晒干，打下种子，扬净后再晒干。叶或嫩苗：夏季花开前采收，鲜用或晒干。花：清明节前后开放时采收，鲜用或晒干。

【食用方法】种子可炒食、煮食或油炸制成零食，也可作为制作豆酱和酱油等的原料，还可提制淀粉；叶或嫩苗可作菜炒食；花可加粳米煮粥。

【性味功用】**种子（蚕豆）**：甘、微辛，平。健脾利水，解毒消肿；用于膈食，水肿，疮毒。**叶或嫩苗（蚕豆叶）**：苦、微甘，温。止血，解毒；用于咯血，吐血，外伤出血，臁疮。**花（蚕豆花）**：甘、涩，平。凉血，止血，止带，降血压；用于劳伤吐血，咳嗽咯血，崩漏带下，高血压。**种皮（蚕豆壳）**、**茎（蚕豆茎）**、**果壳（蚕豆荚壳）**亦可入药。

【现代研究】蚕豆种子富含蛋白质、糖类、膳食纤维、磷脂、胆碱、维生素 B_1、维生素 B_2、烟酸及钙、磷、铁、钾、钠、镁等矿物质。其中，所含蛋白质可延缓动脉硬化，预防心血管疾病；膳食纤维可降低胆固醇；磷脂是神经组织的组成成分，胆碱是神经细胞传递信息所需物质，常食蚕豆不仅可增强记忆力，而且对神经组织有较好的保健作用；丰富的钙有利于骨骼对钙的吸收和钙化，促进骨骼发育。

【适宜人群】蚕豆适宜一般人群，尤其适宜冠心病、高血压、高脂血症、水肿以及咯血、吐血等出血患者食用。

【使用注意】蚕豆不宜生食及服用过量。对蚕豆过敏、消化不良、脾胃虚寒者不宜食用。

【附　　方】**（1）治膈食**：蚕豆磨粉，红糖调食。（《指南方》）

（2）治水胀：虫胡豆（蚕豆）30~240g，炖牛肉服。（《民间常用草药汇编》）

（3）治大便下血：蚕豆苗适量，捣烂浸酒去渣服。（《青岛中草药手册》）

（4）治咯血：蚕豆花 9g，水煎去渣，溶化冰糖适量，每日 2~3 回分服。（《现代实用中药》）

扁　豆

Lablab purpureus (L.) Sweet

·科　名　豆科 Leguminosae　　·属　名　扁豆属 *Lablab*

·生活型　多年生缠绕草质藤本　　·花果期　花期 7~8 月，果期 8~9 月

·特　性　喜温暖湿润的气候，怕寒霜，适宜肥沃、排水良好的沙壤土

·分　布　全省各地有栽培

植株（白花品种）

植株（紫花品种）

托叶（紫花品种）

花序（紫花品种）

花序（白花品种）

果实（紫花品种）

成熟种子（白扁豆）

【释　　名】本品属于豆类，果实呈扁平状，故名“扁豆”；以色白者入药，故又名“白扁豆”；古代称美人细而长的秀眉为蛾眉，本品种子的一侧边缘有隆起的白色半月形种阜，形似蛾眉，故又名“蛾眉豆”“眉豆”；豆粒形似羊眼，故又名“羊眼豆”。

【识别要点】茎近无毛，绿色或紫色。羽状复叶具 3 小叶，顶生小叶片菱状广卵形，侧生小叶偏斜；托叶宿存，披针形。总状花序直立，花 2~4 朵丛生于花序轴的节上；花萼钟状，二唇形；花冠白色或紫红色，旗瓣反曲，基部两侧有 2 枚附属体。荚果扁，镰刀形或半椭圆形，边缘具不整齐的小突起，先端有长而弯的喙，近顶端有白色髯毛。种皮白色或紫黑色，种脐线形。

【采收加工】嫩果荚：7 月开花后，由下部开始顺次采摘，鲜用。种子：8~10 月果壳变为黄白色且略现皱缩时采摘，拍打出种子，晒干。

【食用方法】嫩果荚可做蔬菜烧食、煮食、蒸食，或切丝焯水后拌食或炒食；种子可煮食或熬汤，还可制成豆泥、豆沙。

【性味功用】**白色成熟种子（白扁豆）**：甘、淡，平。健脾，化湿，消暑；用于脾虚生湿，食少便溏，白带过多，暑湿吐泻，烦渴胸闷。**叶（扁豆叶）**、**种皮（扁豆衣）**、**花（扁豆花）**、**根（扁豆根）**、**藤茎（扁豆藤）**亦可入药。

【现代研究】扁豆种子富含蛋白质、氨基酸、维生素 C 及铁、锌等矿物质，含胰蛋白酶抑制剂、淀粉抑制酶、血细胞凝集素 A、血细胞凝集素 B、豆甾醇等成分。其中，蛋白质、氨基酸能健脾胃、增进食欲；血细胞凝集素 A、

B 可抑制免疫反应，有明显的抑制肿瘤细胞增生作用；胰蛋白酶抑制剂、淀粉抑制酶可减缓各种消化酶对食物的消化作用，从而降低血糖。

【适宜人群】白扁豆适宜一般人群食用，尤其适宜脾虚湿滞、暑湿吐泻、胸闷腹胀、食少或泄泻者，白带过多者，以及皮肤瘙痒者食用。

【使用注意】白扁豆不宜生食、多食；外感寒邪、脾胃虚寒者应少食。

【附　　方】**（1）治妇人赤白带下：** 白扁豆炒黄为末，米饮调下。（《妇人良方》）

（2）治慢性肾炎，贫血： 扁豆 30g，大枣 20 枚，水煎服。（《福建药物志》）

绿　豆

Vigna radiata (L.) Wilczek

·科　名　豆科 Leguminosae	·属　名　豇豆属 *Vigna*
·生活型　一年生直立草本	·花果期　花期 6~7 月，果期 8 月
·特　性　喜温，喜光，对土壤要求不严	·分　布　全省各地有栽培

植株

果序

花序

果实剖面

成熟种子（绿豆）

【释　　名】本品属于豆类，种子淡绿色，故名“绿豆”；古代“绿”通“菉”，故又名“菉豆”。

【识别要点】茎有淡褐色长硬毛。羽状复叶具 3 小叶；托叶大，阔卵形，盾状着生，具缘毛；小托叶显著，披针形；顶生小叶片卵形，侧生小叶偏斜。总状花序腋生，有花数朵，着生于花序轴顶端；花冠黄绿色，旗瓣近方形，顶端微缺；翼瓣卵形，黄色；龙骨瓣镰刀状，绿色而有粉红色晕，右侧有明显的囊。荚果圆柱状，散生淡褐色的长硬毛。种子短圆柱状，绿色，有时黄褐色。

【采收加工】种子：秋季果实成熟时采收，割取全株，晒干后打下种子，筛除杂质，再晒干。种子经浸淹后发出的嫩芽：下胚轴长 8~10cm、子叶尚未展开时采收，鲜用。

【食用方法】种子可掺米煮饭或作为主食，也可提取淀粉制作豆沙、粉丝、粉皮等，亦可煮汤或与谷类配合煮粥食用；种子经浸淹后发出的嫩芽可作蔬菜炒食。

【性味功用】**成熟种子（绿豆）**：甘，凉。清热解毒，化湿利水，消暑益气，止渴利尿；用于暑热烦渴，头痛目赤，水肿，泻痢，丹毒，痈肿，药物及食物中毒，小便不利。**种子经浸淹后发出的嫩芽（绿豆芽）**：甘，凉。清热消暑，解毒利尿；用于暑热烦渴，酒毒，小便不利，目翳。**种皮（绿豆衣）、叶（绿豆叶）、花（绿豆花）**亦可入药。

【现代研究】绿豆种子富含蛋白质、脂肪、糖类、膳食纤维、维生素 A、B 族维生素、维生素 C 及钙、磷、铁等矿物质，含单宁等多酚类、鞣质类、黄酮类、香豆素类、生物碱类、皂苷类成分等。其中，膳食纤维能刺激肠道蠕动，加速排泄；绿豆浸磨后蛋白质可保护肠胃黏膜；绿豆蛋白、鞣质、黄酮类化合物可与有机磷农药、汞、砷、铅化合物形成沉淀物，使其失去毒性，且不易被肠道吸收；单宁能凝固微生物原生质，可产生抗菌活性；香豆素、生物碱、皂苷等活性物质可增强机体免疫力。

【适宜人群】绿豆适宜一般人群，尤其适宜暑热烦渴、头痛目赤、疮痈肿毒、水肿、小便不利及高血压等病症患者食用。

【使用注意】脾胃虚寒、泄泻以及病后体虚患者不宜食用绿豆。

【附　　方】**（1）治暑热烦渴：**绿豆淘净，下锅加水，大火一滚，取汤停冷色碧。食之。如多滚则色浊，不堪食矣。（《遵生八笺》）

（2）治感冒发热：绿豆 30g，带须葱白 3 个，水煎，白糖调服，每日 2 次。（《甘肃中草药手册》）

（3）食物中毒急救：生绿豆适量，用水浸泡后研磨，去渣取汁，大量灌服。（《食物中药与便方》）

（4）治带下，肾盂炎，尿道炎：鲜绿豆芽 30~60g，捣烂绞汁，加红糖适量，炖服。（《福建药物志》）

赤　豆

Vigna angularis (Willd.) Ohwi et Ohashi

·科　名	豆科 Leguminosae	·属　名	豇豆属 *Vigna*
·生活型	一年生直立草本	·花果期	花期 6~7 月，果期 8~10 月
·特　性	喜温暖的气候，不耐霜冻，对土壤要求不严	·分　布	全省各地有栽培

植株

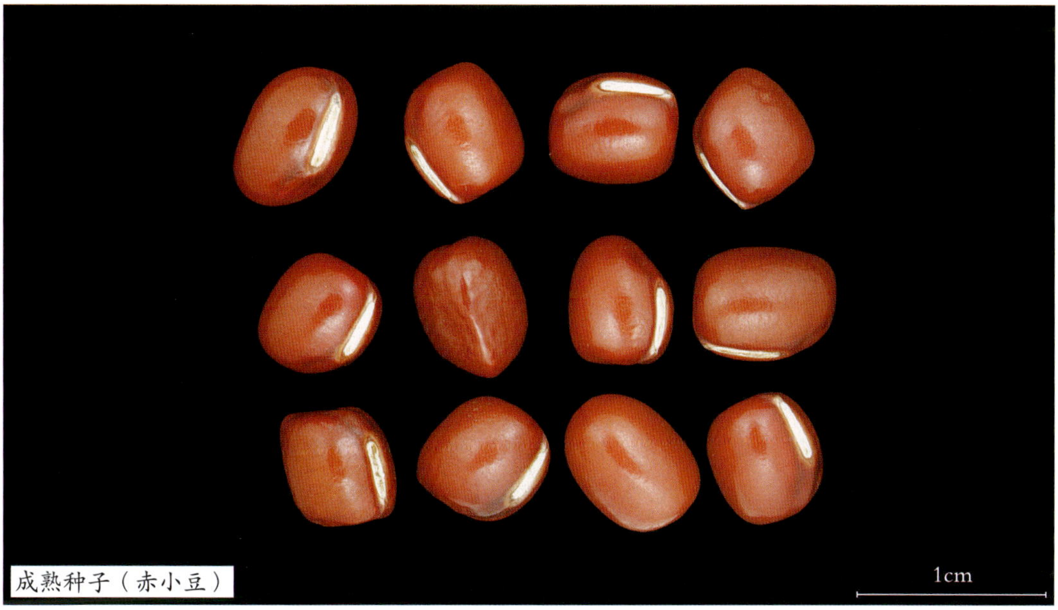

成熟种子（赤小豆）

【释　　名】属于豆类，种子暗红色，故名“赤豆”“红豆”；本品可煮可炒，可为粥饭，故又名“饭豆”。

【识别要点】茎、叶柄和花序常被长硬毛；茎直立。羽状复叶具 3 小叶；托叶盾状着生，箭头形；顶生小叶片卵形，顶端渐尖，基部圆形或阔楔形；侧生小叶偏斜。总状花序腋生，花柄着生处的花序轴上常增厚，呈垫状，有腺体；花萼二唇形；花冠黄色，龙骨瓣上部卷曲近半圆，其中 1 片中下部具 1 个角状突起；柱头侧生。荚果圆柱状，无毛。种子长圆球状，暗红色，种脐白色。

【采收加工】种子：10 月中旬荚果成熟而未开裂时采收，拔取全株，晒干并打下种子，去杂质，再晒干。芽：成熟种子无土培育发芽后采收，鲜用或晒干。

【食用方法】种子可做赤豆沙、制馅，也可直接煮食或与大米、小米、玉米粉等掺和做稀饭或其他主副食品，如豆沙包、炸糕、赤豆水晶包、赤豆粽子、沙仁饼、豆沙糕、赤豆香肠、粉肠等；芽可凉拌、炒食、煮汤。

【性味功用】**种子（赤小豆）**：甘、酸，平。利水消肿，解毒排脓；用于水肿胀满，脚气浮肿，黄疸尿赤，风湿热痹，痈肿疮毒，肠痈腹痛。**芽（赤小豆芽）**：甘，微凉。清热解毒，止血，安胎；用于肠风便血，肠痈，赤白痢疾，妊娠胎漏。**叶（赤小豆叶）**、**花（赤小豆花）**亦可入药。

【现代研究】赤豆种子富含膳食纤维、蛋白质、脂肪、糖类、氨基酸、维生素、烟酰及锌、钾、镁等矿物质，含皂角苷等成分。其中，膳食纤维可加快肠道蠕动，减少血液中胆固醇与葡萄糖的再吸收；大量的维生素 E、锌、钾、镁等活性成分能降低血糖和血脂；其外皮中所含的皂角苷亦有较强的利尿作用；赖氨酸含量较高，且富含叶酸，可减轻肝脏炎症；多种维生素和矿物质对心脏病、肾病、水肿患者均有益。

【适宜人群】赤小豆适宜一般人群，尤其适宜黄疸、脚气病、湿疹瘙痒、疮疖肿痛、便秘、水肿以及小便不利者食用。

【使用注意】体弱久病者不宜食用赤小豆，尿频者、津亏干瘦者不宜多食，阴虚津伤者慎用。

【附　　方】**（1）治水肿坐卧不得，头面身体悉肿：**桑枝烧灰淋汁，煮赤小豆，空心食令饱，饥即食尽，不得吃饭。（《梅师集验方》）

（2）治肾炎，脚气病，营养性水肿：赤小豆 60~90g，冬瓜 250~500g，一并煮汤服。（《食物中药与便方》）

（3）治胎动不安，下血：赤小豆芽一把，水煎取汁 150ml，兑入黄酒 30g，温服，数次即愈。（《食疗食材精品 399》）

赤小豆

Vigna umbeuagta Ohwi et Ohashi

·科　名　豆科 Leguminosae	·属　名　豇豆属 *Vigna*
·生活型　一年生直立草本或上部缠绕	·花果期　花期 5~8 月，果期 7~9 月
·特　性　喜温暖的气候，对土壤要求不严	·分　布　全省各地有栽培

植株

成熟种子（赤小豆）

【释　　名】本品属于豆类，种子暗红色，外形与赤豆相似，但稍微细长且体态较小，故名“赤小豆”“红小豆”；种子富含淀粉，可作粥饭食用，故又名“米豆”。

【识别要点】茎纤细缠绕，幼时密被黄色长柔毛。羽状复叶具3小叶，小叶片卵状披针形；托叶披针形或卵状披针形，盾状着生。总状花序具花2或3朵，腋生；花柄短，着生处有腺体；花萼二唇形；花小，花冠黄色，旗瓣圆肾形，龙骨瓣一侧具长角状附属体。荚果细长圆柱状，下垂。种子长椭圆球状，常为暗红色，种脐线形，白色，中间凹陷。

【采收加工】参见“赤豆”。

【食用方法】参见“赤豆”。

【性味功用】参见“赤豆”。

【现代研究】参见“赤豆”。

【适宜人群】参见“赤豆”。

【使用注意】参见“赤豆”。

【附　　方】参见“赤豆”。

豇　豆

Vigna unguiculata (L.) Walp.

·科　名　豆科 Leguminosae　　·属　名　豇豆属 *Vigna*

·生活型　一年生缠绕草本，或近直立　　·花果期　花期 6~8 月，果期 7~9 月

·特　性　喜高温、干燥的气候，喜强光，适宜疏松肥沃、排水良好的弱酸性壤土或沙壤土

·分　布　全省各地有栽培

植株

花序

花

果实

成熟种子（豇豆）

【释　　名】本品属于豆类，果实表面紫红色，“绛”意为红色，“绛”通“跭”，后衍生为“豇”，故名“豇豆”；荚果条形细长，形似裙带，故又名“裙带豆”。

【识别要点】茎缠绕。羽状复叶具3小叶；托叶盾状着生，卵形，着生处下延成一短距；顶生小叶片菱状卵形，边缘浅波状；侧生小叶偏斜。总状花序腋生，花2~6朵聚生于花序轴顶端；花柄间常有肉质蜜腺；花萼钟状，二唇形；花冠黄白色，长约2cm，旗瓣扁圆形，基部具耳，龙骨瓣稍弯；柱头侧生。荚果细长圆柱状，下垂，长20cm以上，稍肉质而膨胀或坚实。种子多数，肾状。

【采收加工】嫩果荚：开花后7~12天、果荚充分长成、种子未膨大前采收，以生长饱满、籽粒未显露的中等嫩度豆荚为宜，鲜用。种子：秋季果实成熟后采收，晒干，打下种子，筛除杂质。

【食用方法】嫩果荚可作蔬菜炒食或凉拌，也可烧、烩，还可以采用酱、腌、泡或风干等方法保存；种子可制作豆汤、豆饭等多种粥饭类食品，还可以煮熟捣烂为馅，磨粉可作粉丝和糕点等。

【性味功用】**种子（豇豆）**：甘、咸，平。健脾利湿，补肾涩精；用于脾胃虚弱，泄泻痢疾，吐逆，肾虚腰痛，遗精，消渴，带下白浊，小便频数。**荚壳（豇豆壳）**、**叶（豇豆叶）**、**根（豇豆根）**亦可入药。

【现代研究】豇豆种子富含蛋白质、脂肪、糖类、膳食纤维、磷脂、维生素及钙、磷、铁、硒、镁等矿物质。其中，膳食纤维、维生素 B_1、维生素 B_2、维生素C、维生素E、胡萝卜素能维持正常的消化腺分泌和胃肠道蠕动的功能，抑制胆碱酯酶活性，有助消化和增进食欲的作用；硒、镁、磷和烟酸具有提高免疫力、抗氧化、扩张血管、促进血液循环、降血压的作用；磷脂可促进胰岛素分泌与糖代谢，故豇豆是糖尿病患者的理想食品。

【适宜人群】豇豆嫩果荚适宜一般人群食用，尤其是适宜脾胃气虚、肾虚、遗精、带下以及糖尿病患者食用。

【使用注意】气滞便秘者慎用豇豆。

【附　　方】**（1）治食积腹胀，嗳气：**生豇豆适量，细嚼咽下，或捣绒泡冷开水服。（《常用草药治疗手册》）

（2）治肾虚腰膝无力：豇豆煮熟，加食盐少许当菜吃。（《安徽中草药》）

刀　豆

Canavalia gladiata (Jacq.) DC.

·科　名	豆科 Leguminosae	·属　名	刀豆属 *Canavalia*
·生活型	缠绕性草质藤本	·花果期	花期 7~9 月，果期 10 月
·特　性	喜温暖的气候，不耐寒霜，适宜排水良好而疏松的沙壤土		
·分　布	全省各地有栽培		

植株

花序

果实剖面

果实

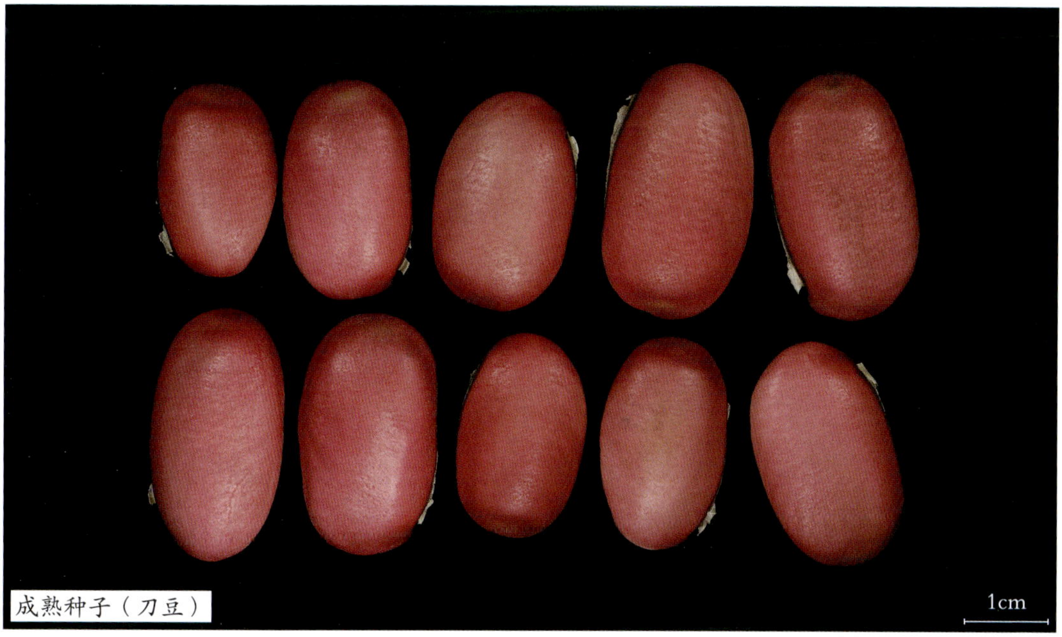

成熟种子（刀豆）

【释　　名】属于豆类，其果实形状如刀鞘，故名“刀豆”；《酉阳杂俎》云“荚生横斜，如人挟剑”，故又名“挟剑豆”；茎弯曲缠绕似龙，三出复叶形似爪，故又名“龙爪豆”。

【识别要点】茎枝光滑。羽状复叶具3小叶，顶生小叶宽卵形，顶端渐尖，侧生小叶偏斜。总状花序有花10~20朵，花疏生于花序轴肉质隆起的节上；花萼二唇形，上唇2枚裂齿阔而圆，下唇3齿，较小；花冠粉红色或白色，旗瓣大，翼瓣狭窄，镰刀状；雄蕊单体；花柱无毛。荚果镰状或宽带状，长可达35cm，离缝线约5mm处有纵棱，先端具钩状短喙。种子多数，种皮红色或褐色，种脐白色。

【采收加工】嫩果荚：当荚长11~20cm、果皮未纤维化前随时采收，鲜用或晒干。种子：秋季荚果变黄、干燥成熟时采收，剥取种子，晒干。

【食用方法】嫩果荚可作蔬菜炒食，亦可和肉类煮食，也能腌制酱菜、泡菜；种子可煮食或磨粉。

【性味功用】**成熟种子（刀豆）**：甘，温。温中下气，益肾补元，止呕；用于虚寒呕逆，腹胀，久痢，肾虚腰痛，鼻渊，小儿疝气，呕吐，痰喘。**果壳（刀豆壳）**：甘，平。下气，活血；用于反胃，呕逆，久痢，闭经，喉痹，喉癣。**根（刀豆根）**亦可入药。

【现代研究】刀豆种子富含蛋白质、淀粉、可溶性糖、膳食纤维、脂肪及钾、镁等矿物质，含凝集素、尿素酶、刀豆球蛋白等成分。其中，刀豆球蛋白对肿瘤细胞有抑制作用，可诱导肿瘤细胞凋亡；膳食纤维有通便作用；其含钾量高，对脑血管有一定的保护作用，还可以降血压，预防动脉硬化斑块

经过 3 天时间长出 1~4cm 芽，鲜用。种子经发芽干燥的炮制加工品：取净大豆，用水浸泡至膨胀，放去水，用湿布覆盖，每日淋水 2 次，待芽长至 0.5~1cm 时，取出，干燥。成熟黑色种子的发酵加工品：取桑叶、青蒿各 70~100g，加水煎煮，滤过，煎液拌入净大豆 1000g 中，待吸尽后，蒸透，取出，稍晾，再置容器内，用煎过的桑叶、青蒿渣覆盖，闷使发酵至黄衣上遍时，取出，除去药渣，洗净，置容器内再闷 15~20 天，至充分发酵、香气溢出时，取出，略蒸，干燥。

【食用方法】幼嫩种子可炒食，成熟种子可炖菜、磨制豆浆、榨油，也可制作酱油、酱豆和豆腐、豆皮等豆制食品，豆腐也可发酵为腐乳食用；种子经浸淹后发出的嫩芽可作蔬菜炒食、炖菜、煮汤。

【性味功用】**成熟黑色种子（黑豆）：**甘，平。活血利水，祛风解毒，健脾益肾；用于水肿，黄疸，脚气病，风痹筋挛，产后风痉，肾虚腰痛，遗尿，痈肿疮毒，药物、食物中毒。**种子经发芽干燥的炮制加工品（大豆黄卷）：**甘，平。清热透表，除湿利气；用于湿温初起，暑湿发热，食滞脘痞，湿痹，筋挛，骨节烦疼，水肿胀满，小便不利。**成熟黑色种子的发酵加工品（淡豆豉）：**苦、辛，凉。解表，除烦，宣发郁热；用于感冒，寒热头痛，烦躁胸闷，虚烦不眠。**种皮黄色的种子（黄大豆）、黑色的种皮（黑大豆皮）、种子制成的浆汁（豆腐浆）、种子榨取的脂肪油（豆油）、花（黑大豆花）、叶（黑大豆叶）、根（大豆根）**亦可入药。

【现代研究】大豆种子含大豆异黄酮、磷脂、植物固醇、植物凝集素、香豆素苷及皂苷类成分等。其中，植物固醇、磷脂及皂苷类、黄酮类物质可降低血清胆固醇含量，预防脂肪肝、心脑血管疾病，还具有促进大脑记忆、提高智力、防止脑功能衰退的作用；大豆异黄酮可以预防骨质疏松，防治肿瘤和心血管疾病；香豆素苷具有抗菌、抗霉菌的作用。

【适宜人群】大豆适宜一般人群，尤其适宜肿瘤患者、心脑血管疾病以及更年期女性食用。

【使用注意】脾虚腹胀、肠滑泄泻者不宜多食黑豆。

【附　　方】**（1）治急慢性肾炎：**黑大豆 60~95g，鲫鱼 125~155g，水炖服。（《福建药物志》）

（2）治单纯性消化不良：黄豆 500g，血藤 5kg，将血藤煮取汁，浓缩前把磨好的豆浆倒进血藤汁中煮沸 20 分钟，过滤去渣，药液烘干研粉备用，小儿每次 0.5~1.0g，每日服 4 次。（《全国中草药新医疗法展览会资料选编》）

（3）治感冒发热：大豆黄卷 10g，荆芥、防风、苏叶各 6g，水煎服。（《食物中药与便方》）

胡卢巴

Trigonella foenum-graecum L.

·科　名　豆科 Leguminosae	·属　名　胡卢巴属 *Trigonella*
·生活型　一年生草本	·花果期　花期 4~7 月，果期 7~9 月
·特　性　喜光，耐旱，耐瘠薄土壤	·分　布　南京等地有栽培

植株

花

果实先端长喙

果实

成熟种子（胡卢巴）

【释　　名】原产海南诸番，名称源于波斯语“huluba”的音译，故名“胡卢巴”，简称“胡巴”“卢巴”；为豆科一年生草本，全株有香气，故又名“香豆”“香草”；种子味苦，故又名“苦豆”。

【识别要点】茎多分枝，微被柔毛。羽状三出复叶，小叶长倒卵形至长圆状披针形，近等大，先端微凹，边缘上半部具尖齿，侧脉不明显；托叶基部与叶柄相连，被毛。花无梗，1~2 朵着生叶腋；萼筒状，被长柔毛；花冠黄白色，旗瓣先端深凹，比翼瓣和龙骨瓣长。荚果圆筒状，长 7~12cm，直径 4~5mm，稍弯曲，先端具细长喙。种子多数，长圆状卵形，棕褐色，两侧具斜纵沟。

【采收加工】种子：夏季植株由绿变黄、下部果荚变黄时采收，采割植株，晒干，打下种子，除去杂质。嫩茎叶：春季萌发后随时可采，鲜用或晒干。

【食用方法】种子可作食用香料；嫩茎叶可作蔬菜炒食，也可晒干，搓碎，作卤菜的配料或卷入面层中制成花卷、烙饼。

【性味功用】**种子（胡卢巴）**：苦，温。温肾助阳，祛寒止痛；用于小腹冷痛，肾脏虚冷，寒湿脚气，小肠疝气，阳痿，睾丸冷痛，胃寒痛，乏力，乳汁少，肾阳不足，四肢不温。

【现代研究】胡卢巴种子富含蛋白质、脂肪、维生素 B_1 等，含半乳甘露聚糖、胡芦巴碱、胆碱及挥发油类、皂苷类、黄酮类、甾体类、多酚类成分等。嫩茎叶富含胡萝卜素、维生素及钙、铁等矿物质。其中，甾体类成分、胡芦巴碱可通过降低总胆固醇和游离胆固醇的含量，进而降血脂；胡芦巴总皂苷有抗脑缺血、改善微循环作用；半乳甘露聚糖、胡芦巴碱、甾体皂苷类是主要的降糖活性成分；所含多酚类物质能促进酶的表达，对酒精性肝损伤细胞起到保护作用。

【适宜人群】胡卢巴适宜肾阳不足、命门火衰所致的阳虚怕冷、四肢不温、腰膝冷痛、阳痿、小腹冷痛、小肠疝气者食用。

【使用注意】阴虚火旺者、孕妇、性功能亢进者不宜食用胡卢巴。

【附　　方】**（1）治小肠疝气，小腹冷痛：** 胡卢巴 10g，小茴香 6g，水煎去渣，每日 2 次分服。（《食物中药与便方》）

（2）治肾虚，遗精，遗尿，尿频： 胡卢巴 6g，补骨脂、菟丝子、山萸肉各 3g，水煎去渣，每日 2 次，冲入适量热黄酒温服。（《食物中药与便方》）

落花生

Arachis hypogaea L.

·科　名　豆科 Leguminosae　　·属　名　落花生属 *Arachis*

·生活型　一年生草本　　·花果期　花期 5~6 月，果期 7~10 月

·特　性　喜温，不耐寒，适宜透水性良好、土质疏松的土壤

·分　布　全省各地有栽培

植株

花

子房柄伸长，花落地

成熟荚果及种子（落花生）

种皮（花生衣）

【释　　名】果实由子房柄伸长至地下后生成，似花落地而生，故名“落花生”，简称“花生”；最早从国外引入，荚果如豆，故又名“番豆”；功擅滋养补益，民间认为其有长生之效，故又名“长生果”。

【识别要点】根部多具根瘤。茎匍匐或直立，有明显的棱，被褐黄色长毛。羽状复叶有小叶4枚；托叶窄披针形，基部与叶柄连生成鞘状抱茎。花单生或簇生叶腋；苞片2，被柔毛；花萼管细，长4~6cm，呈花柄状，管口二唇形；花冠黄色；雄蕊9，另1枚退化；子房含数个胚珠，受精后子房柄伸长插入土中，在土中发育成荚果。荚果圆柱状。种子间常稍缢缩，外面有网脉。

【采收加工】种子：秋季果实成熟时采收，挖取果实，剥去果壳，取种子，晒干。

【食用方法】种子为重要的油料作物之一，含油量约50%，可生食、煮粥、油炸食、作配菜，也可作为副食品及食品原料。

【性味功用】**成熟种子（落花生）**：甘，平。健脾养胃，润肺化痰；用于脾虚反胃，乳妇奶少，脚气病，肺燥咳嗽，大便燥结。**种子脂肪油（花生油）、种皮（花生衣）、果皮（花生壳）、根（落花生根）、茎叶（落花生枝叶）**亦可入药。

【现代研究】落花生种子富含蛋白质、脂肪、糖类、氨基酸、胡萝卜素、粗纤维、维生素A、B族维生素、维生素E、维生素K及钙、磷、铁等矿物质，含亚油酸、花生四烯酸等不饱和脂肪酸，卵磷脂、脑磷脂、胆碱等成分。其中，花生含糖量少，适合2型糖尿病患者食用，且所含的油脂成分花生四烯酸能增强胰岛素的敏感性，有利于降低血糖；卵磷脂、脑磷脂以及亚油酸可降低胆固醇、延缓脑功能衰退，并抑制血小板黏聚、阻止血栓形成、保护血管壁，减少心脑血管疾病发生。

【适宜人群】落花生适宜一般人群，尤其适宜高血压、高脂血症、冠心病、营养不良、便秘、咳嗽患者，产后乳汁缺少者食用。

【使用注意】落花生不宜多食，脾胃虚寒、消化不良者慎服，霉变花生禁食。

【附　　方】**（1）治久咳，秋燥，小儿百日咳：**花生（去嘴尖），文火煎汤调服。（《杏林医学》）

（2）治妊娠水肿，羊水过多症：花生 125g，大枣 10 枚，大蒜 1 粒，水炖至花生烂熟，加红糖适量服。（《福建药物志》）

胡颓子

Elaeagnus pungens Thunb.

·科　名　胡颓子科 Elaeagnaceae　　·属　名　胡颓子属 *Elaeagnus*

·生活型　常绿直立灌木　　·花果期　花期 9~12 月，果熟期翌年 4~6 月

·生　境　山坡、路旁或林缘

·分　布　南京、无锡（宜兴）、苏州（昆山）、镇江（句容）等地

植株

花正面

花侧面

果实

【释　　名】此物秋日开花，翌年春天果实成熟，经冬不凋，“胡”表示疑问或反问，“颓”意为凋谢，故名“胡颓子”；雀儿喜食其果实，故又名“雀儿酥”。

【识别要点】全株被褐色鳞片。枝常具棘刺。叶片革质，宽椭圆形，先端短尖或圆钝，基部圆形，边缘皱波状，叶面幼时和叶背密被银白色鳞片及散生褐色鳞片，叶面主脉凹陷，叶背主脉凸起，侧脉和网脉均不明显；叶柄长达0.8cm。花1~3朵生于叶腋的短枝上；花两性，单被，白色；花萼4裂，萼筒为圆筒状，在子房顶部收缩；雄蕊4。坚果呈核果状，椭圆球状，幼时被褐色鳞片，成熟时红色。

【采收加工】果实：翌年4~6月由绿变红成熟时及时采摘，鲜用或晒干。

【食用方法】果实可生食，亦可供酿酒、制醋，或加工为果干、果脯、果汁、果酱、罐头、果胶冻、果子羹等。

【性味功用】**果实（胡颓子）**：酸、涩，平。收敛止泻，健脾消食，止咳平喘，止血；用于泄泻，痢疾，食欲不振，消化不良，咳嗽气喘，崩漏，痔疮下血。**叶（胡颓子叶）**、**根（胡颓子根）**亦可入药。

【现代研究】胡颓子果实富含氨基酸、糖类、维生素及铁、镁、锌、锰等矿物质，含有机酸类、黄酮类、挥发油类、生物碱类、萜类、甾体类及鞣质类成分等。所含有机酸对肠内细菌有抑制作用。

【适宜人群】胡颓子适宜泄泻、咳嗽、消化不良患者食用。

【使用注意】发热者不宜食用胡颓子，孕妇慎用。

【附　　方】**（1）治腹泻，不思饮食**：胡颓子果15~24g，水煎服。（《青岛中草药手册》）

（2）治咳嗽哮喘：胡颓子适量，炒枯研末，加炒米粉等量拌匀，每日服2次，每次9g，酌加白糖或蜂糖，用开水冲服。（江西《草药手册》）

欧　菱

Trapa natans L.

·科　名　菱科 Trapaceae	·属　名　菱属 *Trapa*
·生活型　一年生浮水水生草本	·花果期　花期 5~10 月，果期 7~11 月
·生　境　湖泊、河流、池塘、沼泽	·分　布　全省各地有栽培

植株

浮水叶

沉水叶

花正面

花侧面

成熟果实（菱角）

【释　　名】《本草纲目》记载“其叶支散，故字从支。其角棱峭，故谓之菱”，本品模式标本采自欧洲，故名“欧菱”；果实上有尖锐的棱角，故又名“菱角”；因生水中，果肉口感沙面如栗，故又名“水栗”。

【识别要点】茎直径 2.5~6mm。浮水的叶柄粗壮，上部不同程度膨大，被短柔毛；叶在茎端排成密集的莲座状，叶片宽菱形，长 4~6cm，边缘中、上部具不规则缺刻状锯齿，表面光滑，暗绿色。花瓣白色，雄蕊 4。果实陀螺状，果体表面具嵴突状突起至薄翅，果喙四方体状至圆台状，或半圆球状，少无喙，喙顶有时具簇毛，周围具（0）2~4 个角，先端具短毛或细刺，栽培的或无刺。

【采收加工】果肉：7~11 月果实成熟时采摘，鲜用或晒干。嫩叶、叶：夏季采收，鲜用或晒干。

【食用方法】果肉可生食或水煮，或加工后制作优质淀粉（菱粉），配制冰激凌等食品，亦可供酿酒；嫩叶可作蔬菜炒食或熬汤。

【性味功用】**果肉（菱）**：甘，凉。健脾益胃，除烦止渴，解毒；用于脾虚泄泻，暑热烦渴，消渴，饮酒过度，痢疾等。**叶（菱叶）**：甘，凉。清热解毒；用于小儿走马牙疳，疮肿。**果肉捣汁澄出的淀粉（菱粉）**、**果皮（菱壳）**、**果柄（菱蒂）**、**茎（菱茎）**亦可入药。

【现代研究】欧菱果肉富含淀粉、不饱和脂肪酸、氨基酸、蛋白质、脂肪、胡萝卜素、维生素及钙、磷、铁等矿物质，含 β- 谷甾醇、没食子酸、亚油酸及黄酮苷类、生物碱类成分等。其中，没食子酸具有抗肿瘤活性，还具有镇痛作用；亚油酸为人体必需脂肪酸，是共轭亚油酸（CLA）的前体物，共轭亚油酸具有抗动脉粥样硬化等作用。

【适宜人群】菱适宜食管癌、胃癌、宫颈癌及乳腺癌患者食用。熟菱适宜脾胃气虚、慢性腹泻者食用。

【使用注意】脾胃虚寒，中焦气滞者不宜食用菱。食用时要注意不宜过量，有报道称，不宜与猪肉一同煮食，易引起肝痛；与蜂蜜同食，易导致消化不良，出现腹胀、腹痛、腹泻症状。鲜菱有寄生虫附着可能，建议反复洗晒或经开水烫泡过再食用。

【附　　方】**治消化性溃疡，胃癌初起：**菱角 60g，薏苡仁 30g，水煎当茶饮。（《常见抗癌中草药》）

石　榴

Punica granatum L.

·科　名　石榴科 Punicaceae	·属　名　石榴属 *Punica*
·生活型　落叶灌木或小乔木	·花果期　花期 6~7 月，果期 9~10 月
·特　性　喜温暖的气候和向阳的环境，耐旱，耐寒，耐瘠薄，对土壤要求不严	
·分　布　全省各地有栽培	

植株

花

花纵剖面

果实

成熟果实（甜石榴）

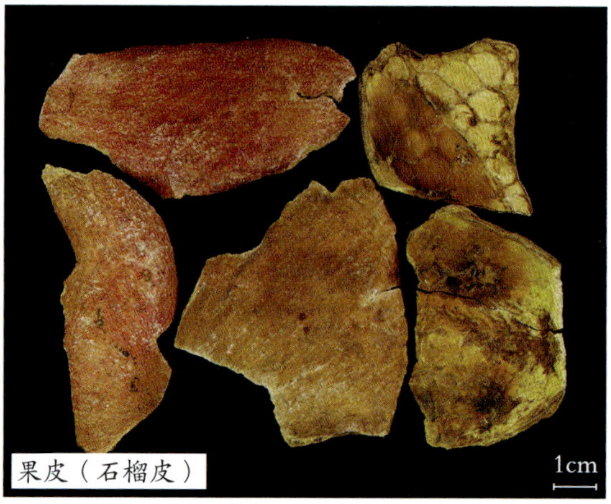

果皮（石榴皮）

【释　　名】《本草纲目》记载“榴者，瘤也，丹实垂垂如赘瘤也”，晋代张华《博物志》记载“汉张骞出使西域，得涂林安石国榴种以归”，故名“安石榴”，简称“石榴”；罂为古代瓶一类的容器，腹大口小，本品果实的外形与之相似，成熟时果皮淡黄褐色或淡黄绿色，稍具光泽，故又名“金罂”。

【识别要点】小枝圆形，顶端刺状，光滑。单叶对生或簇生，表面光泽；叶柄短。花1至数朵生于枝顶或叶腋；花萼钟状，橙红色，肉质而厚，顶端5~7裂，萼筒与子房贴生；花瓣与萼片同数互生，稍高出花萼裂片，倒卵形，皱缩，多红色，也有白色、黄色或深红色，有时重瓣；雄蕊多数。浆果圆球状，果皮肥厚革质，内有薄隔膜，花萼宿存。种子多数，外种皮肉质。

【采收加工】果实：7月下旬至11月果形端正饱满、果棱显现、果皮光亮且色泽均匀饱满时及时分批采摘，鲜用。果皮：秋季果实成熟、顶端开裂时采收，除去种子及隔瓤，切瓣晒干或微火烘干。

【食用方法】果实（肉质外种皮）可生食，亦可制果汁、饮料等。

【性味功用】**味甜的果实（甜石榴）：**甘、酸、涩，温。生津止渴，杀虫；用于咽燥口渴，虫积，久痢。**味酸的果实（酸石榴）：**酸，温。止渴，涩肠，止血；用于津伤燥渴，滑泻，久痢，崩漏，带下。**果皮（石榴皮）：**酸、涩，温；有小毒。涩肠止泻，止血，驱虫；用于泄泻，痢疾，肠风下血，崩漏，带下，虫积腹痛，脱肛。**花（石榴花）、叶（石榴叶）、根及根皮（石榴根）**亦可入药。

【现代研究】石榴果实富含维生素C及B族维生素、糖类、蛋白质、脂肪以及钙、磷、钾等矿物质，含多糖类、鞣质类及石榴酸等有机酸类成分，还含石榴苷、石榴素、芦丁、石榴皮碱等。其中，维生素C含量丰富，是苹果和梨的2倍；石榴皮碱对绦虫有很强的杀灭力；其鞣质有明显的降血脂、抗动脉粥样硬化的作用。

【适宜人群】石榴皮适宜久泄久痢、脱肛患者服用。

【使用注意】大便秘结者不宜食用石榴，儿童不宜多食，实热积滞者慎服。泻痢初起者忌服石榴皮，其有一定毒性，用量不宜过大，以免中毒。

【附　　方】**（1）治肺痨喘咳，夜不安枕（包括老年慢性支气管炎）：**酸石榴（甜者无效）每夜食之，以愈为度。（《食物中药与便方》）

（2）治久泻久痢，肠风下血（包括慢性细菌性痢疾、肠炎、肠结核等）：石榴果皮 12~18g，水煎后加红糖适量，每日分 2 次服。（《食物中药与便方》）

山茱萸

Cornus officinalis Sieb. et Zucc.

·科　名	山茱萸科 Cornaceae	·属　名	山茱萸属 *Cornus*
·生活型	落叶灌木或小乔木	·花果期	花期 3~6 月，果期 8~10 月
·特　性	喜温暖湿润的气候，喜光，适宜土质肥沃、土层深厚、排水良好的沙壤土或壤土		
·分　布	南京、无锡（宜兴）、连云港、淮安（盱眙）等地有栽培		

果枝

叶背（被毛）

花枝

花序

果序

成熟果实

果肉（山茱萸）

【释　　名】本品与芸香科吴茱萸的成熟果实均呈红色，清代邹澍谓其实色朱而性臾（善），两者均为植物，从“艹”，故有“茱萸”之名，而本品多生于高海拔的山区丘陵地带，故名“山茱萸”；药用其果肉，故又名“山萸肉”；核果形、色均似小枣，果肉干燥后多呈干瘪皱缩状，形似果皮，故又名“枣皮”。

【识别要点】枝、叶对生，叶片全缘，叶面无毛或疏生柔毛，叶背稀被白色贴生短柔毛或毛密，侧脉弓形内弯，脉腋簇生黄褐色短柔毛。伞形花序生于侧枝顶端；总苞片 4，卵圆形，芽鳞状，褐色；花小，先叶开放；花萼 4 裂；花瓣 4，黄色，向外反折；花盘垫状；雄蕊 4，与花瓣互生；柱头截平。核果椭圆球状，成熟时红色，2 室；果核狭椭圆球状，骨质，有几条不整齐的肋纹。

【采收加工】果肉：8~10 月果实由青变黄、大部分为红色、果皮发软变皱时分批采收，用文火烘或置沸水中略烫后，及时除去果核，鲜用或烘干。

【食用方法】果肉可供酿酒，也可制作饮料、果酱和果冻等。

【性味功用】**成熟果肉（山茱萸）**：酸，微温。补益肝肾，收敛固脱；用于头晕目眩，耳聋耳鸣，腰膝酸软，遗精滑精，小便频数，虚汗不止，月经过多，崩

【现代研究】枳椇果序轴富含糖类、脂肪、氨基酸、蛋白质、维生素及钙、铁
锌、铜、锰等矿物质，含二氢杨梅素、槲皮素等黄酮类成分，
成分，还含苹果酸、多种不饱和高级脂肪酸、枳椇碱A、枳椇碱
麦草碱等。其中，二氢杨梅素和槲皮素是解酒、保肝作用的有效
所含皂苷类物质具有降血压、利尿作用；葡萄糖、矿物质和脂
具有促进尿液排泄、加速肠道蠕动等作用，故能通利二便。

【适宜人群】枳椇果序轴适宜醉酒、烦热口渴者食用。

【使用注意】脾胃虚寒者慎服枳椇子。

【附　　方】**（1）治醉酒：** 鲜拐枣30g，煎水冷服；或枳椇子12g（杵碎），葛
煎水冷服。（《安徽中草药》）

（2）治小儿疳积： 拐枣树种子9g，研末，蒸鸡肝吃。（《贵州草

枣

Ziziphus jujub

·科　名　鼠李科 Rhamnaceae	·属　名　枣属 *Ziziphus*
·生活型　落叶小乔木或乔木，稀灌木	·花果期　花期5~7月，果期8~9月
·特　性　喜干燥冷凉的气候，喜光，耐寒，适宜沙土或沙壤土	
·分　布　全省各地有栽培	

植株

叶

花

果实

漏带下，内热消渴。

【现代研究】山茱萸果肉中富含糖类、蛋白质、14种氨基酸、维生素及多种矿物质等，含没食子酸、苹果酸、酒石酸、熊果酸、齐墩果酸、山茱萸苷、β-谷甾醇及鞣质类、多糖类成分等。其中，熊果酸、齐墩果酸及7-*O*-丁基莫诺苷具有降血糖作用，齐墩果酸还有轻微的强心利尿作用；山茱萸苷有兴奋子宫、促进子宫发育的作用。

【适宜人群】山茱萸适宜肝肾虚损者食用。

【使用注意】命门火炽、素有湿热、小便淋涩者禁服山茱萸。

【附　　方】**（1）治肾虚腰痛，遗精：** 山茱萸30~40g，白酒500g，山茱萸洗净，入白酒内浸泡7天，每服10~15ml，每日1~2次。（《食药本草应用精要》）

（2）治虚汗不止，肾虚带下： 山茱萸15g，粳米或小米100g，用文火煮粥后，加入蜂蜜适量调匀，稍煮。（《食药本草应用精要》）

枳　椇

Hovenia acerba Lindl.

·科　名　鼠李科 Rhamnaceae	·属　名　枳椇属 *Hovenia*
·生活型　乔木	·花果期　花期5~7月，果期8~10月
·生　境　山坡林缘或疏林中	
·分　布　南京、无锡（宜兴）、苏州（常熟）、淮安（盱眙）、扬州、镇江	

果枝

成熟种子（枳椇子）

【释　　名】本品肉质果柄扭曲不直，如鸡之足距，故名“鸡距”，
《救荒本草》记载“结实状似生姜拐叉而细短，深茶
味甘甜，故又名“拐枣”。

【识别要点】嫩枝、幼叶两面及叶柄初时有棕褐色柔毛。叶片椭圆
或心形，边缘具整齐、浅而钝的细锯齿，具基生三出脉
花排成对称的二歧式聚伞圆锥花序；花瓣黄绿色，椭圆
爪；花盘被柔毛；花柱分裂至中部。浆果状核果近圆球
或棕褐色；果序轴明显膨大，扭曲，肉质。种子褐色或

【采收加工】果序轴：8~10月明显膨大扭曲时及时采摘，鲜用。种
收，连肉质花序一并摘下，晒干，筛出种子。

【食用方法】果序轴可生食，亦可供制果脯、酿酒、制醋、熬糖等。

【性味功用】**成熟种子（枳椇子）**：甘，平。解酒毒，止渴除烦，
用于醉酒，烦渴，呕吐，二便不利。**叶（枳椇叶）**、**树**
树干中流出的液汁（枳椇木汁）、**根（枳椇根）**亦可入药

成熟果实（大枣）

【释　　名】本品枝条上具粗直的托叶刺，“朿”为“刺”之古字，又因本品高大，故两个“朿”字重叠，写作“棗”，后简化为两点代替，故名“枣”；果实肥大，故又名“大枣”；果实成熟时红色，故又名“红枣”；生树上，味甜如蜜，故又名“木蜜”。

【识别要点】枝分长枝、短枝和无芽小枝；具2个托叶刺，长刺直伸，短刺下弯。叶片纸质，边缘具钝齿，具基出脉。花单生或2至数朵密集成聚伞花序，腋生；萼片卵状三角形；花瓣淡黄绿色，倒卵圆形，基部有爪。核果长圆球状或长卵圆球状，成熟时红色，后变红紫色，中果皮肉质，味甜，核两端尖。种子扁椭圆球状。

【采收加工】果实：秋季8~9月成熟时采收，鲜用或晒干。

【食用方法】果实可生食，或制成蜜枣、红枣、熏枣、黑枣、酒枣及牙枣等蜜饯和果脯，也可作枣泥、枣面、枣酒、枣醋等，还可炖汤、熬粥等，或作为食品工业原料。

【性味功用】**成熟果实（大枣）**：甘，温。补脾胃，益气血，安心神，调营卫，和药性；用于脾胃虚弱，气血不足，食少便溏，倦怠乏力，心悸失眠，妇人脏躁，营卫不和。**果核（枣核）**、**叶（枣叶）**、**树皮（枣树皮）**、**根（枣树根）**亦可入药。

【现代研究】枣果实富含糖类、粗纤维、脂肪、蛋白质、氨基酸、维生素及钙、铁、硒等矿物质，含芸香苷、环磷酸腺苷、环磷酸鸟苷及生物碱类、三萜酸类、皂苷类、脂肪酸类、甾醇类、多糖类成分等。其中，大枣多糖具有增强免疫力、抗肿瘤、抗氧化、改善肠道功能的作用；钙、铁元素可帮助冠心病患者防治骨质疏松、贫血，对体虚的冠心病患者有良好的滋补作用。

【适宜人群】大枣适宜贫血、体弱者食用。

【使用注意】大便秘结、腹胀、胃胀者不宜食用大枣，凡湿盛、痰凝、食滞、虫积及齿病者慎服。

【附　　方】**（1）治脾胃虚寒，饮食减少，长作泄泻，完谷不化：**白术 120g，干姜 60g，鸡内金 60g，熟枣肉 240g，上药四味，白术、鸡内金皆用生者，每味各自轧细、焙熟，再将干姜轧细，共和枣肉，同捣如泥，作小饼，木炭火上炙干。空腹时，当点心，细嚼咽之。（《医学衷中参西录》）

（2）治过敏性紫癜：大枣 15 个，水煎服，一日 3 次，连吃 5~7 日；或花生衣、大枣各 30g，水煎服。（《食物中药与便方》）

（3）治经期鼻衄（倒经）：猪蹄脚 1 只，黑枣 500g，加白糖 250g，同煮烂，分数天服完，连服 2~3 次（此方亦治寻常鼻衄）。（《食物中药与便方》）

酸　枣

Ziziphus jujuba Mill. var. *spinosa* (Bunge) Hu ex H. F. Chow

·科　名　鼠李科 Rhamnaceae	·属　名　枣属 *Ziziphus*
·生活型　灌木	·花果期　花期 5~7 月，果期 8~9 月
·生　境　向阳干燥山坡、丘陵、岗地或平原	
·分　布　南京、徐州、连云港、淮安（盱眙）、镇江（句容）等地	

枝条

托叶刺

花

果实

成熟果实（酸枣）

成熟种子（酸枣仁）

【释　　名】本品形小而次于大枣，因似枣而果实味酸，故名“酸枣”；果小时枝上刺多，“朿”为“刺”之古字，又因本品低矮且丛生，两个“朿”字并立，故又名“棘”。

【识别要点】枝分长枝、短枝和无芽小枝，具 2 个托叶刺，长刺直伸，短刺下弯。叶片纸质，椭圆形至卵状披针形，长 1.5~3.5cm，边缘具钝齿，基生三出脉。花单生或 2 至数朵密集成聚伞花序，腋生；花小，5 基数；萼片卵状三角形；花瓣倒卵圆形，基部具爪，常脱落。核果近圆球状，直径 0.7~1.2cm，成熟时红色，后变红紫色，中果皮薄，味酸；果核两端钝。种子扁椭圆球状。

【采收加工】果肉：秋末冬初果实成熟而呈红色时采收，去除果核，留取果肉，鲜用或晒干。种子：食用果肉时收集，破开果核，淘洗种子，晒干。

【食用方法】果肉可生食或制作果酱、饮料、果酒等，果肉和种子均可熬粥、炖汤、泡茶等，种子还可榨油。

【性味功用】**成熟种子（酸枣仁）**：甘、酸，平。养心补肝，宁心安神，敛汗，生津；用于虚烦不眠，多梦，惊悸怔忡，体虚自汗、盗汗，津伤口渴。**果肉（酸枣肉）**：酸、甘，平。止血止泻；用于出血，腹泻。**花（棘刺花）**、**叶（棘叶）**、**棘刺（棘针）**、**树皮（酸枣树皮）**、**根（酸枣根）**、**根皮（酸枣根皮）**亦可入药。

【现代研究】酸枣种子富含氨基酸、维生素 C 及钾、钠、钙等矿物质，含酸枣仁皂苷 A、胡萝卜苷等皂苷类，酸枣黄素等黄酮类，欧鼠李叶碱、荷叶碱等生物碱类，不饱和脂肪酸类成分等。其中，所含黄酮类、生物碱类、皂苷类化合物具有镇静、抗惊厥、改善睡眠、抗抑郁、抗焦虑等作用；酸枣仁油具有增强学习记忆能力等作用。

【适宜人群】酸枣仁适宜虚烦不眠、惊悸怔忡、烦渴、虚汗者食用。

【使用注意】实邪及滑泄者慎服酸枣仁，孕妇不宜服用。

【附　　方】**（1）治水泻：**酸枣肉、椿根白皮粉末各等量，共捣和丸，如梧桐子大，早晚空腹时各服 9g，米汤送下。（《安徽中草药》）

（2）治神经衰弱，失眠：酸枣仁 3~6g，加白糖研合，临睡时用温开水调服。（《食物中药与便方》）

葡　萄

Vitis vinifera L.

·科　名　葡萄科 Vitaceae　　·属　名　葡萄属 *Vitis*

·生活型　木质藤本　　·花果期　花期 4~5 月，果熟期 8~9 月

·特　性　喜光，喜干燥及夏季高温的大陆性气候，适宜土层深厚、排水良好的微酸性至微碱性沙质或砾质壤土

·分　布　全省各地有栽培

植株

卷须

花

成熟果实（葡萄）

【释　　名】《本草纲目》云："汉书作蒲桃，可以造酒，人酺饮之，则醄然而醉，故有是名。"因其酿成的酒人饮后可醉，故借"酺"与"醄"两字为名，故名"葡萄"。

【识别要点】卷须2叉分枝，与叶对生，小枝、叶柄和花序梗疏被柔毛或蛛丝状绒毛，或近无毛；叶片宽卵圆形，3或5浅裂或中裂，有时不分裂，基部深心形，边缘具缺刻状粗锯齿。聚伞圆锥花序密集，与叶对生；花瓣顶端黏合，凋谢时呈帽状整体脱落。浆果圆球状或椭圆球状，直径约2cm，成熟时紫红色或紫黑色，常被白粉。种子腹面两侧洼穴向上达种子1/4处。

【采收加工】果实：夏、秋季果实成熟时采收，连总柄剪下，鲜用或晒干。种子：食用果实时收集，晒干。

【食用方法】果实可生食或制葡萄干、果酱、葡萄汁，也可酿酒，酿酒后的酒脚可提酒食酸；种子可榨油食用。

【性味功用】**果实（葡萄）**：甘、酸，平。补气血，强筋骨，祛风湿，利小便；用于气血虚弱，肺虚咳嗽，心悸盗汗，烦渴，风湿痹痛，淋病，水肿，痘疹不透。**藤叶（葡萄藤叶）**、**根（葡萄根）**亦可入药。

【现代研究】葡萄果实富含果胶、氨基酸、卵磷脂、胡萝卜素、维生素及钾、钙、磷等矿物质，含酒石酸钙、酒石酸氢钾、白藜芦醇、酒石酸、苹果酸、枸橼酸、槲皮素、花色苷、儿茶精、鞣花酸、咖啡酸、类黄酮等成分。其中，白藜芦醇具有抗肿瘤、抗氧化、保护心血管系统等作用；所含类黄酮可用于防治冠心病和高血压等。

【适宜人群】葡萄适宜贫血、高血压、水肿、神经衰弱、疲劳者食用。

【使用注意】糖尿病患者少食葡萄。

【附　　方】**（1）除烦止渴**：生葡萄捣滤取汁，以瓦器熬稠，入熟蜜少许，同收，点汤饮。（《居家必用事类全集》）

（2）治贫血，头晕心慌：葡萄酒适量饮服，每日 2~3 次。（《食物中药与便方》）

竹叶花椒

Zanthoxylum armatum DC.

·科　名　芸香科 Rutaceae
·属　名　花椒属 *Zanthoxylum*
·生活型　灌木或乔木
·花果期　花期 5~6 月，果熟期 8~9 月
·生　境　山坡、丘陵的丛林或荒草中
·分　布　南京、无锡（宜兴）、苏州、淮安（盱眙）、扬州（高邮）、镇江（句容）等地

枝条

花序

果序

近成熟果实（竹叶椒）

1cm

【释　　名】本品果实形态与花椒相近，小叶披针形似竹叶，故名“竹叶花椒”。

【识别要点】皮刺对生，基部扁宽。奇数羽状复叶互生，小叶 3~7（~11），小叶片披针形或椭圆状披针形，叶轴背面及总柄有宽翅和皮刺，小叶仅基部中脉两侧具丛状褐色短柔毛，叶面和叶背的中脉上有少数皮刺。花被片 6~8，排成 1 轮；雄花药隔顶端有 1 个干后变褐黑色的油点；雌花有心皮 2 或 3，背部近顶侧各有 1 油点。蓇葖果紫红色，有少数微凸起的油点。种子卵球状，褐黑色。

【采收加工】果实：8~9 月果皮由青色变紫红色、油腺饱满、散发出浓郁麻香味时采收，除去杂质，阴干。幼芽及嫩叶：春季萌发后及时采摘，鲜用。

【食用方法】果实可作食品调味料；幼芽及嫩叶可腌制、凉拌。

【性味功用】**果实（竹叶椒）**：辛、微苦，温；有小毒。温中燥湿，散寒止痛，驱虫止痒；用于脘腹冷痛，寒湿吐泻，蛔厥腹痛，龋齿牙痛，湿疹，疥癣痒疮。**成熟种子（竹叶椒子）、叶（竹叶椒叶）、根皮或根（竹叶椒根）**亦可入药。

【现代研究】竹叶花椒果实含桉叶油醇、萜品烯及酰胺类生物碱等成分。其中，酰胺类生物碱可作为抗生素药物。竹叶花椒幼芽及嫩叶富含蛋白质、脂肪、氨基酸及钙、磷、钾等矿物质。

【适宜人群】竹叶椒适宜脘腹冷痛、泄泻、痢疾、关节痛等患者食用。

【使用注意】孕妇忌服竹叶椒。

【附　　方】**（1）治痧症腹痛：**竹叶椒果 9~15g，水煎或研末，每次 1.5~3g，黄酒送服。（《江西草药》）

（2）治感冒、支气管炎：竹叶椒碾细末，每次 1.5~3g，每日 2~3 次，开水冲服。（《安徽中草药》）

（3）治胃痛，腹中气胀，风湿性关节痛，蛔虫腹痛，跌打伤痛：竹叶椒种子 7~14 颗，水煎服，每日 2 次。（《食物中药与便方》）

野花椒

Zanthoxylum simulans Hance

·科　名　芸香科 Rutaceae	·属　名　花椒属 *Zanthoxylum*
·生活型　灌木或小乔木	·花果期　花期 5~6 月，果熟期 8 月
·生　境　山坡树林或灌丛中	·分　布　全省各地

植株

叶轴狭翅

花序

果序

果实

近成熟果实（野花椒）

【释　　名】果实与花椒相近，但本品野生于丘陵及山地林下，故名“野花椒”。

【识别要点】枝干具白色皮孔，散生基部宽而扁的锐刺，幼枝髓部实心。奇数羽状复叶互生，小叶 5~9 或 11，对生，叶轴有狭翅，小叶片长 2.5~7cm，宽 1.5~4cm，叶面常有刚毛状细刺，两面油点多，中脉凹陷。花序顶生；花细小，花被片 1 轮，5~8，淡黄绿色；雄花雄蕊药隔顶端有 1 个暗褐黑色油点；雌花子房柄伸出。蓇葖果红褐色，表面凸起，油点多，分果瓣顶端圆钝。种子黑色，有光泽。

【采收加工】果实：6~8 月果皮由绿变红时及时采收，除去杂质，晒干。幼芽及嫩叶：春季萌发后及时采摘，鲜用。

【食用方法】果实可作食品调味料；幼芽及嫩叶可腌制、凉拌。

【性味功用】**果实（野花椒）**：辛，温；有小毒。温中止痛，杀虫止痒；用于脾胃虚寒，脘腹冷痛，呕吐，泄泻，蛔虫腹痛，湿疹，皮肤瘙痒，阴痒，龋齿疼痛。**叶（野花椒叶）、根皮或茎皮（野花椒皮）**亦可入药。

【现代研究】野花椒果皮含1, 8-桉油素、柠檬烯、β-榄香烯等挥发油成分，具有抗菌、杀虫作用。

【适宜人群】野花椒适宜虚寒人群食用。

【使用注意】阴虚内热者及哺乳期妇女慎服野花椒。

【附　　方】**（1）治脘腹寒痛，寒湿吐泻：**野花椒果壳3~6g，干姜6g，吴茱萸6g，水煎服。（《湖南药物志》）

（2）治蛔虫腹痛，呕吐：野花椒果壳6g，乌梅15~30g，水煎服。（《湖南药物志》）

花　椒

Zanthoxylum bungeanum Maxim.

·科　名　芸香科 Rutaceae　　·属　名　花椒属 *Zanthoxylum*

·生活型　灌木或小乔木　　·花果期　花期4~5月，果熟期8~10月

·特　性　喜温暖湿润的气候，喜光，不耐寒，适宜石灰岩发育的碱性土壤

·分　布　全省各地有栽培

植株

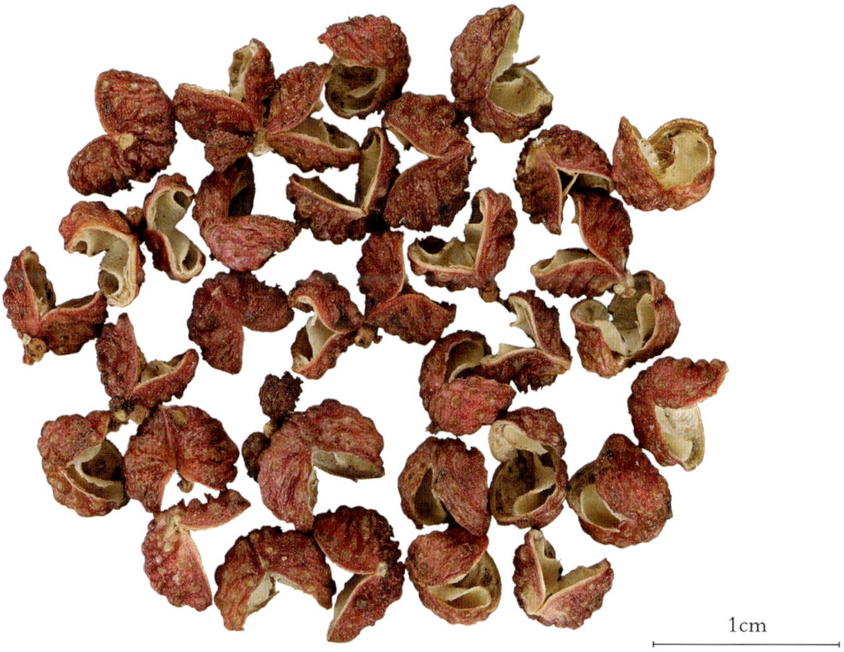

成熟果皮（花椒）

【释　名】《庄子·列御寇》曰：“衣以文绣，食以刍叔。”陆德明《释文》曰：“叔，大豆也。”椒之种子（椒目）其形如豆，故以“叔”称，属木，乃有“椒”之名，本品果实成熟后，果皮沿腹缝线或腹背线开裂如绽开之花，故名“花椒”。主产于古代的秦地、蜀地，故又名“秦椒”“蜀椒”。外果皮上多见疣状突起，故又名“点椒”。炮制时微炒至汗出，故又名“汗椒”。花椒商品有青椒和红椒之分，本品外果皮色红，故又名“大红袍”。

【识别要点】枝干被短柔毛并密生基部膨大的皮刺。一回奇数羽状复叶互生；小叶片5~13，卵圆形，长2~7cm，宽1~3.5cm，边缘有齿，齿缝间有透明油点，叶背中脉基部有褐色柔毛，干后有红褐色斑纹；总叶柄及叶轴有狭翅。聚伞状圆锥花序，花序轴及花柄密被短柔毛或无毛，花小；雄花花被片5~8，1轮；雌花少有发育雄蕊，心皮2或3（4）个。蓇葖果紫红色，散生油点。种子黑色。

【采收加工】果实：8~10月果皮由青变紫红色、表面椒泡凸起呈半透明状态、种子完全变黑时采收，除去枝叶，晒干。种子：果实成熟时采收，筛除果皮，晒干。幼芽及嫩叶：春季萌发后及时采摘，鲜用。

【食用方法】果实作调味料，也可供制茶饮；种子可榨油食用；幼芽及嫩叶可腌制、凉拌。

【性味功用】**成熟果皮（花椒）：**辛，温；有小毒。温中止痛，除湿止泻，杀虫止痒；用于脾胃虚寒之脘腹冷痛，蛔虫腹痛，呕吐泄泻，肺寒咳喘，龋齿牙痛，阴痒带下，湿疹，皮肤瘙痒。**种子（椒目）：**苦、辛，温；有小毒。利水消肿，祛痰平喘；用于水肿胀满，哮喘。**茎（花椒茎）、叶（花椒叶）、根（花椒根）**亦可入药。

【现代研究】花椒果实富含蛋白质、氨基酸、脂肪、糖类、膳食纤维、胡萝卜素、维生素及钙、磷、铁等矿物质，含11–甲氧基白屈菜红碱、茵芋碱等生物碱类，柠檬油精、花椒油素等挥发油类，木脂素类、酰胺类、香豆素类、甾醇、脂肪酸类成分，还含绿原酸、桉脂素、鸟苷、熊果苷、α–亚麻酸等。其中，花椒酰胺和生物碱等具有抗炎、镇痛、止痒作用；花椒挥发油作为一种天然的皮肤渗透促进剂，可以有效增强药物分子的皮肤渗透作用。

【适宜人群】花椒果实适宜胃寒冷痛、食欲不振、呕吐清水、肠鸣便溏者，哺乳期妇女断奶者，风湿性关节炎、蛔虫病腹痛患者，肾阳不足、小便频数者食用。

【使用注意】阴虚火旺者不宜服用花椒、椒目，孕妇慎服。

【附　　方】**（1）治冷虫心痛：**川椒四两，炒出汗，酒一碗淋之，服酒。（《寿域神方》）

（2）回乳：花椒10~15g，加水400~500ml，浸泡2小时，煎煮至250ml，加红糖50~100g，于断奶当日趁热1次服下，每日1次，连用1~3次。（《食物药用指南》）

（3）治冷痢：川椒（微出汗）三分，捣罗为末，炼蜜和丸，如绿豆大，每服以粥饮下五丸，日三四服。（《太平圣惠方》）

（4）治心胸中大寒痛，呕吐：蜀椒3g（炒去汗），干姜7g，人参4.5g，水150ml煎至70ml，去渣，加饴糖一匙，溶化后，一日两回温服。（《叶橘泉经方临床之运用》）

青花椒

Zanthoxylum schinifolium Sieb. et Zucc.

·科　名　芸香科 Rutaceae
·属　名　花椒属 *Zanthoxylum*
·生活型　灌木
·花果期　花期 6~7 月，果熟期 9~10 月
·生　境　山坡林边或灌丛中
·分　布　南京（江宁、六合）、无锡（宜兴）、苏州、南通（如东）、连云港（赣榆）、镇江（句容）等地

植株

花序

枝刺

果实

成熟果皮（青椒）

【释　　名】花椒商品有青椒和红椒之分，本品果实成熟后，外果皮呈灰绿色或棕绿色，故名“青花椒”，简称“青椒”。

【识别要点】枝有短小皮刺。一回奇数羽状复叶，互生；叶轴具窄翅，有稀疏短刺；小叶 13~21，椭圆形，长 1~4cm，疏生油点，边缘有细锯齿或全缘，齿缝间有腺点。伞房状圆锥花序顶生；花单性，花被片 5 基数，2 轮，有萼片和花瓣的分化，淡黄白色；雄花雄蕊 5；雌花心皮 3，子房每室胚珠 2。蓇果绿色或褐色，外果皮革质，有油点，分果瓣顶端有短小喙状尖。种子黑色，有光泽。

【采收加工】参见“花椒”。

【食用方法】参见“花椒”。

【性味功用】参见“花椒”。**叶（花椒叶）**亦可入药。

【现代研究】青花椒果实含芳樟醇、柠檬烯、桧烯等挥发油类，香柑内酯、葡萄内酯等香豆素类，酰胺类、木质素类等成分，以及青花椒碱等。其中，挥发油类成分对金黄色葡萄球菌、大肠埃希菌、黑曲霉、白地霉、热带假丝酵母、产朊假丝酵母、烟曲霉均有抑制作用；香柑内酯和葡萄内酯等香豆素类成分具有抑制血小板凝集的作用。

【适宜人群】参见“花椒”。

【使用注意】参见“花椒”。

【附　　方】参见“花椒”。

佛　手

Citrus medica L. var. *sarcodactylis* Swingle

·科　名	芸香科 Rutaceae	·属　名	柑橘属 *Citrus*
·生活型	灌木或小乔木	·花果期	花期 5 月，果熟期 11~12 月
·特　性	喜温暖湿润的气候，适宜富含腐殖质的肥沃壤土	·分　布	全省各地有栽培

植株

叶腋刺

花

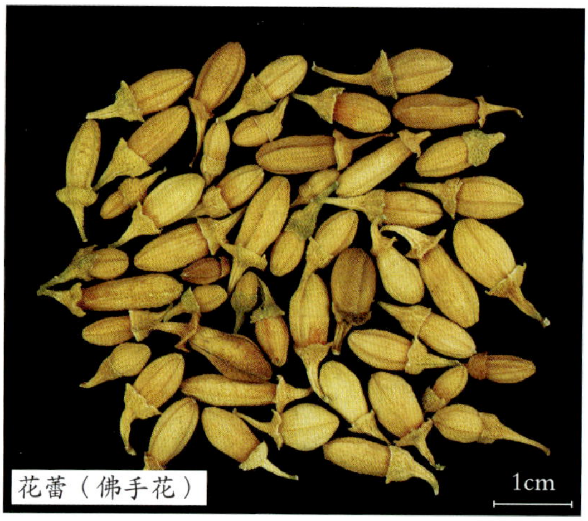

花蕾（佛手花）

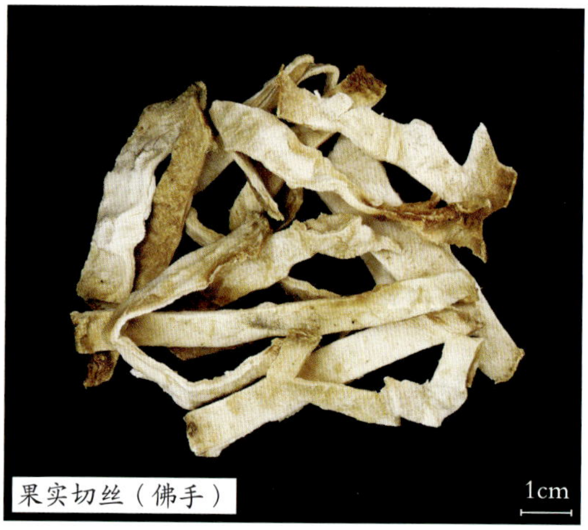

果实切丝（佛手）

【释　　名】果实金黄色，形状奇特似佛祖的手，故名“佛手”；因与柑橘同类，故又名“佛手柑”“五指柑”；“佛手”与“福寿”谐音；故又名“福寿柑”；本品在古代常与香橼相混，故又名“佛手香橼”。

【识别要点】嫩枝、芽及花苞均呈暗紫红色，叶腋有粗硬的棘刺。单叶，叶革质，长圆形、卵状长圆形或倒卵状长圆形，边缘有波状齿；叶柄短，无翼叶，与叶片连接处无隔痕。花簇生或集成总状花序；花萼杯状，5 裂，裂片三角形；花瓣 5，内面白色，外面淡紫色；雄蕊 30~50 枚，花丝结合成束或离生。柑果大，橙黄色，果皮甚厚，极芳香，成熟时顶端各心皮分离，闭合如拳，或张开如指。偶有外轮张开，内轮拳卷。

【采收加工】果实：11~12 月尚未变黄或变黄时采摘，纵切成薄片，鲜用、晒干或低温干燥。

【食用方法】果实可生食，亦可供酿酒、制特色凉果（果脯）、保健茶、调配食用香精等。

【性味功用】**果实（佛手）**：辛、苦，温。疏肝理气，和胃化痰；用于肝气郁结之胁痛、胸闷，肝胃不和、脾胃气滞之脘腹胀痛、嗳气、恶心、久咳痰多。**花及花蕾（佛手花）**、**果实蒸馏液（佛手露）**、**根（佛手柑根）**亦可入药。

【现代研究】佛手果实富含蛋白质、维生素及铁、钠、钾等矿物质，含橙皮素、橙皮苷、佛手酚、佛手柑内酯、莨菪亭、D- 木糖、D- 甘露糖、D- 柠檬烯、γ- 松油烯、吴茱萸内酯、槲皮素等成分。其中，D- 柠檬烯具有抗炎作用，还有良好的抗螨效果；佛手柑内酯对人脑胶质瘤细胞、人肝癌细胞的生长具有明显的抑制作用；槲皮素具有抗动脉硬化活性。

【适宜人群】佛手适宜肝郁气滞及肝胃不和所致的胸胁胀痛、脘腹痞满、疼痛、食欲不振、咳嗽痰多者食用。

【使用注意】阴虚有火、无气滞者慎服佛手。

【附　　方】**（1）治肝胃气痛：**鲜佛手 12~15g，开水冲泡，代茶饮；或佛手、延胡索各 6g，水煎服。（《全国中草药汇编》）

（2）治食欲不振：佛手、枳壳、生姜各 6g，黄连 2g，水煎服，每日 1 剂。（《重庆中药志》）

香　圆

Citrus wilsonii Tanaka

·科　名　芸香科 Rutaceae　　·属　名　柑橘属 *Citrus*

·生活型　常绿乔木　　·花果期　花期 6~7 月，果熟期 11~12 月

·特　性　喜温暖湿润的气候，怕严霜，不耐严寒，适宜土层深厚、疏松肥沃、富含腐殖质、排水良好的沙壤土

·分　布　泰州、南通、扬州等地大量栽培

枝条

棘刺

花

果实

果实（香橼）

【释　　名】本品果实呈圆球形，气味芳香，故名“香圆”。

【识别要点】枝条细而柔软，无毛而有棘刺。单身复叶互生，革质，有油点；顶生叶片长椭圆形；叶柄与叶片间具关节，翼叶大，倒心形。花单生或簇生；花萼浅杯状，5 裂；花瓣 5，白色，表面有脉纹，盛花时反卷；雄蕊 24~38，常数枚联合，高于柱头；花柱粗大。柑果近圆球状，柠檬黄色，味酸，顶端微具乳头状突起，果皮厚 0.8cm 以上，表面粗糙，与瓤囊不易分离。种子多胚，子叶白色。

【采收加工】果实：11~12 月果实成熟呈柠檬黄色时采摘，趁鲜切片，晒干或低温干燥。

【食用方法】果实可加工为蜜饯、罐头、果汁、功能饮料等。

【性味功用】**成熟果实（香橼）**：辛、苦、酸，温。理气降逆，宽胸化痰；用于胸腹满闷，胁肋胀痛，咳嗽痰多，食欲不振，嗳气，气逆呕吐，胃痛，消化不良。

【现代研究】香圆果实富含蛋白质、糖类、膳食纤维、胡萝卜素及多种维生素等；含香叶木素、柚皮素、柚皮苷、橙皮素、亚油酸、棕榈酸、柠檬烯、佛手柑内酯等成分。其中，柚皮苷具有较强的抗氧化活性，可有效减少过氧化物诱导的 DNA 损伤；亚油酸具有抗血栓、降血脂、降胆固醇作用，可促进大脑发育，改善及保护血管壁，防止动脉粥样硬化；柠檬烯有广谱抗菌作用。

【适宜人群】香橼适宜消化不良、脘腹胀满患者食用。

【使用注意】阴虚血燥及孕妇气虚者慎服香橼。

【附　　方】**（1）治胃病，消化不良，胸闷胃痛：**陈香橼焙燥，取 30g，川椒、小茴香各 12g，共研细末，混合拌匀，每服 3g，每日 2 次，温开水送服。（《食物中药与便方》）

（2）**治咳嗽：**香橼（去核）薄切作细片，以时酒同入砂瓶内，煮令熟烂，自昏至五更为度，用蜜拌匀，当睡中唤起，用匙挑服。（《养疴漫笔》）

（3）**治慢性支气管炎，痰多，喘咳气急：**鲜香橼 1~2 个，切碎放于有盖的碗盂中，加入等量饴糖（麦芽糖），隔水蒸数小时，以香橼稀烂为度，每服一匙，早、晚各一次。（《食物中药与便方》）

柑　橘

Citrus reticulata Blanco

·科　名　芸香科 Rutaceae	·属　名　柑橘属 *Citrus*
·生活型　小乔木	·花果期　花期 5 月，果熟期 10 月下旬
·特　性　喜湿润，怕干旱，适宜深厚肥沃、疏松的微酸性土壤	
·分　布　全省各地有栽培	

果枝

花序

花

果实

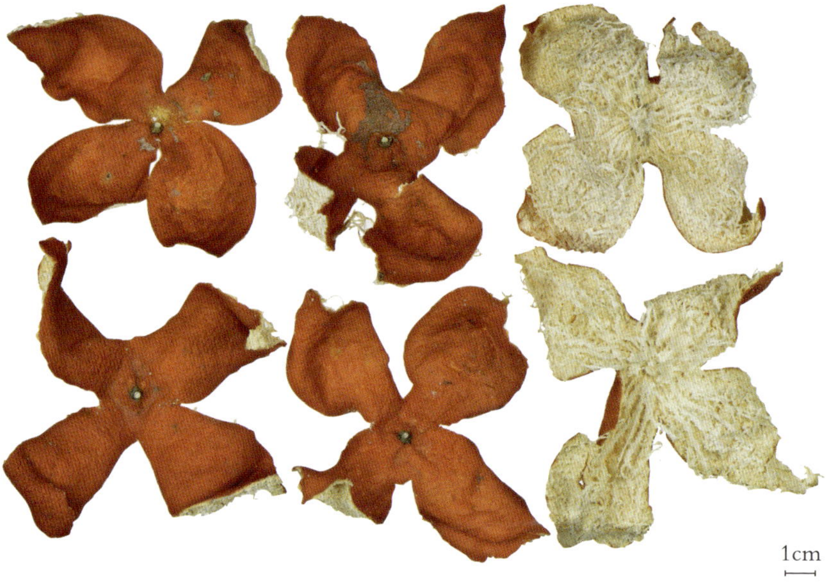

未陈化的成熟果皮（陈皮，川红橘）

陈化约 3 年的果皮（陈皮，茶枝柑）

【释　　名】“矞”，古代象征祥瑞的彩云，果实从发育至成熟，青黄橙红诸色相间，绚丽多彩，囊瓣则如朵朵矞云，从“木”，称为“橘”，本品果实味道甘甜，故名“柑橘”“橘子”。

【识别要点】叶、花、果均具芳香气味的油点。枝条细而柔软，密生。单身复叶，叶片菱状长椭圆形，两侧稍不对称；叶柄翼叶不明显或无。花单生或簇生；萼片 5，淡黄绿色；花瓣 5，白色，长圆形；雄蕊 15~18，常 3~5 枚联合，等长或略长于花柱。柑果扁圆球形，橙红色，油胞密，平生或凹入，凹点大而明显；瓤囊 9~12 瓣，味甜而带酸。种子多，通常 20~30 粒；多胚，子叶淡绿色。

【采收加工】果实：10 月下旬果皮大部分转黄色、散发果香时采摘，鲜用。成熟果皮、外层果皮、种子：果实成熟时采收，果皮剥下，晒干或低温干燥，外果皮用刀削下，晒干或阴干，种子洗净，晒干。幼果：5~6 月采收，收集自落的果实，晒干，或 7~8 月采收未成熟果实，在果皮上纵剖成四瓣至基部，除尽瓤瓣，晒干。

【食用方法】果实可生食，亦可供制作罐头、果汁，制作蜜饯、橘饼等；果皮可代茶饮，也可煮粥、炖汤，或烹饪时作调味剂。

【性味功用】**成熟果实（橘）**：甘、酸，平。润肺生津，理气和胃；用于消渴，呕逆，胸膈结气。**成熟果皮（陈皮）**：辛、苦，温。理气降逆，调中开胃，燥湿化痰；用于脾胃气滞湿阻，胸膈满闷，脘腹胀痛，不思饮食，呕吐哕逆，二便不利，肺气阻滞，咳嗽痰多，乳痈初起。**幼果及未成熟果实的果皮（青皮）**：苦、辛，温。疏肝破气，消积化滞；用于肝郁气滞之胁肋胀痛，乳房胀痛，乳核，乳痈，疝气疼痛，食积气滞之胃脘胀痛，气滞血瘀所致的癥瘕积聚，久疟癖块。**外层果皮（橘红）**：辛、苦，温。散寒燥湿，理气化痰，宽中健胃；用于风寒咳嗽，痰多气逆，恶心呕吐，胸脘痞胀。**种子（橘核）**：苦，平。理气，散结，止痛；用于疝气，睾丸肿痛，乳痈，腰痛。**白色内层果皮（橘白）、果皮内层筋络（橘络）、叶（橘叶）、根（橘根）、成熟果实用蜜糖渍制而成（橘饼）**亦可入药。

【现代研究】柑橘果实富含蛋白质、脂肪、糖类、膳食纤维、胡萝卜素、维生素、葡萄糖、氨基酸及钾、钙、镁等矿物质。果皮含川陈皮素等多甲氧基黄酮类化合物，橙皮苷、橘皮素等黄酮类，多糖类、生物碱类、环肽类、柠檬苦素类成分，还含糖醛、D- 柠檬烯等。其中，川陈皮素、橘皮素为降血脂的主要活性成分；多甲氧基黄酮类化合物具有促胃肠动力的作用；川陈皮素通过作用于血管内皮层发挥降血压的作用。

【适宜人群】橘适宜一般人群食用。

【使用注意】橘不可多食，肠胃虚寒、口舌生疮、大便秘结、风寒咳嗽及有痰饮者不宜食用。气虚证、阴虚燥咳、吐血证及舌赤少津、内有实热者慎服陈皮、青皮、橘红及橘核。

【附　　方】**（1）治哮喘：**橘饼 1 个，杏仁 10g，川贝母 3g，冰糖 30g，先将橘饼、杏仁、川贝母加水适量煎汤，后加入冰糖，待其溶化后，喝汤并慢慢嚼食药渣。（《农家常用饮食医疗便方汇集》）

（2）治百日咳：葱白 4 茎，冰糖 30g，橘饼 3 个，水煎代茶频饮。（《农家常用饮食医疗便方汇集》）

（3）治感冒咳嗽：陈皮 20g，榕树叶 30g，枇杷叶（去毛）20g，每日 1 剂，水煎，分 2 次服。（《壮族民间用药选编》）

（4）治乳吹，乳汁不通：青橘皮、鲜橘叶、鹿角霜各 15g，水煎后冲入黄酒少许热饮。（《食物中药与便方》）

（5）治小肠疝气，睾丸肿痛：橘核炒香研末，小茴香炒后研末，等分混合，每次 3~6g，于临睡前以热黄酒送下。（《食物中药与便方》）

茴　香

Foeniculum vulgare Mill.

·科　名	伞形科 Umbelliferae	·属　名	茴香属 *Foeniculum*
·生活型	一年生或二年生草本	·花果期	花期 6~7 月，果期 8~10 月
·特　性	喜湿润凉爽的气候，耐盐，适宜地势平坦之处，以肥沃疏松、排水良好的沙壤土或轻碱性黑土栽培为宜		
·分　布	全省各地有栽培		

植株

基生叶

花序

幼叶（茴香叶）

成熟果实（小茴香）

【释　　名】《备急千金要方》曰：“除口气，臭肉和水煮，下少许，即无臭气，故曰茴香。酱臭末中亦香。”“茴”字声符“回”，兼表意，本品有去臭气，回复香气之功，故名“茴香”。八角茴香又名大茴香，本品与之相比则甚小，故又名“小茴香”。八角茴香古时多为舶来品，小茴香则为本土自产，故又名“土茴香”。植株具强烈香气，叶四至五回羽状全裂，末回裂片呈丝状，故又名“香丝菜”。

【识别要点】全株有强烈茴香气味。茎直立，淡绿色或灰绿色，有分枝。复叶，叶片卵圆形至广三角形，羽状多裂，深绿色，末回裂片细线形，下部的叶柄有鞘，上部的叶柄部分或全部成鞘。复伞形花序顶生与侧生，顶生的伞形花序大，伞幅8~30，开展伸长，不相等；花黄色。果实长圆球状，横切面压扁；果棱尖锐，5条；果皮柔软；油管显著且常为1。

【采收加工】果实：8~10月表面呈黄绿色并有淡黑色纵线时及时采收，晒干。嫩茎叶：高20cm时采摘，鲜用或晒干。根：7月采挖，鲜用或晒干。

【食用方法】果实可作调味料；嫩茎叶可凉拌、作调料，亦可制成馅料。

【性味功用】**果实（小茴香）**：辛，温。温肾暖肝，行气止痛，和胃；用于寒疝腹痛，睾丸偏坠，脘腹冷痛，食少吐泻，胁痛，肾虚腰痛，痛经。**茎叶（茴香茎叶）**、**根（茴香根）**亦可入药。

【现代研究】茴香果实富含蛋白质、脂肪、糖类、膳食纤维、维生素及钙、磷、钾等矿物质，含反式茴香脑、茴香醛等挥发油类成分及槲皮素、山柰酚、迷迭香酸、绿原酸、亚油酸、棕榈酸、胆碱、β-谷甾醇等成分。其中，所含挥发油成分具有抗菌、抗病毒、抗寄生虫作用；反式茴香脑可能为小茴香抗衰老的主要活性物质。

【适宜人群】小茴香适宜小肠疝气痛、寒气腹痛、食欲不振、胃寒恶心、呕吐呃逆者，或睾丸肿痛坠胀者食用。

【使用注意】阴虚火旺者禁服小茴香。

【附　　方】**（1）治肾虚腰痛，转侧不能，嗜卧疲弱者：** 小茴香（炒，研末），破开猪腰子，作薄片，不令断，层层掺药末，水纸裹，煨熟，细嚼，酒咽。（《证治要诀》）

（2）治遗尿： 小茴香 6g，桑螵蛸 15g，装入猪膀胱内，焙干，研末，每次 3g，日服 2 次。（《吉林中草药》）

（3）治寒疝腹痛： 川楝子四钱，木香三钱，茴香二钱，吴茱萸一钱（汤泡），长流水煎服。（《医方集解》）

柿　树

Diospyros kaki Thunb.

·科　名　柿科 Ebenaceae	·属　名　柿属 *Diospyros*
·生活型　落叶大乔木	·花果期　花期 6 月，果熟期 9~10 月
·特　性　喜光，喜温暖，耐寒，对土壤要求不严	·分　布　全省各地有栽培

植株

成熟果实加工品（柿饼）

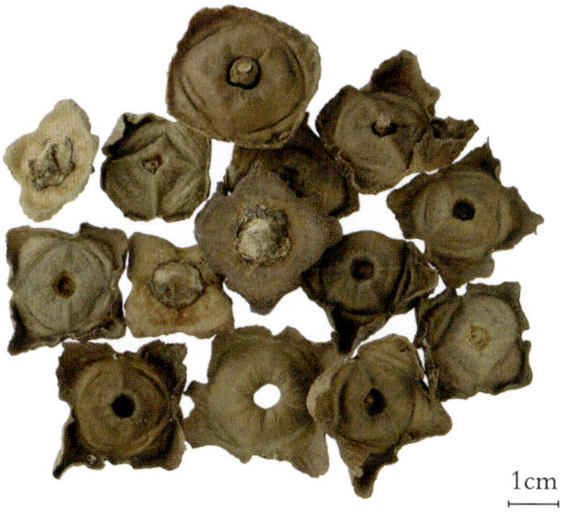

宿萼（柿蒂）

【释　　名】“枺”是“柿”的异体字，初收录于《说文解字》，意为伐木掉下来的碎片，因本品为乔木，果实成熟后会自动落下，类似此景，故古称“枺”，后逐步演变成“柿”，故名“柿树”。

【识别要点】主干暗褐色，树皮鳞片状开裂成长方块状，沟纹较密；枝无刺，幼枝初时有棱；冬芽小，有鳞片。叶片较大，肥厚，椭圆状卵形至长圆形或倒卵形，叶面深绿色，有光泽，叶背淡绿色，有褐色柔毛。雄花成聚伞花序；雌花单生叶腋；花萼4深裂，果期增大；花冠肉质，黄白色，壶形，裂片右旋。浆果卵圆球状或扁球状，有光泽，无毛；宿萼厚革质或干时近木质。种子褐色，侧扁。

【采收加工】果实：9~10月陆续成熟，脆柿于果实大小固定、果皮变为黄色而未转红、种子已呈褐色时采摘，软柿于果实黄色减退、充分转红时采摘，鲜用。叶：霜降后采收，应选择新鲜色绿、无病虫害者，晒干。柿蒂：9~12月果实成熟时采收，去柄，晒干。

【食用方法】果实可生食，亦可供酿酒，或加工成醋、柿饼、柿干、柿汁、柿蜜、柿糖和霜糖等；叶可制柿叶茶。

【性味功用】**果实（柿子）：**甘、涩，凉。清热，润肺，生津，解毒；用于咳嗽，吐血，热渴，口疮，热痢，便血。**叶（柿叶）：**苦，寒。止咳定喘，生津止渴，活血止血；用于咳喘，消渴及各种内出血，臁疮。**宿萼（柿蒂）：**苦、涩，平。降逆下气；用于呃逆，噫气，反胃。**果实经加工后的柿饼（柿饼）、果实制成“柿饼”时外表所生的白色粉霜（柿霜）、未成熟果实经加工制成的胶状液（柿漆）、外果皮（柿皮）、花（柿花）、树皮（柿木皮）、根及根皮（柿根）**亦可入药。

【现代研究】柿树果实富含蔗糖、葡萄糖、果糖、蛋白质、脂肪、膳食纤维、果胶、胡萝卜素、维生素及钙、磷、铁等矿物质，未成熟果实含有机酸类、鞣质类成分等。果胶有良好的润肠通便作用，对于保持肠道正常菌群生长，改善便秘等有很好的作用；有机酸有助于胃肠消化，增进食欲，同时有涩肠止血的功效。

【适宜人群】柿子适宜湿热体质人群食用。

【使用注意】柿子不宜食用过量，凡脾胃虚寒、痰湿内盛、外感咳嗽、脾虚泄泻、疟疾者不宜食用。

【附　　方】**（1）治反胃：**柿饼同干饭日日食之，绝不用水饮。（《经验方》）

（2）治呃逆不止：柿蒂烧灰存性为末，黄酒调服，或用姜汁、砂糖等分和匀，炖热徐服。（《村居救急方》）

（3）治紫癜风：柿叶研末，每次服3g，每日服3次。（《湖南药物志》）

辣　椒

Capsicum annuum L.

·科　名	茄科 Solanaceae	·属　名	辣椒属 *Capsicum*
·生活型	一年生草本或灌木状	·花果期	花期 5~8 月，果期 8~11 月
·特　性	喜温暖，怕霜冻，忌高温和曝晒，适宜土层深厚肥沃、富含有机质、透水性好的沙壤土和两合土		
·分　布	全省各地有栽培		

植株

花正面（菜椒）

果实（菜椒）

花侧面（菜椒）

果实（朝天椒）

成熟果实（辣椒）

【释　　名】果实味辛辣似花椒，可作调味品，在已知的辛辣之品中，本品辣味最重，故名“辣椒”；本品于明末从美洲传入，故又名“番椒”“海椒”；其果实长指状，先端渐尖而稍弯曲，其形似角，故又名“辣角”“牛角椒”“羊角椒”；因花叶均似茄，故又名“辣茄”。

【识别要点】茎多分枝，稍呈“之”字形折曲。叶片常为矩圆状卵形、卵形或卵状披针形，近全缘。花单生于叶腋或枝腋；花柄下垂；花萼杯状，有5小齿；花冠白色或青黄色，5裂，裂片卵形；雄蕊5，花药灰紫色，彼此分离。浆果直立或下垂，卵圆形、长椭圆形或长指状，果皮与胎座之间有空腔，未成熟时绿色，成熟后红色、橙色或紫红色，有辣味。种子扁肾形，淡黄色。

【采收加工】果实：5~11月果皮青绿未成熟时或成熟后分批采摘，鲜用或晒干。种子：果实完全成熟时采收，晒干。

【食用方法】果实可生食、炒食，亦可制辣椒酱、调味品等；种子可榨油食用。

【性味功用】**成熟果实（辣椒）**：辛，热。温中散寒，下气消食；用于胃寒气滞，脘腹胀痛，呕吐，泻痢，风湿痛，冻疮。**茎（辣椒茎）**、**叶（辣椒叶）**、**根（辣椒头）**亦可入药。

【现代研究】辣椒果实富含蛋白质、糖类、胡萝卜素、维生素及钙、磷、铁等矿物质，含辣椒酊、辣椒红素、柠檬酸等成分。其中，辣椒酊或辣椒碱有促进食欲、改善消化的作用；辣椒碱还具有抗炎、杀菌、保护心肌等多种生理活性。

【适宜人群】辣椒果实适宜阳虚体质人群，以及肾气不足、食欲不振、脾胃虚寒、风湿性关节炎患者食用。

【使用注意】阴虚火旺者、诸出血者及痔疮患者不宜食用辣椒。

【附　　方】**治痢疾水泻：**辣茄1个，为丸，清晨热豆腐皮裹，吞下。（《本草纲目拾遗》引自《医宗汇编》）

茄

Solanum melongena L.

·科　名	茄科 Solanaceae	·属　名	茄属 *Solanum*
·生活型	直立分枝草本至亚灌木	·花果期	花期6~7月，果期8~9月
·特　性	喜高温，适宜富含有机质、保肥保水能力强、中性到微碱性的冲积土		
·分　布	全省各地有栽培		

植株

果实1

【释　　名】茄子原产于印度，后经丝绸之路传入中国。其梵语音为“vātiṅgana”，在传播过程中，音译逐渐演变为汉语的“茄子”。古代认为茄子是“酪酥”（乳酪）的替代品，因其口感绵软，或因其光滑表皮类似酥酪，故又名“落苏”。

【识别要点】全株被6~8分枝、平贴或具短柄的星状绒毛，老时脱落。小枝常紫色。叶片边缘波状圆裂；野生者中脉和侧脉均具小皮刺。能育花单生，花后下垂；不育花生于短蝎尾状花序上；花萼钟状，外面密被小皮刺，5裂；花冠辐状；雄蕊5，花药内向，贴合，顶端孔裂。浆果较大，圆球状、倒卵球状、椭圆球状至圆柱状，紫色、绿色或白色，光滑；萼宿存。

【采收加工】果实：花后约20天、果实充分膨大、表面有光泽、未成熟时采摘，或果实成熟时采收，鲜用。

【食用方法】果实可凉拌、炒食、炖食、蒸食，亦可供腌酱、盐渍等。

【性味功用】果实（**茄子**）：甘，凉。清热，活血，消肿；用于肠风下血，热毒疮痈，皮肤溃疡。**宿萼**（**茄蒂**）、**花**（**茄花**）、**叶**（**茄叶**）、**根**（**茄根**）亦可入药。

【现代研究】茄果实富含蛋白质、脂肪、糖类、膳食纤维、胡萝卜素、维生素及钙、磷、钾等矿物质，含胆碱、胡芦巴碱、水苏碱、龙葵碱、皂苷、茄色苷等成分。其中，少量龙葵碱可抑制消化道肿瘤细胞的增殖；胡芦巴碱能减少脂肪积累，有利于防治肥胖症，还可以防治心血管疾病；皂苷具有降低胆固醇的作用。

【适宜人群】茄子适宜湿热体质及血瘀体质人群食用。

【使用注意】脾胃虚寒、经期前后、过敏体质不宜食用茄子。

【附　　方】**（1）治大风热痰：**大黄老茄子不计多少，以新瓶盛贮，埋之土中。经一年尽化为水，取出，入苦参末同丸，如梧子，食已及欲卧时，酒下三十粒。（《本草图经》）

（2）治年久咳嗽：生白茄子 30~60g，煮后去渣，加蜂蜜适量，每日 2 次分服。（《食物中药与便方》）

番　茄

Lycopersicon esculentum Mill.

·科　名　茄科 Solanaceae	·属　名　番茄属 *Lycopersicon*
·生活型　一年生草本	·花果期　花期 4~8 月，果期 7~9 月
·特　性　喜温暖，喜光，适宜土质疏松、排水良好、有机质丰富的湿润壤土	
·分　布　全省各地有栽培	

植株

叶

花序

花

幼果

成熟果实（番茄）

【释　　名】茄科植物，本品最迟于17世纪初叶由西方传教士引入我国，故名“番茄”；果实色红，形似柿子，故又名“番柿”“西红柿”。

【识别要点】全体密生柔毛和黏质腺毛，有强烈气味。叶为奇数羽状复叶或羽状深裂，小叶5~9，极不规则，大小不等，卵形或矩圆形，边缘有缺刻状齿或裂片。花3~7，排成圆锥状聚伞花序，腋生；花萼辐状，5或6裂，裂片披针形；花冠辐状，黄色，5~7深裂；花药贴合，围绕花柱，形成圆锥体。浆果扁球状或近球状，成熟后红色或黄色，表面光滑，肉质而多汁液。种子黄色。

【采收加工】果实：5月至10月陆续成熟，当果实扁球状或近球状、表面光滑、由绿变橘黄或鲜红时及时采摘，鲜用。

【食用方法】果实可生食、炒食、榨汁，亦可制作番茄酱等，或开发多种保健食品和天然饮料。

【性味功用】**果实（番茄）**：酸、甘，微寒。生津止渴，健胃消食；用于口渴，食欲不振，高血压，眼底出血。

【现代研究】番茄果实富含蛋白质、糖类、有机酸、纤维素、胡萝卜素、维生素和多种矿物质等，含番茄红素、芦丁、亚油酸、苹果酸、柠檬酸、番茄碱、澳洲茄胺等成分。其中，维生素A、维生素C的比例合适，经常食用可增强血管功能，预防血管老化；番茄红素具有抑制细菌的作用，具有独特的抗氧化能力、能清除自由基，预防心血管疾病，阻止前列腺的癌变进程，并有效地降低胰腺癌、直肠癌、喉癌、口腔癌、乳腺癌等癌症的发病风险；苹果酸和柠檬酸可帮助胃液消化脂肪物质。

【适宜人群】番茄适宜一般人群食用。

【使用注意】脾胃虚寒、急性肠炎、细菌性痢疾者不宜食用番茄。不可食未成熟之青番茄，因青番茄中含龙葵碱，服后轻则口腔感苦涩，严重者会出现中毒症状。

【附　　方】**（1）治高血压，眼底出血：**鲜西红柿每日早晨空腹时生吃 1~2 个，15 天为 1 个疗程。（《食物中药与便方》）

（2）治小儿发热：番茄 2 个，西瓜 1 个，西瓜榨汁，番茄用沸水烫去皮，切碎，用纱布挤成番茄汁，将西瓜汁与番茄汁混合调匀，每日 1 剂，早晚 2 次服用，3~7 天为 1 个疗程。（《食疗老偏方》）

夏枯草

Prunella vulgaris L.

·科　名　唇形科 Labiatae	·属　名　夏枯草属 *Prunella*
·生活型　多年生草本	·花果期　花期 5~6 月，果期 7~10 月
·生　境　荒地或路旁草丛中	·分　布　全省各地

植株

花序

花

果穗（夏枯草）

【释　　名】多年生草本，因其植株入夏即渐趋枯萎，故名“夏枯草”；果穗呈圆棒状，形似麦穗，故又名“麦穗夏枯草”，简称“麦夏枯”。

【识别要点】植株细弱，茎常带紫色，有细毛。叶片椭圆状披针形。轮伞花序密集排列成顶生的假穗状花序，呈圆筒状；苞片肾形，覆瓦状排列，顶端尖，被毛；花萼二唇形；花冠紫色或蓝紫色，略超出花萼，上唇顶端微凹，下唇3裂，中裂片宽大，边缘有细条裂；雄蕊4，花丝先端2裂，花药卵形。小坚果分离，微具沟纹，基部有1白色着生面。

【采收加工】果穗：5~6月呈红棕色、半枯萎状态时及时采收，晒干。嫩茎叶：长高7~8cm时即可采摘，鲜用。

【食用方法】果穗可制作凉茶；嫩茎叶可炒食、凉拌、制干菜等。

【性味功用】**果穗（夏枯草）**：苦、辛，寒。清肝明目，散结解毒；用于目赤肿痛，目珠夜痛，头痛眩晕，耳鸣，瘰疬，瘿瘤，乳痈，乳房胀痛，痄腮，痈疖肿毒。

【现代研究】夏枯草果穗富含氨基酸、脂肪、维生素及锌、铁、铜等矿物质，含齐墩果酸、熊果酸、亚油酸、花生油酸、山柰酚、槲皮素、1, 8-桉油精、β-蒎烯酸、钩藤碱及香豆素类、多糖类成分等。嫩茎叶富含蛋白质、脂肪、糖类、粗纤维、胡萝卜素及维生素等。其中，夏枯草中具有咖啡酸结构单元的化学成分可以降低血糖水平，并改善体内氧化应激，长时间作用可显著增加血清中胰岛素含量，并且改善热痛觉过敏和触觉异常性疼痛；齐墩果酸对肺腺癌SPC-A-1细胞的生长有显著的抑制作用。

【适宜人群】夏枯草果穗适宜高血压、甲状腺肿大、乳腺增生、乳腺炎等患者食用。

【使用注意】脾胃虚弱者慎服夏枯草，经期妇女、孕妇慎用。

【附　　方】**（1）治高血压：**夏枯草、菊花各10g，决明子、钩藤各15g，水煎，每日1剂，服药1周，再每日加服决明子30g，水煎，分2次服，2周后停药。（《中西医结合杂志》）

（2）治甲状腺腺瘤：夏枯草30g，鲫鱼大者1尾或小者数尾，去鳞，清除内脏后洗净，加水与夏枯草同炖，食鱼及汤。（《福建医药杂志》）

（3）治乳痈初起：夏枯草、蒲公英各等分，酒煎服，或作丸亦可。（《本草汇言》）

脂　麻

Sesamum indicum L.

·科　名	胡麻科 Pedaliaceae	·属　名	胡麻属 *Sesamum*
·生活型	一年生直立草本	·花果期	花期6~7月，果期8~9月
·特　性	喜温，喜光怕阴，适宜地势高燥、排水方便之处，以透水性良好的沙壤土和轻壤土栽培为宜		
·分　布	全省各地有栽培		

植株

花序

果序

成熟种子（黑芝麻）

【释　　名】种子多脂油，《本草图经》谓其“苗梗如麻”，故名“脂麻”；“芝”与“脂”同声音转，书写方便，故又名“芝麻”；由西汉张骞出使西域时引入，故又名“胡麻”。

【识别要点】茎直立，中空或具有白色髓部，四棱状，稍有柔毛。叶对生或上部叶互生；茎下部叶常掌状3裂；中部叶卵形，有锯齿；上部叶常披针形或狭椭圆形，全缘。花单生或2、3朵生于叶腋；花冠白色而常有紫红色或黄色的彩晕，筒状；雄蕊4，二强，不外露。蒴果四棱形长椭圆状，上下几等宽，顶端稍尖，有细毛，室背开裂成2瓣，有时呈4室状。种子多数，黑色、白色或淡黄色。

【采收加工】种子：8月下旬至9月中旬果实成熟呈黄黑色、开始落叶时采收，割取全草，捆成小把，顶端向上，晒干，打下种子，除去杂质，再晒干。

【食用方法】种子可生食，也可榨油，或加工为芝麻粉、芝麻糊、芝麻酱、芝麻饼、糖果、罐头等食品。

【性味功用】**成熟种子（黑芝麻）**：甘，平。补益肝肾，养血益精，润肠通便；用于肝肾不足所致的头晕耳鸣、腰脚痿软、须发早白、肌肤干燥，肠燥便秘，妇人乳少，痈疮湿疹，风癞疬疡，小儿瘰疬，烫火伤，痔疮。

【现代研究】脂麻种子富含蛋白质、脂肪、糖类、膳食纤维、色素、草酸钙、卵磷脂、维生素及钙、磷、铁等矿物质，含油酸、亚油酸、棕榈酸、芝麻素、芝麻林素、芝麻酚、植物甾醇、芝麻苷、车前糖、芝麻糖等成分。其中，亚油酸是某些生理调节物质（如前列腺素）的前体，参与胆固醇的代谢，有助于生长、发育及妊娠；其中维生素E具有抗氧化、抗动脉粥样硬化、抗癌的作用，还能增强机体的免疫功能；芝麻素有抗氧化、降低低密度脂蛋白胆固醇、保护肝脏、抗癌、抗菌等多种生理活性功能。

【适宜人群】黑芝麻适宜肝肾不足、气虚体质及阴虚体质人群食用。

【使用注意】脾弱便溏者慎服黑芝麻。

【附　　方】**（1）治血虚风痹，慢性便秘（包括中风偏瘫、老人血管硬化等）：** 黑芝麻750~1500g，淘洗干净，重复蒸3次，晒干，炒熟研细，加炼蜜或枣泥为丸，如弹子大（约重6g），温黄酒送服，每服1丸，每日2~3次。（《食物中药与便方》）

（2）治发枯发落，早年白发： 黑芝麻、制首乌等分，研末为丸，每服6g，每日2~3次，食后温水送下。（《食物中药与便方》）

栀　子

Gardenia jasminoides Ellis

·科　名　茜草科 Rubiaceae　　·属　名　栀子属 *Gardenia*

·生活型　常绿灌木　　·花果期　花期5~8月，果期9月至翌年2月

·特　性　喜阴凉湿润的环境，忌烈日直射，以肥沃、疏松、排水良好的酸性土壤栽培为宜

·分　布　江苏南部，镇江（句容）、南京（溧水）、常州（溧阳）等地有栽培

植株

花枝

花

果实

【释　　名】“葵”古代指葵菜，即冬葵，本品叶形与其相近，《尔雅·释诂》记载“葵，揆也”，“揆”本义指测量、估量方位，植物可估量方向，花、叶随日转向，故名“向日葵”；茎秆粗长，可达丈余，其花如菊，故又名“丈菊”。

【识别要点】茎粗壮，被白色硬毛。叶互生，心状卵圆形或卵圆形，基出脉 3 条，边缘有粗锯齿，柄长。头状花序直径 10~30cm，近盘状，单生茎顶，常下倾；总苞片多层，草质，顶端尾状渐尖；花序托平或稍凸，托苞对折，包围两性花，具 3 齿；舌状花多数，黄色，不结实；管状花极多数，棕色或紫色，可育。瘦果两侧压扁，长 10~15 mm，有细肋，上端有 2 个鳞片状早落的冠毛。

【采收加工】果实：秋季成熟后采收，割取花盘，打下果实，鲜用或晒干。花盘：秋季采收，去除果实，鲜用或晒干。叶：夏、秋季采摘，晒干。

【食用方法】果实可生食、炒食或榨油；种仁常用于制作糕点、馅料，亦可加工为休闲零食；花盘可煲汤或代茶饮。

【性味功用】**果实（向日葵子）**：甘，平。透疹，止痢，透痈脓；用于疹发不透，血痢，慢性骨髓炎。**花盘（向日葵花盘）**：甘，寒。清热，平肝，止痛，止血；用于高血压，头痛，头晕，耳鸣，脘腹痛，痛经，异常子宫出血，疮疹。**叶（向日葵叶）**：苦，凉。降血压，截疟，解毒；用于高血压，疟疾，疔疮。**花（向日葵花）**、**茎髓（向日葵茎髓）**、**根（向日葵根）**亦可入药。

【现代研究】向日葵果实富含植物油脂、胡萝卜素、蛋白质、糖类、维生素及锌、铁、钾、镁等矿物质，含亚油酸、磷脂、β- 谷甾醇、枸橼酸、酒石酸、多肽等成分。其中，亚油酸不仅有助于降低人体血液胆固醇水平，还有益于保护心血管健康；维生素 E 可以安定情绪，还可以防止细胞衰老。

【适宜人群】向日葵子适宜高血脂、动脉硬化、高血压患者食用。

【使用注意】脾胃虚寒、便溏者不宜多食向日葵子，炒熟性燥热，凡阴虚火旺者少食。

【附　　方】**（1）治小儿麻疹不透**：葵花子 1 小酒杯，捣碎，开水冲服。（《浙江药用植物志》）

（2）治血痢：向日葵子 30g，冲开水炖 1 小时，加冰糖服。（《福建民间草药》）

（3）治妇女经前或经期少腹痛：葵房（向日葵花盘）30~60g，水煎，加红糖 30g 服。（江西《草药手册》）

普通小麦

Triticum aestivum L.

·科　名　禾本科 Gramineae　　·属　名　小麦属 *Triticum*

·生活型　一年或越年生草本　　·花果期　花期 4~6 月，果期 7~8 月

·特　性　适应性强，耐寒，耐旱，耐高温，耐瘠薄，耐水肥，对土壤要求不高

·分　布　全省各地有栽培

植株

叶鞘

果穗

成熟种子（小麦）

【释　　名】“來”为象形字，《说文解字》记载其“象芒朿之形”，后演变为“麦”，本品外稃顶端具芒，植株矮小，在世界各地普遍栽培，故名“普通小麦”；属内栽培品种众多，统称为“小麦”。

【识别要点】秆直立，丛生，中空。叶鞘松弛包秆；叶舌膜质；叶片无柄。穗状花序直立，横截面长方形或近正方形，上部缩小；穗轴坚韧而不逐节脱落，每节1小穗，无柄，两侧排列；小穗含3~9小花，上部者不发育；颖片卵圆形，近革质，主脉于背面上部具脊，于顶端延伸为齿，有时具短芒；外稃厚纸质，顶端具芒或无芒；内稃与外稃几等长；花药黄色或紫色。颖果常与外稃和内稃分离。

【采收加工】种子：蜡熟期植株各部分均呈黄色、仅旗叶和穗下部茎还有部分绿色、籽粒呈蜡质状态且变硬、色泽由绿转为本品种固有色泽时采收，脱粒，晒干或磨成粉末。嫩茎叶：萌发后随时可采，鲜用。种皮：磨面粉时收集。干瘪轻浮的颖果：夏至前后采收成熟果实后收集，取瘪瘦轻浮与未脱净皮的麦粒，筛去灰屑，用水漂洗，晒干。

【食用方法】种子去种皮磨成粉后为主要粮食，可用于制作糕点、面包、馒头、蛋糕、面条、水饺、包子等面食，加工生产成的淀粉还可作为烹制菜肴的辅助原料，如各类菜肴的挂糊，发酵后可制成啤酒、酒精等；嫩茎叶可榨汁食用；种皮可制味精。

【性味功用】**种子（小麦）或其面粉（小麦粉）**：甘，凉。养血，益肾，除热，止渴；用于脏躁，烦热，消渴，泄痢，痈肿，外伤出血，烫伤。**嫩茎叶（小麦苗）**：辛，寒。除烦热，退黄疸，解酒毒。**种皮（小麦麸）**：甘，凉。除热，止渴，敛汗，消肿；用于消渴，虚寒，盗汗，跌扑折伤，风湿痹痛，口疮。**干瘪轻浮的颖果（浮小麦）**：甘，凉。除虚热，止汗；用于阴虚发热，盗汗，自汗。

【现代研究】小麦种子富含蛋白质、糖类、糊精、脂肪、粗纤维、矿物质、维生素、麦芽糖酶、淀粉酶等，含油酸、亚油酸、棕榈酸、谷甾醇、卵磷脂及多糖类成分等。其中，小麦脂多糖具有明显的镇痛及抗病毒作用。

【适宜人群】小麦种子适宜妇人脏躁、常悲伤欲哭、神经衰弱、烦热失眠、虚汗不止者，脾胃虚弱、肠胃不固、消渴口干者食用，更年期女性尤宜。

【使用注意】脾胃湿热者慎服小麦。无汗而烦躁或虚脱汗出者忌用浮小麦。

【附　　方】**（1）治消渴口干**：小麦用炊作饭及煮粥食之。（《食医心镜》）

（2）治白天出汗，如精神紧张尤易出汗：淮小麦30g，大枣6个，甘草6g，桂圆肉5个，水煎喝汤，吃枣和桂圆肉。（《食物中药与便方》）

（3）治脏躁：浮小麦30g，甘草15g，大枣10枚，水煎服。（《青岛中草药手册》）

大　麦

Hordeum vulgare L.

·科　名　禾本科 Gramineae　　·属　名　大麦属 *Hordeum*

·生活型　一年生栽培作物　　·花果期　花期 6 月，果期 7 月

·特　性　适应性强，寒冷和温暖的气候均能生长，适宜疏松、肥沃的微碱性土壤

·分　布　全省各地有栽培

植株

果穗

成熟果实（大麦）

【释　　名】《本草纲目》曰："麦之苗粒皆大于来，故得大名。"《辞海》记载："来，麦名。"故名"大麦"。"牟"即大的意思，故又名"牟麦"。因其外稃与颖果相连，看似果仁外露，故又名"裸麦"。果实可做粥饭，故又名"饭麦"。

【识别要点】秆粗壮，无毛，直立。叶鞘松弛抱茎，两侧有叶耳；叶舌膜质；叶片扁平。穗状花序的长度随栽培措施而变化，成熟时穗轴逐节断落（栽培者除外），每节着生 3 枚完全发育的小穗，每小穗 1 小花；小穗稠密，常无柄，背腹压扁；颖片线状披针形，顶端延伸成长 5~15mm 的芒；外稃背部无毛，有 5 脉，顶端延伸成长芒，芒长 8~15cm，边棱具细刺；内稃与外稃几等长。颖果成熟后与内外稃粘着，不易脱落。

【采收加工】果实：夏季成熟时割取地上部分，晒干，打下果实，除去杂质。幼苗：冬季采集，鲜用或晒干。成熟果实经发芽干燥的炮制加工品：通过将麦粒用水浸泡后，保持适宜温、湿度，待幼芽长至约 5mm 时，晒干或低温干燥。

【食用方法】果实可煮粥或搭配粳米煮成米饭，磨成粉后可制成饼、馒头等面食，还可加工为麦片、啤酒、麦芽糖等食品；幼苗可榨汁、制饮料，也可与淀粉混合加工为面条、月饼、馒头等食品。

【性味功用】**颖果（大麦）**：甘，凉。健脾和胃，宽肠，利水；用于腹胀，食滞泄泻，小便不利。**成熟果实经发芽干燥的炮制加工品（麦芽）**：甘，平。行气消食，健脾开胃，回乳消胀；用于食积不消，脘腹胀痛，脾虚食少，乳汁郁积，乳房胀痛，妇女断乳，肝郁胁痛，肝胃气痛。**幼苗（大麦苗）**、**成熟后枯黄的茎秆（大麦秸）**亦可入药。

【现代研究】大麦果实富含蛋白质、脂肪、糖类、纤维素和维生素等，含 β- 葡聚糖、甜菜碱及黄酮类、多酚类成分等。麦芽含麦黄酮、类黄酮、*p*- 香豆酸、麦芽酚、花青素、麦角胺、尿囊素、大麦芽碱等成分。其中，麦角类化合物具有抑制催乳素分泌的作用；尿囊素具有促进细胞生长、加速伤口愈合、软化角质层蛋白等生理功能，常用于治疗胃溃疡、十二指肠炎、慢性胃炎等。

【适宜人群】大麦适宜消化不良、食欲不振、胃气虚弱者食用。

【使用注意】孕妇、无积滞者不宜多服大麦。妇女哺乳期慎服麦芽。

【附　　方】**（1）治食饱烦胀，但欲卧者**：大麦面熬微香，每白汤服方寸匕。（《肘后备急方》）

（2）治小儿疳积，慢性肠胃病，腹胀、下痢、不思食或善饥：大麦芽炒黄研细，炒茅术研成粉末，二者等分，以砂糖水调服，每服 3~10g，每日 2~3 次。（《食物中药与便方》）

（3）治断乳乳房肿痛：炒麦芽 100g，淡豆豉 15g，神曲 15g，苦地丁 20g，蝉蜕 10g，每日 1 剂，水煎，分 2 次服。（《广西中医药》）

稻

Oryza sativa L.

·科　名　禾本科 Gramineae　　·属　名　稻属 *Oryza*

·生活型　一年生水生草本　　·花果期　花期 6~9 月，果期 7~10 月

·特　性　喜高温、多湿、短日照，对土壤要求不严　　·分　布　全省各地有栽培

植株

小穗

颖果

果序

去壳的种仁（粳米、糙米）

【释　　名】《说文解字》云：“稻，稌也。从禾，舀声。”林义光《文源》：“（古字）象获稻在臼中将舂之形，（后）变作象米禾在臼旁。爪，手持之”。故名“稻”。本种为水生植物，故又名“水稻”。《本草》所载之稻主要有粳、糯、籼三种，不黏者为粳，黏者为糯。粳言其硬，糯言其耎也，籼则似粳而粒小，故又名“粳”“糯”“籼”。

【识别要点】秆直立，丛生。上部叶鞘紧贴；叶舌披针形，两侧基部下延长成叶鞘边缘，具2枚镰形抱茎叶耳，老时脱落；叶片条状披针形，边缘粗糙。圆锥花序大型疏展，成熟期向下弯垂；小穗含1朵成熟花，甚两侧压扁，颖极小，仅在小穗柄先端留下半月形的痕迹；退化小花，外稃2枚，锥刺状；两侧孕性花，外稃质厚，具5脉，中脉成脊，表面有方格状小乳状突起，遍布细毛；内稃与外稃同质，具3脉，先端尖而无喙，雄蕊6。颖果卵状。

【采收加工】去壳的种仁：10月中旬霜降前后果实成熟时采收，脱下果实，晒干，除去稻壳。外稃：脱下果实时收集。成熟果实经发芽干燥的炮制加工品：通过将稻谷用水浸泡后，保持适宜的温、湿度，待须根长至约1cm时，干燥。

【食用方法】去壳的种仁是最主要的粮食之一，可蒸食、煮粥，也可制粉后加工成米糕、米线、米花、米饼、米糖、米醋、米酒等食品；外稃可制糖、榨油、提炼糠醛等。

【性味功用】**去壳的种仁（粳米）**：甘，平。补气健脾，除烦渴，止泻痢；用于脾胃气虚，食少纳呆，倦怠乏力，心烦口渴，泻下痢疾。**成熟果实经发芽干燥的炮制加工品（稻芽）**：甘，温。消食和中，健脾开胃；用于食积不消，腹胀口臭，脾胃虚弱，不饥食少。**经加工储存年久的粳米（陈仓米）、种仁（籼米）、颖果经加工脱下的果皮（米皮糠）、果实上的细芒刺（稻谷芒）、茎叶（稻草）**亦可入药。

【现代研究】稻种仁富含蛋白质、脂肪、膳食纤维、糖类、B族维生素及钙、磷、锌、铁、硒等矿物质，含胆甾醇、豆甾醇、谷甾醇、延胡索酸、枸橼酸等成分。稻芽富含淀粉酶、麦芽糖、腺嘌呤、胆碱、氨基酸等。其中，锌、铁、硒是人体所需的重要矿物质；所含膳食纤维可促进肠道有益菌群增殖，预防便秘。

【适宜人群】粳米适宜一般人群，尤其适宜高热、久病初愈的体虚者及消化功能弱者食用。

【使用注意】糖尿病患者应少食粳米。

【附　　方】**（1）治脾虚泄泻，不寐**：粳米50g，白茯苓15g，研成细粉，适量清水放入锅中，大火煮开后将茯苓粉和粳米一起倒入锅内，用大火煮开，转小

火熬至粥变得浓稠即可，每日 1~2 次。（《实用中医药膳学》）

（2）治精清不孕： 用煮米粥滚锅中面上米沫浮面者，取起加炼过食盐少许，空心服下，其精自浓，即孕也。（《本草纲目拾遗》）

（3）治饮食停滞，胸闷胀痛： 谷芽 12g，山楂 6g，陈皮 9g，红曲 6g，水煎服。（《青岛中草药手册》）

薏　米

Coix chinensis Tod.

·科　名　禾本科 Gramineae	·属　名　薏苡属 *Coix*
·生活型　一年生或多年生草本	·花果期　花期 7~10 月，果期 9~12 月
·特　性　喜温暖湿润的气候，怕干旱、耐肥，适宜向阳、肥沃的壤土或黏壤土	
·分　布　全省各地有栽培	

植株

叶鞘

花序

果序

成熟种仁（薏苡仁）

【释　　名】“薏”本义指莲子心，即莲子中心青白色的胚芽，本品颖果呈青白色，如糯米，可作饭食用，故名“薏米”；《说文解字》中写作“苿苢”，“苢”后写作“苡”，种仁入药，故又名“薏苡仁”。

【识别要点】秆粗壮。叶鞘光滑；叶片条状披针形，中脉粗厚，边缘粗糙。总状花序由叶腋间抽出，小穗含 2 花；雌小穗位于花序下部，生于穗轴基部，外面包裹念珠状骨质总苞，总苞椭圆球状至近球状，长 8~12mm，宽 4~9mm，珐琅质，坚硬，有光泽，具纵向条纹，浅或深褐色，顶端收缩成喙，脆而易断；第 1 颖卵圆形，顶端渐尖呈喙状，包围着第 2 颖及第 1 外稃，第 2 外稃短于颖，第 2 内稃较小；雄蕊常退化；雌蕊具细长柱头，从总苞顶端伸出；雄小穗 2 或 3 对，第 1 颖草质，第 2 颖舟形，外稃与内稃膜质，雄蕊 3，有柄雄小穗与无柄者相似。颖果呈黄色或白色，长圆球状，长 5~8mm，宽 4~6mm，富含淀粉。

【采收加工】种仁：9~10 月当茎叶枯黄、80% 果实呈浅褐色或黄褐色成熟时采收，连茎秆割下，晒干，打下果实，再晒干，除去外壳、黄褐色种皮和杂质，收集种仁。

【食用方法】成熟种仁可作为食材，用于蒸、煮、炒、做汤等。

【性味功用】**成熟种仁（薏苡仁）**：甘、淡，凉。利水渗湿，健脾止泻，除痹，排脓，解表散结；用于水肿，脚气病，小便不利，脾虚泄泻，风湿痹痛，筋脉拘挛，肺痈，肠痈，赘疣，癌肿。**根（薏苡根）、叶（薏苡叶）**亦可入药。

【现代研究】薏米种仁富含淀粉、蛋白质、脂肪、膳食纤维、烟酸、氨基酸及钙、磷、铁等矿物质，含亚油酸、油酸、薏苡仁酯、谷甾醇、豆甾醇、白茅素及多糖类成分等。其中，薏苡仁酯对人鼻咽癌细胞裸鼠移植瘤具有放射增敏作用；薏苡仁多糖具有显著的降糖作用。

【适宜人群】薏苡仁适宜水肿、慢性腹泻、关节炎、癌症患者食用。

【使用注意】孕妇、小便量多、大便燥结、津液不足者及消化功能较弱的儿童、老弱病人慎用薏苡仁。

【附　　方】**（1）治鼻中生疮：**用薏米、冬瓜煎汤，当茶饮。（《古人集验方》）

（2）治丘疹性荨麻疹：薏苡仁 50g，赤小豆 50g，大枣 15 个，红糖 30g，每日 1 剂，水煎服，连服 3 剂为 1 个疗程。（《广州中医学院学报》）

玉蜀黍

Zea mays L.

·科　名	禾本科 Gramineae	·属　名	玉蜀黍属 *Zea*
·生活型	一年生草本	·花果期	花期 8~10 月，果期 11~12 月
·特　性	喜高温，需水较多，适宜疏松肥沃的土壤	·分　布	全省各地有栽培

植株

雄花

雌花

花柱和柱头（玉米须）

【释　　名】《本草纲目》记载“其苗叶俱似蜀黍而肥矮”，蜀黍即高粱，又因本品种子多黄白色，有玉质光泽，故名“玉蜀黍”；种子可煮粥饭以食，故又名“玉米”；本品为常见谷物，其果序外被多数宽大的鞘状苞片，故又名“苞米”“苞谷”，亦简写作“包米”“包谷”。

【识别要点】秆直立，常不分枝，基部各节具气生支柱根。叶片扁平宽大，基部圆形呈耳状。顶生大型雄性圆锥花序；雄性小穗孪生，长达 1cm，小穗柄被细柔毛；两颖近等长，膜质，约具 10 脉，被纤毛；外稃及内稃透明膜质，稍短于颖。雌花序被多数宽大的鞘状苞片所包藏；雌小穗孪生；两颖等长，无脉；外稃及内稃透明膜质，雌蕊具极长而细弱的线形花柱。颖果近球状或极扁球状。

【采收加工】果序：夏末秋初花丝稍干、花穗手握紧实、用指甲掐时玉米粒有丰富乳汁外流、味甜鲜嫩时采收，鲜用。种子：秋季果穗苞叶变白干枯而松散、籽粒乳线消失、停止灌浆、籽粒基部变硬时采收，脱下种子，晒干。花柱和柱头：种子成熟时采收，晒干。

【食用方法】果序可直接煮食；种子可煮食、油炸、炒食，也可磨制面粉，用来煮玉米糊、和面作玉米粑粑，或加工为爆米花、罐头、面包、饼干、糕点、饮料等食品，还可榨油食用。

【性味功用】**种子（玉蜀黍）**：甘，平。调中开胃，利尿消肿；用于食欲不振，小便不利，水肿，尿路结石。**花柱和柱头（玉米须）**：甘、淡，平。利尿消肿，清肝利胆；用于水肿，小便淋沥，黄疸，胆囊炎，胆结石，高血压，糖尿病，乳汁不通。**种子经榨取而得的脂肪油（玉米油）、雄花序（玉米花）、穗轴（玉米轴）、鞘状苞片（玉蜀黍苞片）、叶（玉蜀黍叶）、根（玉蜀黍根）**亦可入药。

【现代研究】玉蜀黍种子富含糖类、蛋白质、脂肪、胡萝卜素、氨基酸、纤维素、木质素、维生素及磷、钙、铁、硒、镁等矿物质。花柱和柱头含卵磷脂、木犀草素、芹菜苷元、甲酸、乙酸、乳酸及多糖类成分等。其中，维生素 E、卵磷脂及谷氨酸具有健脑、抗衰老的作用；纤维素可吸收人体内的胆固醇，将其排出体外，可防止动脉硬化，还可加快肠壁蠕动，防止便秘。

【适宜人群】玉米适宜一般人群，尤其适宜高脂血症、动脉硬化、高血压、习惯性便秘者食用。

【使用注意】玉米久食则助湿损胃，鲜者助湿生虫，尤不宜多食。

【附　　方】**（1）治小便不利，水肿：**玉米粉 90g，山药 60g，加水煮粥。（《食疗粥谱》）

（2）治肾脏炎、初期肾结石：玉米须分量不拘，煎浓汤，频服。（《贵阳市秘方验方》）

（3）治尿路感染：玉米须 15g，金钱草 45g，萆薢 30g，水煎服。（《湖北中草药志》）

芭　蕉

Musa basjoo Sieb. et Zucc.

·科　名　芭蕉科 Musaceae　　·属　名　芭蕉属 *Musa*

·生活型　多年生丛生草本　　·花果期　花期 8~9 月，果期 9~10 月

·特　性　喜温暖炎热的气候，忌严寒，适宜排水良好、肥力充足、水分适度的地块

·分　布　江苏南部有栽培

植株

花序

雄花

果序

【释　　名】《本草纲目》记载"按陆佃《埤雅》云：蕉不落叶，一舒则一叶焦，故谓之蕉；俗谓干物为巴，巴亦焦意也"，从"艹"，故名"芭蕉"；其果实味甘如蜜，故又名"甘蕉"。

【识别要点】植株高大。叶大型，中脉粗大，侧脉平行。聚伞花序顶生，下垂；花序上部为雄花，花序下部为雌花；苞片红褐色或紫色，果期脱落；合生花被片管状，具 5（3+2）齿裂。浆果三棱状长圆形，肉质，内具多数种子。

【采收加工】果实：秋末果皮由绿变黄时采摘，或半成熟时采下催熟，鲜用。根茎、叶、茎髓：全年可采，鲜用，根茎和叶可晒干用。花蕾：夏末秋初采摘，鲜用。

【食用方法】果实可生食，去皮即食，还可炒食或与水果、蔬菜混合榨汁食用；根茎与肉炖食或蒸食，或提取淀粉食用；茎髓在水中漂洗去蕉丝后与其他食物炖食或腌制；叶可煮汤，或用于包烧、包蒸，嫩叶可炒食；花蕾除去外面苞片后用盐水洗净，炒食，或与肉炖食或蒸食。

【性味功用】**果实（芭蕉子）**：甘，大寒。止咳润肺；用于肺燥口干等。**叶（芭蕉叶）**：甘、淡，寒。清热，利尿，解毒；用于热病，中暑，水肿，脚气病，痈肿，烫伤等。**根茎（芭蕉根）**：甘，寒。清热解毒，止渴，利尿；用于热病，烦闷，消渴，痈肿疔毒，丹毒，崩漏，淋浊，水肿，脚气病等。**花（芭蕉花）**、**茎的汁液（芭蕉油）**亦可入药。

【现代研究】芭蕉果实富含糖类、脂肪、粗蛋白质、粗纤维素、氨基酸、维生素及钙、磷、铁等矿物质。花含豆甾醇、β- 胡萝卜苷等成分。果实中的类甜蛋白能抑制尖孢镰刀菌和落花生球腔菌的菌丝生长；豆甾醇可能是其发挥抗高血压活性的有效成分之一。

【适宜人群】芭蕉子适宜热病烦渴、疮痈肿毒等患者食用。

【使用注意】芭蕉子性寒，体质虚寒者慎服。

【附　　方】**（1）治糖尿病：**芭蕉鲜根 60g，捣烂取汁，和晚蚕沙粉 30g，蜂蜜少许，冲服。（《浙江药用植物志》）

（2）治疔疮：芭蕉根、白菊花叶各 30g，捣绒取汁，冲白糖水服；并取渣敷患处。（《贵州草药》）

六、藻、菌、地衣类

普通念珠藻

Nostoc commune Vaucher ex Bornet et Flahault

·科　名　念珠藻科 Nostocaceae　　·属　名　念珠藻属 *Nostoc*

·生　境　潮湿土壤、荒地　　·分　布　全省各地

群体

单个藻体

新鲜藻体

藻体（葛仙米）

【释　　名】属于藻类植物，因本品是由单细胞串成念珠状的丝状体组织，故名“念珠藻”；传说东晋葛洪曾采以为食，故又名“葛仙米”；贴地生长，质地软，可作菜食用，故又名“地软”“地皮菜”；形如小鲜木耳，故又名“地木耳”。

【识别要点】幼藻体球形群体，成熟后扩展呈皱片状，有时不规则裂开，蓝绿色、橄榄绿色或褐绿色，或黄色至黄褐色，柔软；干燥时呈皱褶片状，黑色，易碎，浸水后则复原；藻丝单列细胞不分枝、弯曲、缠绕，细胞近球形，异形细胞圆形，近透明；群体胶被仅在四周明显而加厚，黄褐色，常分层，内部分层不明显，无色透明。孢子外壁光滑无色，椭圆形，与营养细胞大小相同。

【采收加工】藻体：夏、秋季雨后采收，洗净，鲜用或晒干。

【食用方法】藻体可凉拌、炒、炖、烩，亦可作馅，干品用菜油炸熟，加调料拌食。

【性味功用】**藻体（葛仙米）**：甘、淡，凉。清热明目，收敛益气；用于目赤肿痛，夜盲症，久痢，脱肛，烫火伤。

【现代研究】普通念珠藻藻体富含糖类、蛋白质、维生素及铁、钙等矿物质，含甘油、甘露醇、β- 胡萝卜素、海胆烯酮、磷脂、肌红蛋白、葡萄糖苷、甾醇等成分。其中，维生素 A 可治疗夜盲症。

【适宜人群】葛仙米适宜夜盲症患者、烫伤者食用。

【使用注意】葛仙米不宜多食，脾胃虚寒者不宜多食。

【附　　方】**（1）治目赤肿痛**：地木耳 9g，野菊花 9g，光明草 9g，青葙子 9g，水煎服。（《四川中药志》1982 年）

（2）治夜盲症：地软 60g，当菜常服。（《陕西中草药》）

（3）治久痢脱肛：鲜葛仙米 250g，洗净后用白糖浸泡，取汁内服。（《全国中草药汇编》）

海　带

Laminaria japonica Aresch.

·科　名　海带科 Laminariaceae　　·属　名　海带属 *Laminaria*

·生　境　海边低潮线下约 2m 深度的岩石上　　·分　布　南通、连云港、盐城等地

新鲜叶状体

叶状体（海带）

【释　　名】因其形状扁长如带，故名“海带”。

【识别要点】孢子体大型，由薄壁组织构成，长可达数米，可分为固着器、柄和带片三部分；带片不分裂，孢子囊群生带片两侧，居间生长或顶端生长；配子体微小丝状。

【采收加工】叶状体：夏、秋季，低潮时采捞，摊于海滩上晒干。固着器：采收叶状体时收集，晒干。

【食用方法】叶状体食用前需蒸泡，待变软后洗净，加工，烹调，切丝凉拌、炒食或煨汤；根（固着器）可炖食。

【性味功用】**叶状体（昆布）**：咸，寒。消痰软坚散结，利水消肿；用于瘿瘤，瘰疬，睾丸肿痛，痰饮水肿。**固着器（海带根）**：咸，寒。清热化痰，止咳，平肝；用于痰热咳喘，肝阳偏亢之头晕，头痛，急躁易怒，少寐多梦。

【现代研究】海带叶状体富含碘、钾、钙、钠、镁、铁等矿物质及维生素 B_2、胶质等，含藻多糖、甘露醇等成分。其中，碘可防治缺碘性甲状腺肿大；钾、钙元素可降低人体对胆固醇的吸收，降血压；甘露醇具有利尿消肿的作用，可防治肾衰竭、老年性水肿、药物中毒等。

【适宜人群】昆布、海带根适宜碘缺乏、地方性甲状腺肿、肥胖、高脂血症、高血压、冠心病等患者食用。

【使用注意】脾胃虚寒者、孕妇及哺乳期妇女、甲亢患者不宜食用昆布、海带根。

【附　　方】**（1）治颈项瘰疬或睾丸肿**：海带、海藻各 15g，小茴香 6g，水煎服。（《食物中药与便方》）

（2）治慢性支气管炎：海带根 15g，生姜 6g，水煎，加红糖适量服。（《中国药用孢子植物》）

紫　菜

Porphyra lenera Kiellm.

·科　名　红毛菜科 Bangiaceae　　·属　名　紫菜属 *Porphyra*

·生　境　沿海潮间带　　·分　布　南通、连云港、盐城等地

叶状体（紫菜）

【释　　名】色泽因环境及时期的不同而有黑紫色、红紫色、绿紫色等，但干燥后变成紫色，故名“紫菜”。

【识别要点】甘紫菜：叶状体卵形或披针形，边缘稍有波状褶皱。新鲜时叶状体为淡紫色到暗紫色。长紫菜：叶状体长卵形，基部或多或少是圆形的，边缘稍有皱缩及不规则锯齿；幼小的植物体呈带状，全体的幅度几乎是相等的；新鲜时叶状体呈微红或深红色。圆紫菜：叶状体呈圆形或类肾形，边缘有显著锯齿；新鲜时叶状体呈红紫色或深紫色。

【采收加工】叶状体：11 月至翌年 5 月生长期采收，用清、淡水洗涤，于席帘上用方形木框压制并晒干。

【食用方法】叶状体可煎汤饮食或制成干品嚼食。

【性味功用】**藻体（紫菜）：**甘、咸，寒。化痰软坚，利咽，止咳，养心除烦，利水除湿；用于瘿瘤，咽喉肿痛，咳嗽，烦躁失眠，脚气病，水肿，小便淋痛，泻痢。

【现代研究】紫菜叶状体富含蛋白质、糖类、胡萝卜素、氨基酸、维生素、甘露醇及钙、铁等矿物质。其中，钙、铁可促进骨骼牙齿的生长和保健或用于预防妇幼贫血；甘露醇可作为组织脱水药物，用于多种类型水肿；赖氨酸可促进头发生长，有助于头发黑色素的合成。

【适宜人群】紫菜适宜一般人群，尤其适宜缺碘性甲状腺肿大、贫血、水肿及高血压患者食用。

【使用注意】脾胃虚寒、腹痛便溏及甲亢患者不宜食用紫菜。

【附　　方】**（1）治淋巴结结核：**每日用紫菜烧汤，当菜佐食，连吃 1~2 个月。（《饮食精粹新编》）

（2）治甲状腺肿大：紫菜 60g，黄独 30g，以高粱酒浸泡 7~10 日，每日适量饮服。（《食物中药与便方》）

（3）治淋病：紫菜 20g，冬瓜 100g，加调料煮汤吃菜。（《饮食精粹新编》）

木　耳

Auricularia heimuerica (Dicks.) Pers.

·科　名　木耳科 Aurculariaceae	·属　名　木耳属 *Auricularia*
·生　境　阴湿、腐朽的树干	·分　布　全省各地有栽培

【释　　名】寄生在腐朽、阴湿树上，圆形子实体带涡旋如耳蜗，故名“木耳”“树耳”；颜色黑色或黑褐色，故又名“黑木耳”。

野生木耳群体

子实体正面

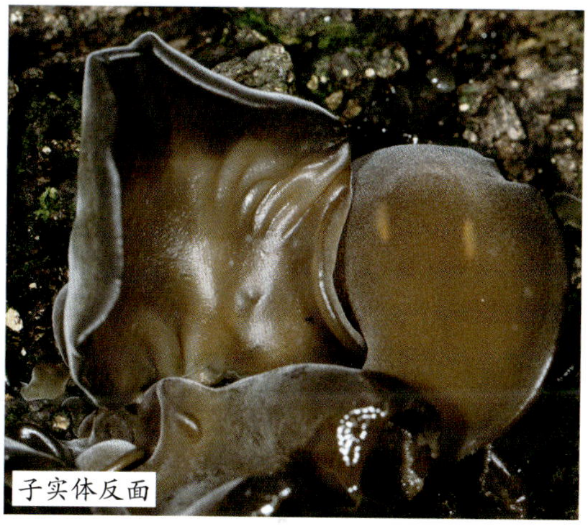

子实体反面

子实体（木耳）

泡发的子实体（木耳）

【识别要点】子实体丛生，常覆瓦状叠生，耳状、叶状或近杯状，边缘波状，薄，以侧生的短或细的基部固着于基质上，初期为柔软的胶质，黏而富弹性，以后稍带软骨质；干后强烈收缩，变为黑色硬而脆的角质至近革质。背面外凸，呈弧形，紫褐色至暗青灰色，疏生短绒毛；里面凹入，平滑或有脉状皱纹，褐色。

江苏可食药用植物图鉴 428

（2）治虚劳：灵芝 30g，净鸡 1 只，调味炖食。（《中医饮食保健学》）

（3）治妇女心神不安：灵芝 50g，糯米 50g，小麦 60g，白糖 30g，将灵芝洗净，切成块，用纱布包好，放入砂锅内；将糯米、小麦洗净同入砂锅，加水 1 碗半，用文火煮至糯米、小麦熟透，熟粥加入白糖即可。（《民间方》）

紫　芝

Ganoderma sinense Zhao, Xu et Zhang

·科　名　多孔菌科 Polyporaceae	·属　名　灵芝属 *Ganoderma*
·生　境　阔叶树或针叶树木桩上	·分　布　全省各地有栽培

子实体正面

子实体背面

子实体（灵芝）

【释　　名】与灵芝形态、药效相近，又因本品菌盖干后呈紫黑色，故名“紫芝”。

【识别要点】菌盖木栓质，多呈紫黑色至近褐黑色，光亮，成熟前边缘色浅，成熟后与菌盖中间相同；菌肉呈均匀的褐色、深褐色至栗褐色；菌柄侧生或偏生，色、质与菌盖相同；孢子顶端脐突形，内壁突出的小刺明显，孢子较大。

【采收加工】参见“赤芝”。

【食用方法】参见“赤芝”。

【性味功用】参见“赤芝”。

【现代研究】紫芝子实体富含蛋白质、糖类等，含麦角甾醇、树脂、甘露醇、葡聚糖及三萜类、有机酸类、多糖类、脂肪酸类、生物碱类、内酯类、香豆素类、酶类成分等。其中，总三萜类成分具有杀菌、抗肿瘤活性，可用于免疫调节；葡聚糖具有降血压、降胆固醇、抗肿瘤等作用。

【适宜人群】参见“赤芝”。

【使用注意】参见“赤芝”。

【附　　方】参见“赤芝”。

双孢蘑菇

Agaricus bisporus (J. E. Lange) Pilát

·科　名　蘑菇科 Agaricaceae　　·属　名　蘑菇属 *Agaricus*

·生　境　草地、牧场和堆肥处　　·分　布　全省各地有栽培

子实体正面

子实体侧面

【释　　名】古代用“菇”指代菌类植物，本品形态较小，“蘑”同“麽”，麽（mó）义为细小、细微，故名“蘑菇”；本种担子多产两枚孢子，故又名“双孢蘑菇”；菌伞中常藏沙，故又名“沙菌”。

【识别要点】菌盖直径 5~11cm，初半球形或凸镜形，后平展，白色至淡褐色，后变为淡黄色或污黄色；有平伏纤毛或鳞片，干燥时常有粗裂纹，边缘初期内卷；菌肉白色；菌褶初粉红色，后变褐色至黑褐色，离生，密不等长；菌柄近圆柱形，白色，光滑，具丝光，内部松软或中实；菌环上位至中位，白色，膜质，单层，易脱落；担子多产 2 枚孢子，担孢子椭圆形，淡褐色。

【采收加工】子实体：现蕾后 4~6 天、菌盖未开、菌膜未破裂、直径达到 2.5~4cm 时及时采收，除净杂质，鲜用、晒干或烘干。

【食用方法】子实体可炒食、煮粥、做汤、凉拌。

【性味功用】**子实体（蘑菇）**：甘，平。健脾开胃，平肝提神；用于饮食不消，纳呆，乳汁不足，高血压，神倦欲眠等。

【现代研究】双孢蘑菇子实体富含蛋白质、纤维素、酪氨酸酶及钠、钾、磷等矿物质，含亚油酸、多糖类成分等。其中，酪氨酸酶具有降血压、降血脂等作用；多糖的醌类化合物与巯基结合，可抑制脱氧核糖核酸合成，有抑制肿瘤细胞活性的作用。

【适宜人群】蘑菇适宜一般人群，尤其适宜老年人、免疫力低下者、高血压及糖尿病患者食用。

【使用注意】脾虚便溏者慎食蘑菇，对蘑菇过敏者不宜食用。

【附　　方】**（1）治消化不良**：鲜蘑菇 150g，炒食、煮食均可。（《中国药用真菌》）
（2）治高血压：鲜蘑菇 180g，煮食，分 2 次食用。（《中国药用真菌》）
（3）治小儿麻疹透发不畅：鲜蘑菇 18g，鲜鲫鱼 1 条，清炖（少放盐）喝汤。（《食物中药与便方》）

银　耳

Tremella fuciformis Berk.

·科　名　银耳科 Tremellaceae　　·属　名　银耳属 *Tremella*
·生　境　阔叶树腐木、阴湿山地　　·分　布　南京等地有栽培

【释　　名】因其形似人耳并呈银白色，故名“银耳”。

【识别要点】子实体纯白色，胶质，半透明，宽 5~10cm，由多数宽而薄的瓣片组成，新鲜时软，干后收缩；担子近球形，纵分隔，（10~13）μm×（9~10）μm；

子实体正面

子实体侧面

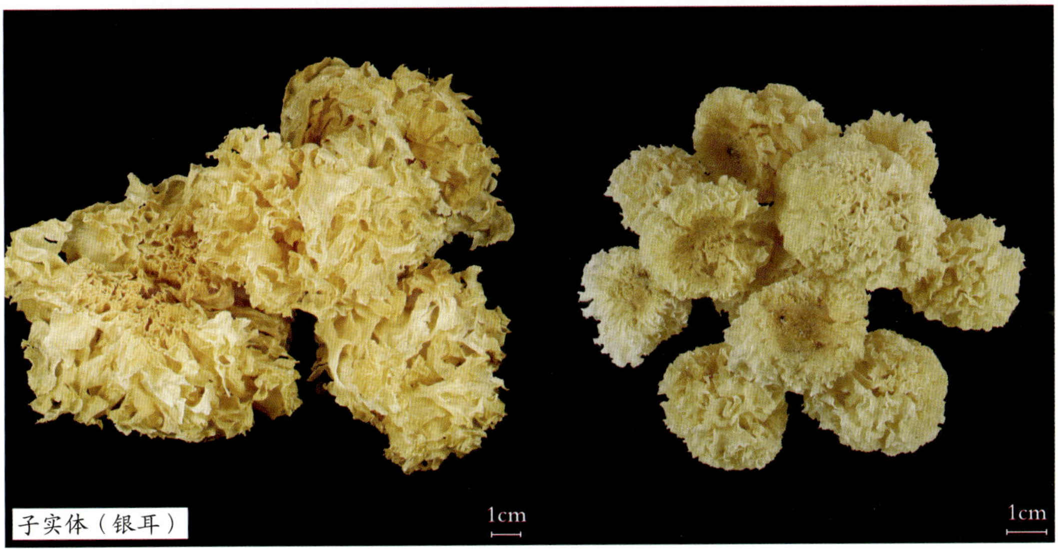

子实体（银耳）

孢子无色，光滑，近球形，（6~8.5）μm×（4~7）μm。

【采收加工】子实体：5~8 月耳片停止生长时及时采收，洗净，晒干或烘干。

【食用方法】子实体泡发后可煮、炖、蒸或做羹食用，也可与冰糖、水果、肉类搭配炖煮，或加工成罐头。

【性味功用】**子实体（银耳）**：甘、淡，平。滋阴生津，润肺养胃；用于肺胃阴虚，虚劳咳嗽，津少口渴，气短乏力，病后体虚。

【现代研究】银耳子实体富含蛋白质、脂肪、B 族维生素、胡萝卜素、矿物质等，含银耳多糖、多糖 TP-1 等成分。其中，银耳多糖能提高健康人群和白血病患者的淋巴细胞转化率，并具有一定的抗放射作用。

【适宜人群】银耳子实体适宜女性、病弱者、产妇食用。

【使用注意】风寒咳嗽者及湿热酿痰致咳者不宜食用银耳。

【附　　方】**（1）治肺阴虚，咳嗽，痰少，口渴：**银耳 6g（先用水浸泡），冰糖 15g，

加水适量，隔水共蒸透，制成白木耳糖汤，分2次服，每日1剂。(《药用寄生》)

(2)治热病伤津，口渴引饮：银耳10g，芦根15g，小环草10g，水煎，取银耳，滤去药渣，喝汤，并吃银耳，每日1剂。(《药用寄生》)

香　菇

Lentinus edodes (Berk.) Sing.

·科　名　口蘑科 Tricholomatacete　·属　名　香菇属 *Lentinus*

·生　境　阔叶树倒木上　·分　布　全省各地有栽培

子实体

子实体（香菇）

【释　　名】古代用“菇”指代菌类植物，本品味道鲜美，有诱人的香气，故名“香菇”；“蕈”通“覃”，有延续、延绵不绝的意思，本品香味持久，故又名“香蕈”；市场上大多为冬季采收的品种，故又名“冬菇”；由于冬天气候干燥，有些栽培品种的菇伞表面可爆裂形成褐白相间的花纹，故也名“花菇”。

【识别要点】子实体中等大至稍大；菌盖半肉质，幼时半球形，后呈扁平至稍扁平，表面浅褐色、深褐色至深肉桂色，有深色鳞片；菌肉白色，稍厚，细密，具香味；菌盖下面有菌幕，后破裂，形成不完整的菌环；老熟后盖缘反卷，开裂；菌柄白色；孢子无色，光滑。

【采收加工】子实体：菌盖八分开、菌褶已全部伸直、菌盖稍内卷时采收，鲜用或晒干。

【食用方法】子实体可煲汤、炒食、炖食、做馅等。

【性味功用】**子实体（香菇）**：甘，平。扶正补虚，健脾开胃，祛风透疹，化痰理气，解毒，抗癌；用于正气衰弱，神倦乏力，纳呆，消化不良，贫血，佝偻病，高血压，高脂血症，慢性肝炎，盗汗，小便不禁，水肿，麻疹透发不畅，荨麻疹，毒菇中毒，肿瘤。

【现代研究】香菇富含蛋白质、酶类、氨基酸、嘌呤、胆碱、核酸、维生素及多种矿物质元素等，含多糖类成分等。其中，香菇多糖和香菇提取蛋白有抗肿瘤作用；多种氨基酸可增强抵抗力，并有防癌抗癌的作用；嘌呤、胆碱、酪氨酸、氧化酶及某些核酸物质具有降血压、降胆固醇、降血脂的作用，可预防动脉硬化、肝硬化等疾病。

【适宜人群】香菇适宜一般人群，尤其适宜高血压、糖尿病、肿瘤、气血不足等患者食用。

【使用注意】脾胃虚寒、湿滞者慎服香菇。

【附　　方】（1）**治头痛、头晕**：鲜香菇 90g，切片，水煎服。（《中国药用真菌》）

（2）**治麻疹不透**：香菇柄 15g，桂圆肉 12g，水煎服。（《福建药物志》）

（3）**治盗汗**：香菇 15g，酒酌量，炖后调白糖服。（《福建药物志》）

平　菇

Pleurotus ostreatus (Jacq.) P. Kumm.

·科　名　口蘑科 Tricholomatacete　　·属　名　侧耳属 *Pleurotus*

·生　境　枯木、朽树桩或活树的枯死部位上　　·分　布　全省各地有栽培

子实体正面（栽培）

子实体背面（栽培）

子实体正面（野生）

子实体背面（野生）

【释　　名】其菇色洁白或灰白，菌盖平展，故名“平菇”；菌柄生长在侧边，使菌盖如侧立的耳朵；故又名“侧耳”；由于本品滋味特别鲜美，故又名“蚝菇”。

【识别要点】菌盖肉质，扁半球形，后平展，有后缘，呈贝壳形、肾形，中部下凹，盖面水渍状，有纤毛，初时堇紫色，后为铅灰色、灰白色或污白色；盖缘初时内卷，后平展；菌肉厚，白色，味美，有清香气；菌褶延生，在柄上交织或成纵条纹，稍密至较稀，白色；菌柄侧生，短，或无柄，白色，中实，基部有短的白色绒毛；孢子平滑，无色，近圆柱形，孢子印白色。

【采收加工】子实体：菇体发育达到七八成熟时，即菌盖充分长大、边缘由内卷变平、颜色变浅、下凹部分开始出现白色茸毛且未散发孢子时应及时采收，鲜用。

【食用方法】子实体可炒食或做汤。

【性味功用】**子实体（平菇）**：甘，温。祛风散寒，舒筋活络；用于手足麻木，腰腿疼痛，筋络不通。

【现代研究】平菇子实体富含蛋白质、糖类、纤维素、氨基酸、维生素及钙、磷、铁、钠等矿物质，含侧耳素、蘑菇核糖核酸及多糖类成分等。其中，侧耳素和蘑菇核糖核酸具有抗病毒作用，能抑制病毒的合成和繁殖；抗肿瘤细胞多糖体具有很强的抑制肿瘤细胞生长的作用。

【适宜人群】平菇子实体适宜体弱者，糖尿病、心血管疾病、腰腿痛及癌症患者食用。

【使用注意】痛风患者慎食平菇。

【附　　方】**（1）治腰腿痛，手足麻木，筋络不舒：**鲜侧耳20g，鲜香菇10g，鲜鲫鱼，侧耳、香菇水煎3次，去渣，加入鲜鲫鱼（去内脏）清炖30分钟，喝汤。（《中华食疗本草》）

（2）治脾胃虚弱，饮食减少：平菇20g，猪瘦肉50g，水煎汤，饮汤食肉，每日2次。（《中华食疗本草》）